Wissenschaft im Museum – Ausstellung im Labor

LiteraturForschung Bd. 20
Herausgegeben vom Zentrum für Literatur- und Kulturforschung

Anke te Heesen und Margarete Vöhringer (Hg.)

Wissenschaft im Museum – Ausstellung im Labor

Mit Beiträgen von

Elke Bippus, Susanne Bauer, Martina Dlugaiczyk, Martha Fleming, Bruno Latour, Jan Eric Olsén, Thomas Schnalke, Anke te Heesen, John Tresch, Ulrike Vedder, Christian Vogel und Margarete Vöhringer

Kulturverlag Kadmos Berlin

Das dem Band zugrundeliegende Forschungsprojekt wurde vom Bundesministerium für Bildung und Forschung unter dem Förderkennzeichen 01UG0712 gefördert.

Bibliografische Information der Deutschen Nationalbibliothek

Die Deutsche Nationalbibliothek verzeichnet diese Publikation in der Deutschen Nationalbibliografie; detaillierte bibliografische Daten sind im Internet über <http://dnb.d-nb.de> abrufbar.

Internet: www.kv-kadmos.com
Umschlaggestaltung: kaleidogramm, Berlin.
Umschlagabbildung: FU Institut für Fleischhygiene
Anja Nitz, Fotografin Berlin
Gestaltung und Satz: kaleidogramm, Berlin
Druck: ###
Printed in EU
ISBN (10-stellig) 3-86599-223-4
ISBN (13-stellig) 978-3-86599-223-9

Inhalt

»Wissenschaft im Museum – Ausstellung im Labor«

Ankte te Heesen, Margarete Vöhringer

Dass Sammlungen oft unbemerkt in Archiven schlummern, ist bekannt, doch auch Museen können jahrzehntelang unsichtbar bleiben und dann ganz plötzlich zum Vorschein kommen, so geschehen mit dem Nachlass des Berliner Augenarztes Albrecht von Graefe.[1] Bei der Suche nach Instrumenten der Augenheilkunde tauchte auf einem der Nachlassdokumente ein sogenanntes »Graefe-Museum« auf. Ohne jeden weiteren Kommentar erschien es auch auf den folgenden Seiten immer wieder in der oberen Zeile, deutlich zu lesen, und offenbarte damit einen Zusammenhang, den das Material selbst zunächst nicht nahe gelegt hatte: nämlich dass all die gesammelten Briefe, Fotografien und Objekte nicht einfach nur in einer Kiste gelagert, sondern als Teil eines Museums begriffen worden waren. Das »Graefe-Museum« war nach dem Tod Albrecht von Graefes 1887 durch die Ophthalmologische Gesellschaft Heidelberg als Nachlass-Sammlung gegründet worden, um in ihr alle »wesentliche[n] Objekte, die sich auf Albrecht von Graefe beziehen, zu vereinen«.[2] Mit der Zeit wuchs die Sammlung heran, bestand nicht nur aus Graefes Dokumenten und nachgelassenen Objekten, sondern auch aus verschiedenen, mit der Augenheilkunde in Zusammenhang stehenden Instrumenten und Gegenständen. Archiviert und ausgestellt wurden die Dokumente und Dinge in einem aufwendig gestalteten Schrank in den Räumen der Augenklinik der Heidelberger Universität. Dort wurden sie bis in die 1980er Jahre durch die jeweils amtierenden Direktoren betreut. Zu Anfang des 20. Jahrhunderts zeigte sich, dass das »Graefe-Museum« zu klein wurde, weitere Instrumente aus der Klinik konnten nicht mehr aufgenommen werden. 2002 schließlich fand der

---

1 Nachlass Albrecht von Graefe am Medizinhistorischen Museum der Charité.

2 Beate Kunst: »Gedenken an Albrecht von Graefe – Die Graefe-Sammlung der DOG am Berliner Medizinhistorischen Museum«, in: Deutsche Ophthalmologische Gesellschaft (Hg.): *Visus und Vision. 150 Jahre DOG*, Köln: Biermann 2007, S. 293–307, Zitat S. 294. Die Deutsche Ophthalmologische Gesellschaft nannte sich bis 1920 »Ophthalmologische Gesellschaft Heidelberg«, nach dem Ort, an dem sich ihre Mitglieder von Anbeginn an regelmäßig trafen.

Schrank Platz im Berliner Medizinhistorischen Museum an der Charité, das heute Teile der Graefe-Sammlung ausstellt.

Für dieses Miniatur-Museum konnte weder in seiner Heidelberger Zeit noch heute eine eindeutige Zuordnung gefunden werden. Handelt es sich um ein Museum? Oder doch eher um ein Archiv oder um eine Dauerpräsentation der Dokumente? Hier scheinen die beiden bekannten und sorgsam geschiedenen Funktionen des Museums, das Deponieren und das Exponieren, eine Einheit zu bilden. Nun könnte man argumentieren, dass »Museum« im 19. Jahrhundert selbst als ein mehrdeutiger Begriff betrachtet werden kann, der vielfach für Zeitschriftentitel eingesetzt wurde und zu diesem Zeitpunkt immer noch den Resonanzboden für die weite und alte Bedeutung des »Studierzimmers« oder eines gelehrten Austauschs in abgeschlossener Atmosphäre bot. Vor diesem Hintergrund wäre das »Graefe-Museum« nicht als ein spezifischer Ort zu verstehen, sondern bezeichnete vielmehr eine Sammlung von wissenschaftlichen beziehungsweise ophthalmologischen Beständen. Gegen diese zunächst nahe liegende Lesart spricht aber die eindeutige Zuordnung des »Graefe-Museums« zu einem Schrank und die Verbindung des Begriffs »Museum« mit dem Namen desjenigen, dessen Nachlass im Schrank zu finden war. Vermutlich wurde der Schrank auf Anfrage geöffnet und die in ihm ruhenden Objekte vorgezeigt und präsentiert.[3] Also ein Archiv mit Präsentationselementen? Eine mögliche Antwort darauf wäre, dass der Nachlass des Augenarztes in seiner speziellen Form am ehesten vergleichbar ist mit den literarischen Nachlässen, die im 19. Jahrhundert ausgehend von den als bedeutsam erachteten Hinterlassenschaften Goethes und Schillers ihren Ausgang nahmen. Memorabilien einer Person und deren Dokumente wurden zusammengefasst und in Gedenkstätten und Museen überführt.[4] Doch wurde der Schrank wiederum nicht an einem weihevollen Ort aufgebaut, als vielmehr in der Klinik selbst belassen, stand also Ärzten wie Patienten vor Augen, nicht aber einem größeren Publikum.

Mit der genaueren Beschreibung unseres Beispiels wird schnell deutlich, dass sich keine eindeutige Zuordnung finden lässt. Bei dem »Graefe-Museum« handelt es sich vielmehr um eine Art Hybrid, zu dessen Erklärung alle angeführten Aspekte miteinbezogen werden müssen. Solche Hybride aus Museum, Sammlung, Archiv und Ausstellung waren

---

3 Mündliche Mitteilung durch Beate Kunst in einem Gespräch mit Margarete Vöhringer (Frühjahr 2013).

4 Vgl. dazu überblickend Hellmut Th. Seemann / Thorsten Valk (Hg.): *Literatur ausstellen. Museale Inszenierungen der Weimarer Klassik. Jahrbuch der Klassik Stiftung Weimar 2012*, Göttingen: Wallstein 2012.

im 19. Jahrhundert gerade innerhalb wissenschaftlicher Einrichtungen nicht selten.[5] An Kliniken, Laboren und Instituten wurden Instrumente, Präparate, Modelle und Schriften gesammelt, aufbewahrt und gezeigt. Bekanntheit erlangten solche unbestimmten Konvolute durch die Gründung von Museen wie dem *Phyletischen Museum* in Jena oder dem *Pathologischen Museum* in Berlin, an deren Realisierung jene Wissenschaftler maßgeblich beteiligt waren, die auch ihre Bestände bereichert, geprägt und gesichert hatten. Anders aber als die institutionalisierten Schwestern waren die kleineren Museen wie das Graefes nicht auf den ersten Blick als solche erkennbar. Sie besaßen keine als repräsentativ ausgewiesene Form, die sich um ein kanonisches Set aus (Lehr-)Objekten bemühte oder eine wissenschaftlich grundierte Entwicklungsgeschichte nachzuzeichnen suchte. Die Dinge des »Graefe-Museums« waren in der Bedeutung changierend, der Rahmen, in dem sie präsentiert wurden, offen. Hier lagerte neben Fotografien und Manuskripten auch Unfertiges, übrig Gebliebenes, Dinge, die aus dem Forschungsprozess entnommen und beiseite gelegt wurden, handschriftliche Notizen und Zeichnungen. Kurz: eine Mischung aus Memorabilien und Hinterlassenem. Um das gezielte Vorhaben der Sichtbarmachung von (vermeintlich) gesichertem Wissen wie in Berlin oder Jena kann es hier also nicht gegangen sein, vielmehr um das Aufbewahren wissenschaftlicher Objekte und Dokumente aus dem bis Anfang des 20. Jahrhunderts noch gut verschlossenen Laborraum.

Doch wäre es auch nicht richtig, das Ganze nur dem Zufall zu überlassen oder der Trägheit von Ärzten, die die Reliquien ihrer Vorgänger lieber verstauben ließen als sie wegzuwerfen. Deutlich wird hier vielmehr ein Beharren auf der Materialität von Wissenschaft, das kleine Akkumulationsinseln schafft, die sich zu größeren Einheiten entwickeln können. Ob Instrument oder papierenes Dokument, wie im Laborraum selbst wird in solchen Institutsmuseen auf das Arbeiten mit Dingen, das Hantieren mit Objekten hingewiesen, die mal mehr, mal weniger mit der Genese ebendiesen Wissens in Verbindung stehen. Unsere erste These ist deshalb, dass solche Objektakkumulationen sich den gängigen Beschreibungen von Museum, Archiv, Sammlung oder Ausstellung entziehen und vielmehr auf die Bedeutung des Präsentierens und Darstellens in wissenschaftlichen Räumen verweisen. Welche Geschichte haben solche diffusen, fast deplaziert erscheinenden Museen und die

---

5 Zu einer genaueren Klärung der hier angeführten Begriffe Museum, Sammlung, Archiv und Ausstellung vgl. zuletzt Mario Wimmer: *Archivkörper. Eine Geschichte historischer Einbildungskraft*, Konstanz: konstanz university press 2012 und Anke te Heesen: *Theorien des Museums. Eine Einführung*, Hamburg: Junius 2012.

Materialien, die zu ihrer Präsentation dienten wie Tische, Glaskästen, Schautafeln und Schränke? An welcherart Sammlung und Ausstellung haben sich die Forscher der Wissenschaften vom Menschen Ende des 19. Jahrhunderts orientiert? Welche Arbeitsmöglichkeiten erhoffte man sich vom Umgang mit einem solchen Schrank-Museum? Spielten Präsentations- und Zeigeelemente eine Rolle, lag die Besonderheit in der räumlichen Aufteilung der im Schrank aufbewahrten Objekte? Oder stellte gar das Deponieren und Exponieren in der Arbeit der Augenärzte ein wichtiges Moment dar?

Versucht man diesen Fragen durch einen Blick in die Geschichte des Museums nachzugehen, fällt sogleich auf, dass sich das »Graefe-Museum« einreiht in eine lange Tradition des Miteinanders von Sammeln, Forschen und Präsentieren. Immer wieder wurde in den letzten Jahrzehnten auf den engen Zusammenhang von Sammeln und Forschen verwiesen.[6] Doch die Rolle des Präsentierens von Wissen und damit die Herausbildung der Ausstellungsbewegung selbst ist bislang kaum beleuchtet worden. Mit ihr stellt sich die Frage, wie die Praxis des Darstellens im Raum wiederum mit Wissen(-schaft) in Verbindung zu bringen wäre.[7] Nun mag man dies unter dem Stichwort »Wissenschaftsvermittlung« subsumieren, bei deren Diskussion das Museum eine führende Rolle einnimmt.[8] Und in der Tat öffnete sich hier ein zentrales Forschungsthema, das einerseits auf die Darstellungsmodi von Wissenschaft verweist und andererseits bereits verdeutlicht hat, dass es bei der Popularisierung (natur-)wissenschaftlichen Wissens nicht allein um einen linearen Prozess geht, indem gehärtetes Wissen in eine wie auch immer geartete Öffentlichkeit übermittelt wird. Vielmehr breitet sich ein komplexes Netz aus Wirksamkeiten und Interaktionen zwischen Darstellung und Generierung von Wissensbeständen aus.[9] Und genau aus diesem Grund spielten neben dem Museum die sich im Laufe des 19. Jahrhunderts etablierenden Ausstellungen eine besondere Rolle. Auf

---

6 Vgl. Anke te Heesen / Emma C. Spary (Hg.): *Sammeln als Wissen. Das Sammeln und seine wissenschaftshistorische Bedeutung*, Göttingen: Wallstein 2001.

7 Zum Verhältnis von Wissenschaft und Architektur sowie Wissenschaft und Film siehe Margarete Vöhringer: *Avantgarde und Psychotechnik. Wissenschaft, Kunst und Technik der Wahrnehmungsexperimente in der frühen Sowjetunion*, Göttingen: Wallstein 2007.

8 Andreas Daum: *Wissenschaftspopularisierung im 19. Jahrhundert. Bürgerliche Kultur, naturwissenschaftliche Bildung und die deutsche Öffentlichkeit 1848–1914*, München: Oldenbourg 2002; insbesondere für die Bedeutung der Museen Carsten Kretschmann: *Räume öffnen sich. Naturhistorische Museen im Deutschland des 19. Jahrhunderts*, Berlin: Akademie-Verlag 2006.

9 Darauf hat zuletzt verwiesen Stefanie Samida: *Inszenierte Wissenschaft. Zur Popularisierung von Wissenschaft im 19. Jahrhundert*, Bielefeld: transcript 2011; vgl. auch Sybilla Nikolow / Arne Schirrmacher (Hg.): *Wissenschaft und Öffentlichkeit als Ressourcen füreinander. Studien zur Wissenschaftsgeschichte im 20. Jahrhundert*, Frankfurt a. M.: Campus 2007.

ihre Genese sei an dieser Stelle kurz verwiesen: Denn Ausstellungen kamen in der Mitte des 19. Jahrhunderts in Form von Weltausstellungen mit nie gekannter Massenwirkung zum Vorschein. Seither wird das, was unter wissenschaftlichem Ausstellen verstanden wird, vor allem mit der Einführung der Weltausstellungen in Verbindung gebracht. Dies belegt nicht zuletzt der Eintrag »Exhibitions« im *Oxford Companion to the History of Science 2002*, der ausschließlich von den »Tempeln der Moderne« handelt und damit von eben jenen Weltausstellungen, die Mitte des 19. Jahrhunderts gefeiert wurden.[10] Diese an wechselnden Orten inszenierten Ausstellungen hätten den Großteil der Kultur der Moderne geprägt, seien von den Ideen der Wissenschaften durchwirkt und hätten diese zugleich verbreitet. Die internationale Forschergemeinde nutzte die Weltausstellungen, um sich zu treffen, Wissen und Instrumente auszutauschen und nicht zuletzt, um neue wissenschaftliche Standards festzulegen. Die Einrichtung des »Graefe-Museums«, um damit zu unserem Ausgangspunkt zurückzukehren, fiel nun genau in diese Zeit der Konjunktur wissenschaftlich ambitionierter Ausstellungen und seine Unterbringung in der Heidelberger Augenklinik war so gesehen auch kein Zufall. Die jährlichen Treffen der Ophtalmologen fanden die ersten vier Jahrzehnte nach Gründung der Gesellschaft ausschließlich in Heidelberg statt, meistens sogar in der Aula der Augenklinik, so dass ihr Austausch an wissenschaftlichen Instrumenten, neuen Operationstechniken oder therapeutischen Ansätzen in Anwesenheit des Graefe-Schranks stattgefunden hat. Dabei mag er sowohl als Ressource für die Darstellung von Instrumentenentwicklung oder als Wallfahrtsort der Ophthalmologie aufgefasst worden sein. Im Unterschied zu den weiter oben angeführten Ausstellungen aber bleibt festzuhalten, dass dieser Schrank nicht an einem eigens für die Öffentlichkeit vorgesehenen Ort, sondern inmitten einer der Arbeitsräume der Ärzte untergebracht war, so dass hier auf eine alltägliche Unternehmung und nicht auf ein zentral organisiertes Ereignis verwiesen wird. Wissensvermittlung allein oder gar Wissenschaftspopularisierung reicht zur Erklärung dieses Phänomens nicht aus.

Aus diesem Aspekt lässt sich die spezifische Fragestellung des vorliegenden Bandes entwickeln: Inwiefern sind die dem Museums- oder Ausstellungsraum zugewiesenen Verfahren bereits Teil eines Erkenntnis- und Arbeitsprozesses? Muss nicht das räumliche Präsentieren im Labor als wissenschaftliche Praxis verstanden werden? Zu konstatieren bleibt

---

10 Robert M. Brain: »Exhibitions«, in: John Heilbron (Hg.): *Oxford Companion to the History of Science*, Oxford: Oxford University Press 2002, S. 283–286.

zunächst, dass die Rolle der Ausstellungspraxis für das Geschehen im Forschungsraum wenig bekannt ist, oder anders gesagt: dass Wissenschaftler auch in ihren Laboren oder Behandlungszimmern ausgestellt haben, ist kaum untersucht worden. Welches Wissen und welche Praktiken aus dem Ausstellungswesen in die Labore gewandert sind, lässt sich nur selten nachvollziehen. So muss zunächst das Feld der zahlreichen Verflechtungen von Wissenschaft und Präsentation unterteilt werden: An erster Stelle stehen die großen, mehrere Forschungsrichtungen repräsentierenden Wissenschaftsmuseen wie das Deutsche Museum in München oder das Hygiene-Museum in Dresden. Diese Museen und ihre Ausstellungen adressieren ein breites Publikum und stellen zentrale Agenturen der Wissenschaftsrepräsentation dar.[11] Daneben entwickelten sich solche Museen, die in direktem Zusammenhang mit einem berühmten Wissenschaftler stehen wie das Darwin-Museum in Moskau, das Freud Museum in London, das Röntgen-Museum in Remscheid oder das Pathologische Museum Virchows in Berlin. Zum einen handelt es sich bei solchen Häusern um Museen, die in Gedenken an Wissenschaftler eingerichtet wurden und nicht selten ihre Wohn- und Arbeitsräume zum Ausgangspunkt musealer Präsentationen nehmen. Das Down House in Kent / England stellte das Wohn- und Arbeitshaus Charles Darwins dar, wo dieser mit seiner Familie von 1842 bis 1882 lebte. Seit den 1930er Jahren wurde es sukzessive als Erinnerungsstätte für dessen Wirken ausgebaut. Daneben existieren solche Museen, die dezidiert die Arbeiten und Entdeckungen von Wissenschaftlern zugrunde legen, gleichzeitig aber auch versuchen, deren Theorien in aktuelle Bezüge zu stellen. Ein Beispiel hierfür ist das Darwin-Museum in Moskau, das in seiner Ausstellung eine für die Revolutionsjahre im sozialistischen Russland spezifische Interpretation des Darwinismus präsentierte. Schließlich ist aber eine vierte Kategorie zu benennen, in der Ausstellungen von Wissenschaftlern selbst aktiv betrieben, begründet und eingerichtet wurden und die deshalb eine Melange von Repräsentation und Forschungsbewegung eingehen. Dabei kann es sich um Ausstellungen für eine mehr oder minder große Öffentlichkeit handeln, wie es Rudolf Virchow mit seinen Präsentationen vorschwebte, oder aber um Ausstellungspraktiken, die im Labor, im Arbeitsraum Anwendung finden und die eigentliche Forschungsarbeit unterstützen. Wenn Wla-

11 Wilhelm Füßl / Helmut Trischler (Hg): *Geschichte des Deutschen Museums. Akteure, Artefakte, Ausstellungen*, München / Berlin / New York: Prestel 2003; vgl. Klaus Vogel (Hg.): *Das Deutsche Hygiene-Museum 1911–1990*, Dresden: Michael Sandstein 2003 sowie Thomas Steller: *Das Neue Wissen vom Menschen – Entstehung und Entwicklung des Deutschen Hygiene-Museums in Dresden 1900–1931*, Norderstedt: GRIN 2008.

dimir Bechterev seinen wissenschaftlichen Instrumenten und Modellen eine ganze Ausstellungsebene widmete und diese in edlen Holzvitrinen und gläsernen Tischkästen präsentierte, so griff er damit auf klassisch gewordene Ausstellungsmöbel zurück.[12] Die weiteren Etagen des in demselben Gebäude untergebrachten Reflexologischen Instituts beherbergten eine Bibliothek, eine Kinderklinik und ein Forschungslabor, so dass die Situation der des Graefe-Schränkchens ähnelte: Wissenschaftliches Forschen und Ausstellen fanden an demselben Ort statt, das Publikum blieb auf Fachleute und interessierte Patienten beschränkt, die Objekte aber waren äußerst vielfältig und fielen aus der Ästhetik des Labors heraus um zugleich in diesen Raum zurückzuwirken.

Natürlich können die hier genannten Kategorien nicht immer sauber getrennt werden. Wichtig erscheint uns aber, ein besonderes Augenmerk auf die ausstellenden Demonstrationstechniken in den empirischen Wissenschaften zu werfen. Diese stammen zwar nicht allein aus dem Labor, doch um sie adäquat untersuchen zu können, ist ein Blick in den Forschungsraum selbst unabdingbar. Dabei gilt uns das Labor als Überbegriff für all die Arbeitsräume, in welchen Wissenschaftler ihrer Forschung nachgehen – seien es Kliniken, Werkstätten, Experimentierstuben oder Küchen. Entscheidend ist bei dem Begriff »Labor«, dass er auf die Praxis der Wissenschaftler verweist, denn erst die Beschäftigung mit dem alltäglichen Tun – mit dem Experimentieren, Beobachten, Notieren und Sammeln – bringt auch ihre Visualisierungsstrategien und Präsentationsformen zum Vorschein. Diese Einsicht ist nicht neu, vielmehr hat sich in den letzten Jahren ein weites Feld an wissenschaftshistorischen Zugängen entwickelt, die die Forschung als eine zu untersuchende Praxis (und nicht allein als Theorie) in den Vordergrund stellen. Zu dieser Praxis gehört in erster Linie das Experimentieren mit all seinen begleitenden Tätigkeiten:[13] das Modellieren genauso wie das wissenschaftliche Zeichnen, Organisationspraktiken der Laborprotokolle und Forschungsliteratur, die Verfahren des Notierens und Visualisierens mitsamt ihrer

---

12 Zu Bechterevs Museum siehe *Sbornik poswjaschennyj Vladimiry Michajlowitschu Bechterewy k 40-letijy Professorskoj Dejatel'nosti, 1885–1925* (Festschrift für Woldemar [d.i. Wladimir] Bechterew zum 40. Jahre seiner Lehrtätigkeit, 1885–1925), Leningrad: Verlag der Staatlichen Psychoneurologischen Akademie und des Reflexologischen Staats-Instituts für Gehirnforschung 1926, S. 35 f.

13 Hans-Jörg Rheinberger: »Historische Beispiele experimenteller Kreativität in den Wissenschaften«, in: Walter Berka / Emil Brix / Christian Smekal: *Woher kommt das Neue? Kreativität in Wissenschaft und Kunst*, Wien / Köln / Weimar: Böhlau 2003; Peter McLaughlin: »Der neue Experimentalismus in der Wissenschaftstheorie«, in: Hans-Jörg Rheinberger / Michael Hagner (Hg.): *Die Experimentalisierung des Lebens. Experimentalsysteme in den biologischen Wissenschaften 1850–1950*, Berlin: Akademie Verlag 1993, S. 207–218.

Apparate.[14] Ganz im Sinne John Deweys, der die Wissenschaft als eine Ausführung alltäglicher Handlungen definierte,[15] zeigen die Studien von Andrew Pickering oder Karin Knorr-Cetina,[16] dass Wissen kein Erkenntnisprodukt sondern ein Prozess ist. Diesen Prozess gilt es in all seinen Wendungen nachzuvollziehen, um der Hervorbringung von Wissen auf die Spur zu kommen. Zentrale zweite These des vorliegenden Bandes ist es deshalb, dass auch die räumlichen Präsentationsmodi die Forschungsarbeit nach ästhetischen wie praktischen Gesichtspunkten organisieren und deshalb genauer untersucht werden müssen. Insbesondere für wissenschaftliche Labore oder den Klinikalltag ist dies leicht vorstellbar: Zwischenergebnisse werden vorgeführt, Visualisierungen an die Wände gepinnt, Präparate zum Vergleich nebeneinander gestellt, die wichtigsten Instrumente präsentiert. Die Praktiken des Zeigens sind im Labor unverzichtbar und unterwandern die uns gängige institutionelle Unterscheidung zwischen Museum und Labor. Letztere liegt auch dem Konzept Krzysztof Pomians zu den Museumsdingen zugrunde. Bei den von ihm so bezeichneten Semiophoren handelt es sich bekanntlich um Objekte, die aus ihrem angestammten Funktionskontext herausgenommen und in einen neuen Kontext, das Museum, überführt wurden. Sie sind damit in gewisser Weise festgestellt und von den ökonomischen wie den Handlungszusammenhängen befreit.[17] Wenn aber die Dinge weiterhin in dem Kontext, in dem sie ursprünglich gebraucht wurden, auch ausgestellt sind, dann wird es schwierig, klar zu entscheiden, welcher Status den Objekten zugewiesen werden muss. Manche dieser Objekte wandern zwischen ihrer Stilllegung und ihrem Gebrauch hin und her, manche wurden eigens zu Präsentationszwecken aufbewahrt. Genau diese Bewegung, die die bisherige Grenzziehung zwischen Museum und Labor, Ausstellung und Wissenschaft, Zeigen und Forschen aufbricht, ist Gegenstand der folgenden Beiträge des Bandes. Sie verhandeln unterschiedliche wissenschaftliche Disziplinen und unter-

---

[14] Rüdiger Campe: »Die Schreibszene. Schreiben«, in: Hans Ulrich Gumbrecht / Karl Ludwig Pfeiffer (Hg.): *Paradoxien, Dissonanzen, Zusammenbrüche. Situationen offener Epistemologie*, Frankfurt a. M.: Suhrkamp 1991, S. 759–772; Christoph Hoffmann (Hg.): *Wissen im Entwurf, I: Daten sichern. Schreiben und Zeichnen als Verfahren der Aufzeichnung*, Zürich / Berlin: Diaphanes 2008.

[15] John Dewey: *The Later Works*, Carbondale: University of Southern Illinois Press 1981–1991, Bd. 13, 1988, hg. von Jo Ann Boydston, S. 271–280, zur Wissenschaft als alltägliche Handlung S. 271 f.

[16] Andrew Pickering (Hg.): *Science as Practice and Culture*, Chicago: University of Chicago Press 1992; Karin Knorr-Cetina: *Die Fabrikation von Erkenntnis. Zur Anthropologie der Naturwissenschaft*, Frankfurt a. M.: Suhrkamp 1984 (engl. 1981).

[17] Krzysztof Pomian: *Der Ursprung des Museums. Vom Sammeln*, Berlin: Klaus Wagenbach 1988 [1986].

schiedliche (Zeige-)Räume, sie widmen sich historischen Fallbeispielen wie zeitgenössischen Präsentationsmomenten.

In je unterschiedlicher Weise knüpfen die ersten vier Beiträge an diese Annahme, Wissenschaft und Ausstellung seien nicht strikt zu trennen, an. *Thomas Schnalke* beschreibt minutiös, wie sich in Rudolf Virchows Tätigkeit das Sezieren, Sammeln und Ausstellen miteinander verband. Die Arbeit des Mediziners wurde durch die drei Praktiken gleichermaßen bestimmt und Schnalke führt vor, wie aus den sich gegenseitig beeinflussenden Tätigkeiten ein »raumgreifendes Körperinventar« wurde und wie sehr die Tätigkeiten im Schauraum und im Sezierraum gegenseitig voneinander abhingen und zu einem dynamischen, weil sich ständig wandelnden Körpermuseum führten. Wenn in einem Hamburger Krankenhaus ab 1915 Röntgenbilder in dem hauseigenen sogenannten »Museum«, einem Raum im ersten Obergeschoss, in Reihen an das Fenster gehängt und zu täglichen Diskussionen unter den Ärzten genutzt wurde, dann bezeichnete der Begriff des Museums hier nicht allein eine Hinterlassenschaft, sondern war als ein Diskussionsraum, als ein ermöglichender Zusammenhang zu verstehen, der auf die Zukunft und nicht die Vergangenheit abzielte. *Christian Vogel* stellt in seinem Text über das Hamburger Röntgen Institut dar, wie sehr Zeigepraktiken mit archivierender und memorialer Tätigkeit zusammenhingen und die Arbeit der Ärzte begleitete und bestimmte, ja, wie sehr sie das Röntgenbild gemeinsam mit seinen Visualisierungsstrategien überhaupt erst entstehen ließen.

Der Text von *Martina Dlugaiczyk* widmet sich Architekturmodellen, die als Teil einer Lehrsammlung sowohl im Unterricht genutzt als auch in Schauzusammenhängen aufbewahrt wurden. Für wen aber wurden sie sichtbar? Nicht nur für die Studierenden. Vielmehr dienten die Modelle, die wir gemeinhin als Repräsentation eines bestimmten Wissensstandes verstehen, in ihrer Ausstellung in den Räumen Technischer Hochschulen den Dozenten und Mitarbeitern zugleich als Laborobjekte. Welche Rolle spielte die wissenschaftliche Arbeit in den Lehrsammlungen und welche Bedeutung kam ihrer räumlichen Anordnung zu? Auch bei *Margarete Vöhringer* überkreuzen sich die Schau- und Arbeitsräume. Die politische Funktionalisierung des Darwin-Museums im Moskau der 1920er Jahre zeigte sich in zweierlei Weise. Denn das Museum diente neben seinen die Evolution darstellenden Elementen auch als ein »sichtbares Labor«. Die darstellenden und forschenden Praktiken standen in einem engen Wechselverhältnis zueinander, wenn anhand psychologischer Tierexperimente versucht wurde, eine sowjetische Auffassung der Evolutionstheorie zu begründen und vorzuführen.

In *John Treschs* Beitrag steht eine bestimmte Theorie im Mittelpunkt. Er fragt danach, wie der Positivismus ausgestellt und 1881 in den sogenannten »Tempel der Humanität« in Rio de Janeiro umgesetzt wurde. Tresch führt einerseits vor, wie die Theorie Comtes räumlich umgesetzt wird und andererseits, wie sich das zentrale Ordnungsprinzip von Ausstellungen aus dem 19. Jahrhundert, nämlich das Panoptikum Foucaultscher Prägung und damit – folgt man dem Museumshistoriker Tony Bennett – auch der Weltausstellungen in Brasilien, realisiert.

Bereits hier, am Ende des 19. Jahrhunderts, wird deutlich, was auch *Bruno Latour* nach einem Besuch im Natural History Museum in New York beschreibt: Das Ausstellen von Wissen ist nicht allein als Repräsentation, sondern immer zugleich als Produktion von Wissen zu verstehen. Das Sichtbarmachen von wissenschaftlichen Objekten macht sie erst zu bedeutsamen, tradierbaren epistemischen Dingen, die wieder aufgegriffen werden können, die zwischen den Disziplinen wandern und so weiterhin lebendige Objekte bleiben.

Was Latour vor allem theoretisch fasst und auf das Museum als Schauort und epistemischer Verhandlungsstelle bezieht, haben *Susanne Bauer, Martha Fleming* und *Jan Eric Olsén* in ihrer kuratorischen Arbeit für das Medicinsk Museion in Kopenhagen erfahren. Ihr Ziel war es, das Labor in den Mittelpunkt ihrer Ausstellung zu platzieren und zugleich die in ihm vorgenommenen Praktiken darstellbar werden zu lassen. Hier erweisen sich Herstellen und Ausstellen als Techniken, die das Labor und das Museum gleichermaßen kennzeichnen und ein eigenes, in beiden Fällen biopolitisches Wissen erzeugen.

Diese Zusammenhänge werden in dem Beitrag von *Elke Bippus* zugespitzt. Ihre Frage lautet: Kann man im Ausstellungsraum forschen? Ihr Interesse gilt dem Ausstellungsraum als Ort der zeitgenössischen Kunst, an dem Wissen verhandelt und hergestellt wird. Sie folgt damit der wissenschaftstheoretischen These, die in leichter Abwandlung zu Latour annimmt, dass die Produktion von Wissen und die Darstellung von Wissen nicht als zwei verschiedene Prozesse nebeneinander laufen, sondern auf das engste im Raum und im zeitlichen Verlauf miteinander verknüpft sind.

Eine umgekehrte Bewegung wird in der Präsentationsanalyse von *Anke te Heesen* sichtbar. In ihrem Text über die 2010 neu eingerichtete Nasspräparatesammlung des Berliner Naturkundemuseums zeigt sie, dass hier weniger, wie beabsichtigt, das Labor des Taxonomen, nämlich die Sammlung, evoziert wird. Vielmehr werden durch die Präsentationsmodi weitergehende Bedeutungszusammenhänge zur Kunst- und

Warenausstellung generiert, die die Rezeption einer wissenschaftlichen Objekt- und Klassifikationsfindung maßgeblich beeinflussen.

So gesehen ist die Verlaufsfolge der Beiträge von den historischen Erkundungen bis zu den zeitgenössischen Analysen eindeutig. Den Schlusspunkt, und damit gleichermaßen Geschichte wie Gegenwart reflektierend, bildet der Beitrag von *Ulrike Vedder*. Sie geht von der engen Verbindung des Museums zu den toten Dingen, zur Grabkammer aus und stellt dar, wie sehr die Frage nach dem Wissen immer auch durch Mortifizierung geprägt ist. Anhand zahlreicher Beispiele aus der Literatur wie dem Film markiert sie den Punkt der Stillstellung der Objekte als ihren bevorzugten Ausstellungsmodus neu und weist nach, wie sehr diese Präsentation als eine eigene Kommunikationsform verstanden werden muss.

Hat das Graefe-Schränkchen nahe gelegt, dass Ausstellungen manchmal schwer einzuordnen sind und sich irgendwo im Raum zwischen Museum, Archiv und Forschung ansiedeln können, skizzieren die hier versammelten Beiträge erste historische und strukturelle Einordnungen solcher Präsentationsmodule: Röntgenplatten, Fenster, Fotografien, Türme, Architekturmodelle und Knochen – sie alle zeigen das Spannungsverhältnis von Präsentation und Forschung an verschiedenen Orten auf. Unsere Denkbewegung war es, den Fokus der Untersuchungen von der Wissenschaftlichkeit von Ausstellungen umzuleiten auf den Gestaltungsgrad von Forschung. Ausgehend von dieser Blickverschiebung behandeln die Beiträge die reziproken Zusammenhänge von Ausstellungsmodi und wissenschaftlichem Forschen, von Präsentationsweisen und der Entstehung von Wissen. Hierbei arbeiten sie Verflechtungen von ästhetisch, empirisch und technisch orientierten Praktiken heraus, die schließlich zu den beiden Thesen des Bandes führen: dass wissenschaftliche Objektakkumulationen erst entlang von Mikropraktiken greifbar werden und dass diese Praktiken die Forschungsarbeit entscheidend mit strukturieren. Wenn nun auf den folgenden Seiten einige Versuche unternommen werden, den epistemischen Gehalt des Ausstellens einerseits und den ästhetischen Gehalt der Forschung andererseits vorzuführen, dann soll damit weniger ein Forschungsthema erschöpfend behandelt, als vielmehr Punkte daraus genauer markiert werden. Wissenschaft im Museum und Ausstellung im Labor verweisen auf ein permanent stattfindendes Wechselverhältnis, aus dessen Bewegung hier die ersten Werkzeuge herausgelöst und beschrieben werden sollten.

Von Präparat zu Präparat

Rudolf Virchow und seine Idee eines dynamischen Körpermuseums

Thomas Schnalke

Der 27. Juni 1899 ist ein denkwürdiger Tag im Leben Rudolf Virchows. Auf dem Gelände der Königlichen Charité in Berlins Mitte eröffnet der in der Welt bekannte und geachtete Pathologe das erste fertig gestellte Gebäude, das innerhalb des gewaltigen Um- und Ausbaus der Charité, in dem zwischen 1896 und 1917 kein Stein auf dem anderen bleiben sollte, neu errichtet worden war.[1] Vor dem Hintergrund einer lautstark propagierten Verobjektivierung und Vernaturwissenschaftlichung der Medizin, der Umsetzung einer bakteriologisch argumentierenden Hygiene mit ihren Forderungen nach fachgerechter Desinfektion, Anti- und Asepsis, der immer nachhaltigeren diagnostischen Vermessung des Kranken und bildhaften Eroberung des Körperinneren des Patienten sowie des überbordenden Optimismus in den Operationssälen, gegründet vor allem auf eine effektive Schmerz- und Bewusstseinsausschaltung durch potente Anästhetika,[2] startet die groß angelegte Revision der Charité mit dem Neubau eines Museums, des Pathologischen Museums Rudolf Virchows (Abb. 1).[3]

Fünf Etagen zu je 400 m² und somit insgesamt 2.000 m² Stellfläche, flankiert von einem gut 200 Sitz- und 50 Stehplätze ausweisenden Hörsaal, werden Virchow überantwortet. Hier kann der Berliner Pathologe endlich seine 23.066 Einzelobjekte umfassende Sammlung humanpathologischer Feucht- und Trockenpräparate ein- und vor allen Dingen ausstellen. Am Eröffnungstag selbst ist noch wenig zu sehen: meist leere Räume, einige Vitrinen, wenige Präparate nur. Zweieinhalb Jahre nimmt

---

1 Zur Geschichte der Charité bis in diese Zeit vgl. grundlegend Oskar Scheibe: »Zweihundert Jahre des Charité-Krankenhauses zu Berlin. Mitteilungen aus der Geschichte und Entwicklung der Anstalt von ihrer Gründung bis zur Gegenwart« in: *Charité-Annalen* 34 (1910), S. 1–178 und zuletzt: Johanna Bleker / Volker Hess (Hg.): *Die Charité. Geschichte(n) eines Krankenhauses*, Berlin: Akademie-Verlag 2010.

2 Zum Berliner Beitrag für die Entwicklung der naturwissenschaftlichen Medizin im 19. Jahrhundert vgl. zuletzt Johanna Bleker / Marion Hulverscheidt / Petra Lennig (Hg.): *Visiten. Berliner Impulse zur Entwicklung der modernen Medizin*, Berlin: Kadmos 2012.

3 Vgl. Rudolf Virchow: *Die Eröffnung des Pathologischen Museums der König[lichen] Friedrich-Wilhelms-Universität zu Berlin*, Berlin: Hirschwald 1899.

Abb. 1: Das Pathologische Museum der Berliner Friedrich-Wilhelms-Universität auf dem Gelände der Charité.

sich Virchow Zeit für die Aufstellung seiner Sammlung. Der eigentliche Startschuss für das Museum fällt erst am 12. Oktober 1901, als Virchow zu seinem 80. Geburtstag sein fertig arrangiertes Körpermuseum präsentieren kann.[4] Dennoch, schon mit Eröffnung des Gebäudes 1899, sozusagen mit dem Blick in die leeren Räume hinein, hat Virchow eine klare Vorstellung, weiß über welche Schätze er verfügt und wie er sie am besten in seinen Vitrinen zur Geltung bringen kann.[5]

Enthusiastisch äußert sich Rudolf Virchow in seiner Eröffnungsrede zu Qualität und Vermögen seiner Präparate (Abb. 2), preist sie als »wirkliche Bilder«, die dem Betrachter eine »unmittelbare Anschauung« des zugrundeliegenden Krankheitsbildes ermöglichten.[6] Eine wahre Revolution in der Präparier- und Konservierungstechnik hätte sich, maßgeblich getragen durch die Entwicklungen an seinem eigenen

---

[4] Vgl. Rudolf Virchow: *Das neue Pathologische Museum der Universität zu Berlin*, Berlin: Hirschwald 1901; Oskar Israel: »Das Pathologische Museum der Königlichen Friedrich-Wilhelms-Universität zu Berlin«, in: *Berliner Klinische Wochenschrift* 41 (1901), S. 1047–1052.

[5] Vgl. Virchow: *Die Eröffnung* (Anm. 3).

[6] Ebd., S. 9 u. 6.

Abb. 2: Lunge »mit viel Kohle«.

Hause, vor kurzem ereignet. Inzwischen sei es möglich, so Virchow, Präparate auf Dauer farbecht und farberhaltend sowie formstabil zu fertigen. Damit gehörten die »ältere[n] Präparate […], die inzwischen längst ihre Farben verloren, häufig auch ihre ursprüngliche Konsistenz, ihre Grösse und Gestalt geändert haben«,[7] der Vergangenheit an. Allein schon dieser Umstand sollte nun auch alle anderen ähnlich angelegten Einrichtungen dazu veranlassen, ihre Sammlungen zu überholen, kurz: »Alle die alten Museen müssen nun allmählich reformirt und in die neuen Formen übergeführt werden.«[8]

Die neuen, brillanten, auf Dauer gestellten Präparate erweisen sich für Virchow selbst zur Realisierung wesentlicher fachlicher Ziele als entscheidend. Sie liefern ihm vor allem die zentralen Mittel, mit welchen er sein Konzept eines großen raumgreifenden Körperinventars, gewissermaßen eines aufgeklappten und somit begehbaren dreidimensionalen Lehrbuchs der Pathologie umsetzen möchte. Darin soll erklärtermaßen

7 Rudolf Virchow: »Über den Unterricht in der pathologischen Anatomie«, in: *Klinisches Jahrbuch* 2 (1890), S. 75–100, hier S. 87.

8 Virchow: *Die Eröffnung* (Anm. 3), S. 9.

die Statik des morphologisch auf Dauer gestellten, in der Zeit eingefrorenen Befundes aufgebrochen und die Krankheit in ihrem Verlauf sichtbar gemacht werden.[9]

Der vorliegende Beitrag zielt darauf, Virchows Konzept eines dynamischen Körpermuseums historisch zu rekonstruieren. Dabei geht es zunächst um die Frage, wie sich aus Virchows Kerntätigkeit, seiner Arbeit als Prosektor, seine Sammlung sowie seine Auffassungen bezüglich eines sinnvollen und augenfälligen Präparatearrangements formieren. Schließlich soll der Blick jedoch auch gedreht werden und quasi im Umkehrschluss gefragt werden, wie das zielstrebige, auf die Vervollständigung der Sammlung und die Realisierung des avisierten Ausstellungsarrangements hin angelegte Sammeln das ursprüngliche Arbeiten und Forschen des Pathologen im Seziersaal strukturierte, lenkte und gegebenenfalls mit neuen Einblicken und Ideen bereicherte.

Prosektur und Präparate

Rudolf Virchow (1821–1902) stammt aus wenig begüterten Verhältnissen.[10] 1821 im hinterpommerschen Schivelbein geboren, verpflichtet er sich beim preußischen Militär, um zwischen 1839 und 1843 kostengünstig, dafür aber erstklassig, an der Pépinière, der angesehenen Militärärztlichen Akademie Berlins, Medizin studieren zu können. 1843 absolviert er als chirurgischer Unterarzt sein letztes Studienjahr turnusmäßig in verschiedenen Gliederungen der Charité und entscheidet sich, seinen weiteren beruflichen Weg auf dem in deutschen Landen bis dato noch wenig etablierten Gebiet der Pathologischen Anatomie einzuschlagen.[11] Gerade dieses Feld erscheint ihm als ideale Verknüpfung zweier wissenschaftlicher Ansätze, die während seiner Ausbildung in der Berliner Medizin für Furore sorgen. Während im Umfeld des Physiologen und Anatomen Johannes Müller (1801–1858) die Erforschung des organischen Lebens als naturwissenschaftliche Experimentalpraktik

---

9 Vgl. hierzu insbesondere Angela Matyssek: *Rudolf Virchow. Das Pathologische Museum. Geschichte einer wissenschaftlichen Sammlung um 1900*, Darmstadt: Steinkopff 2002.

10 Zur Biografie Rudolf Virchows vgl. insbesondere Erwin H. Ackerknecht: *Rudolf Virchow. Arzt, Politiker, Anthropologe*, Stuttgart: Enke 1957; Christian Andree: *Rudolf Virchow. Leben und Ethos eines großen Arztes*, München: Langen Müller 2002; Constantin Goschler: *Rudolf Virchow. Mediziner – Anthropologie – Politiker*, Köln: Böhlau 2002.

11 Zur Situation der Pathologie im 19. Jahrhundert in Deutschland vgl. die ausführlichen Darlegungen in der grundlegenden Studie von Cay-Rüdiger Prüll: *Medizin am Toten oder am Lebenden? Pathologie in Berlin und London, 1900–1945*, Basel: Schwabe 2003.

im Labor aus der Taufe gehoben wird,[12] hält an der Charité im Zuge der Berufung des Franken Johann Lukas Schönlein (1793–1864) mit dessen sogenannter Naturhistorischer Schule der klinische Blick Einzug am Krankenbett.[13] Grundlage allen ärztlichen Handelns wird demnach eine physikalische Diagnostik, die auf einem gekonnten und trainierten Klopfen, Abhorchen und Fiebermessen – instrumentell gestützt auf die Anwendung von Perkussionshammer, Stethoskop und Thermometer – basiert.[14] Die Pathologie reizt Virchow, da sie ihm verspricht, über einen nüchtern-reflektierten und überdies mikroskop-gestützten Blick den Strukturen des menschlichen Körpers sowie den konstituierenden funktionell-mechanischen und chemischen Bedingungen des organischen Lebens ganz allgemein im Gesunden wie im Kranken auf den Grund gehen zu können.

Im Jahre 1843 gibt es an der Charité bereits seit 12 Jahren eine eigene Prosektur. 1831 unter dem Eindruck der neuen verheerenden Seuche Cholera, die in Berlin wütet, eingerichtet, bescheidet sie sich allerdings in einer kleinen Leichenkammer – einem fensterlosen und unbeheizbaren Anbau in der *Alten Charité*. Prosektor, also offiziell bestallter Pathologe, ist Robert Froriep (1804–1861), der das Amt seit 1833 innehat, sich jedoch zunehmend aufgerieben sieht zwischen den Eigenmächtigkeiten der dirigierenden Charité-Ärzte und den Begehrlichkeiten der Medizinischen Fakultät der Berliner Universität.[15] Grund für seine schwache Position vor Ort ist seine subalterne Stellung, vor allem aber eine höchst rigide Dienstinstruktion für die Prosektur. Die-

---

12 Zur »Experimentalisierung« der medizinischen Forschung im Umfeld Johannes Müllers vgl. in einer Auswahl Henning Schmidgen / Peter Geimer / Sven Dierig (Hg.): *Kultur im Experiment*, Berlin: Kadmos 2004; Sven Dierig: *Wissenschaft in der Maschinenstadt. Emil du Bois-Reymond und seine Laboratorien in Berlin*, Göttingen: Wallstein 2006; Laura Otis: *Müller's Lab*, New York: Oxford University Press 2007.

13 Vgl. Johanna Bleker: », […] der einzig wahre Weg ›brauchbare Männer zu bilden‹. Der medizinisch-klinische Unterricht an der Berliner Universität 1810 und 1850«, in: Peter Schneck / Hans-Uwe Lammel (Hg.): *Die Medizin an der Berliner Universität und an der Charité zwischen 1810 und 1850*, Husum: Matthiesen 1995, S. 90–100; dies.: »›Schönlein ist angekommen!‹ Der Begründer der klinischen Methode in Berlin 1840–1859«, in: Bleker / Hulverscheidt / Lennig: *Visiten* (Anm. 2), S. 89–103.

14 Zur nachhaltigen Entwicklung einer physikalisch gegründeten Diagnostik um 1850 vgl. Volker Hess: *Der wohltemperierte Mensch. Fiebermessen in Wissenschaft und Alltag 1850–1900*, Frankfurt a. M. / New York: Campus 2000.

15 Zu den Anfängen der Prosektur an der Charité, den Arbeitsaufgaben und -verhältnissen des ersten Prosektors, Robert Froriep, vgl. Manfred Stürzbecher: *Beiträge zur Berliner Medizingeschichte. Quellen und Studien zur Geschichte des Gesundheitswesens vom 17. bis zum 19. Jahrhundert*, Berlin: de Gruyter 1966, hier insbesondere das Kapitel »Die Prosektur der Berliner Charité im Briefwechsel zwischen Robert Froriep und Rudolf Virchow«, S. 156–220; Peter Krietsch / Manfred Dietel: *Pathologisch-Anatomisches Cabinet. Vom Virchow-Museum zum Berliner Medizinhistorischen Museum in der Charité*, Berlin: Blackwell 1996, S. 17–31; Otis: *Müller's Lab* (Anm. 12), S. 141–145.

se sieht in ihrer Fassung von 1831, mehr oder weniger unverändert fortgeschrieben in der Amtszeit Frorieps, vor, dass der Prosektor vorrangig folgende Aufgaben zu erledigen hat: »1. die Aufsicht über das Leichenhaus zu führen. 2. die Leichenöffnungen zu vollziehen. 3. Den Studirenden Anleitung zur zweckmäßigen Verrichtung pathologischer Sectionen zu geben. 4. Eine zunächst für den klinischen Unterricht bestimmte, im Charité-Krankenhause aufzubewahrende [pathologisch-] anatomische Sammlung anzulegen.«[16]

Unter anderem kommt es immer wieder um die letztgenannte Präparatesammlung zu Zwist und Streit. In den Ausführungsbestimmungen der Instruktion ist zu lesen, dass die Sammlung kein eigenes Budget ausgewiesen erhält. Der Prosektor möge sich die »erforderlichen Bedürfnisse [...] aus der [Charité-]Apotheke und den ökonomischen Vorräthen des Charité-Krankenhauses« beschaffen. Er ist überdies verpflichtet, den Bediensteten der Charité jederzeit Zutritt zu den Sammlungen zu gewähren sowie den »dirigirenden Aerzten, den klinischen Lehrern und Cursus-Dirigenten Präparate aus dieser Sammlung zur Benutzung innerhalb des Charité-Gebäudes auf kurze Zeit zu verabfolgen«.[17]

Froriep beginnt seine Prosektorentätigkeit 1833 mit großem Enthusiasmus. Innerhalb seines ersten Arbeitsjahres vermehrt er die Zahl pathologischer Präparate, die er selbst vor allem als Vorlagen für seine akribisch-exquisiten wissenschaftlichen Zeichnungen nutzt, von 324 auf rund 900. Allerdings bricht danach sein Engagement zusammen. Grund hierfür ist sicherlich die eben skizzierte Bedienungserwartung und Verfügungsmentalität seiner Charité-Kollegen, vor allem jedoch der unerbittliche Zugriff auf seine Arbeitsgegenstände durch einen an sich von ihm sehr geschätzten Kollegen, Johannes Müller, der ihn 1833 sogar selbst aus Bonn mit an die Spree gebracht hatte.[18]

Johannes Müller übernahm mit seinem Dienstantritt an der Berliner Universität eine große anatomisch-zootomische Sammlung, untergebracht im Universitätshauptgebäude Unter den Linden, und baute diese in der Folgezeit neben den eher beengten Räumlichkeiten des Anatomischen Theaters hinter der Berliner Garnisonskirche im großen Stile zu seiner eigentlichen Forschungs- und Arbeitsstätte aus. Die wachsende pathologisch-anatomische Sammlung an der Charité betrachtete Müller mit großen Augen und sah in ihr eine sinnvolle Ergänzung seines Bestandes. Er setzte durch, dass diese Kollektion nicht über die Zahl von 2.000 Stück anwachsen durfte. Nicht nur die überzähligen Stücke waren

---

16 Zit. nach Stürzbecher: *Beiträge* (Anm. 15), S. 164.

17 Zit. nach ebd., S. 166.

18 Vgl. Otis: *Müller's Lab* (Anm. 12), S. 141–145.

künftig an ihn abzutreten, der Charité-Prosektor wurde sogar verpflichtet, eine Liste aller neu gefertigter Präparate eines Jahres an Johannes Müller zu übergeben. Müller kam sodann, sichtete und wählte aus, was nach seiner Auffassung seiner Sammlung gut zu Gesicht stünde.[19] Kalte Akquise oder obrigkeitlich sanktionierte Piraterie – so oder so ähnlich mag Froriep dieses Vorgehen empfunden haben, das ihm letztlich die Forschungsgrundlage entzogen und damit auch den wissenschaftlichen Zahn gezogen hat.

Verantwortlich für einen derart porösen, von einer permanenten Ausdünnung bedrohten Präparatebestand, gelang es Froriep überdies zu keiner Zeit, das Leichenwesen an der Charité in seine Zuständigkeit zu bringen. Vielmehr erachteten es die Dirigierenden Ärzte des Krankenhauses als ihr überkommenes Recht, Sektionen an Patienten, die in ihren Kliniken verstorben waren, selbst durchzuführen oder durchführen zu lassen. In der täglichen Routine war es ihnen in aller Regel lieber, einem ihrer jungen und unerfahrenen Unterärzte die Autopsie zu überlassen, als den Leichnam an die Charité-Prosektur zu überstellen. So gesehen blieb das Sezieren für Froriep letztlich ein sporadisches Geschäft und das gewonnene Präparat eine singuläre Trophäe, die ein systematisches Sammeln fast unmöglich machte.

Sammeln mit Prinzip

Wiederholt und nochmals am 1. Juni 1842 setzt sich der Charité-Prosektor zur Wehr. In einer Eingabe fordert er einen autonomeren Status gegenüber seinen Charité-Kollegen. Auch wolle er sich nicht auf eine Obergrenze der Präparatesammlung festlegen lassen und sich nicht zum »Prosector des anatomischen Museums«, von Johannes Müller also, degradiert wissen. In diesem Zusammenhang verweist er darauf, »daß die Sammlung, welche für den Unterricht in der Charité bestimmt ist, keineswegs für einen oder den andern der jetzt fungirenden Lehrer, sondern als ein zur Vervollständigung des Unterrichts-Apparates der Anstalt erforderliches Material für Alle jetzt oder künftig an dieser Anstalt [eben der Charité] lehrenden Ärzte gesammelt wird«. Damit die Präparatesammlung diese didaktische Aufgabe erfüllen kann, muss

19 Vgl. in diesem Zusammenhang ebd., S. 142 sowie Dietel / Krietsch: *Cabinet* (Anm. 15), S. 50–55 und Cay-Rüdiger Prüll: »Zwischen Krankenversorgung und Forschungsprimat: Die Pathologie an der Berliner Charité im 19. Jahrhundert«, in: *Jahrbuch für Universitätsgeschichte* 3 (2000), S. 87–109, hier S. 92–93.

ihr, so Froriep, »ein allgemeines Princip zu Grunde liegen, welches der Prosector im Auge zu behalten hat und allein im Auge halten kann«.[20]

Ein explizites, hier etwa von Froriep gefordertes Sammlungsprinzip ist für unsere Betrachtung von entscheidender Bedeutung. Woran denkt Froriep, wenn er diesen Begriff trotz aller Widrigkeiten an der Charité im Zusammenhang mit seinen Präparaten bemüht? Wie stellt sich Virchow dazu und was macht er daraus? Froriep selbst äußert sich zunächst nicht weiter. Virchow beginnt im Jahr nach seinem Prosektur-Praktikum, 1844, als Assistent bei Froriep. Zwei Jahre später, 1846, quittiert Froriep restlos frustriert seinen Job und wechselt nach Weimar ins väterliche Verlags-Comptoir, nicht ohne jedoch dafür gesorgt zu haben, dass Virchow zu seinem Nachfolger in der Charité-Prosektur bestallt wird.[21] Virchow und Froriep bleiben sich noch einige Jahre lang freundschaftlich verbunden.

Vier Monate nach seinem Dienstantritt gelingt Virchow etwas, für das sein Mentor stets umsonst gekämpft hatte. Das zuständige Ministerium investiert in die Sammlung, und der junge Prosektor erhält immerhin 200 Reichstaler zur Anfertigung von Vitrinenschränken, um darin die Präparate fachgerecht präsentieren zu können. In einem Brief wendet er sich mit einer Bitte an Froriep: »Sollte es Ihre Zeit erlauben«, so Virchow, »mir ein Paar Worte über den Plan der Aufstellung des Cabinets, welche Sie sich festgestellt hatten, mitzutheilen, so würde ich mit dem grössten Dank Ihnen verpflichtet sein.«[22] Froriep reagiert auf Virchows Anfrage mehrere Monate nicht, so dass sein Schüler selbst aktiv wird, in den Charité-Archiven recherchiert und dort offenkundig die Überlegungen Frorieps hinreichend dokumentiert vorfindet. Schließlich gibt er die Produktion entsprechender Repositorien in Auftrag. Am 2. März 1847 informiert er Froriep darüber, dass die Arbeiten in den nächsten Tagen beginnen werden und dass er sich dabei ganz nach dem von ihm, von Froriep, entworfenen Plan gehalten habe. Allerdings, so merkt er kritisch an, würde er »den Grund einzelner Einrichtungen nicht einsehe[n]«.[23]

---

20 Zit. nach Krietsch / Dietel: *Cabinet* (Anm. 15), S. 52.

21 Vgl. in diesem Zusammenhang den Verweis der Charité-Direktoren auf die für Virchow ausgesprochene Empfehlung »des Professors Dr. Froriep« in ihrer Stellungnahme zur Nachfolge Frorieps im Februar 1846, zit. nach Stürzbecher: *Beiträge* (Anm. 15), S. 175.

22 Zit. nach ebd., S. 180.

23 Zit. nach ebd., S. 187.

Organe im Setzkasten

Offenbar herausgefordert durch Virchows Skepsis fühlt sich Froriep nun doch gehalten, seine Vorstellungen über die Struktur eines sinnvollen Präparatearrangements gegenüber seinem Nachfolger explizit zu machen. In einem Antwortschreiben vom 29. März 1847 führt er aus: »Bei der Anordnung der Repositorien für die Sammlung hatte ich den Plan, in der Anordnung mit pathol[ogischen] Prozessen u[nd] mit Organen zusammen zu treffen, was nur möglich ist, wenn man diese beiden Principe sich kreuzen läßt, also von oben nach unten Organ, – von links nach rechts den pathologischen Process.«[24]

Um sein System der sich kreuzenden Prinzipien zu veranschaulichen, fertigt Froriep in seinem Brief sogar von eigener Hand eine kleine Skizze an (Abb. 3). Darin entwirft er ein zweidimensionales Präparatearrangement als eine Art diagrammatischen Setzkasten. Die nebeneinander angeordneten Vertikalen geben ein anatomisches Grundraster mit einigen exemplarisch angeführten Organen (»Herz«, »Lunge«, »Leber« und »Knochen«) vor, in das horizontal untereinander liegende, seinerzeit umschriebene größere Krankheitseinheiten, (»Entzündung«, »Trennung« und »Pseudoplasma«) einschneiden. In jedem Kubus, in welchem sich die Achsen dieses Systems treffen, lässt sich, so Frorieps Grundidee, eine distinkte Krankheit feststellen und in einem charakteristischen Organpräparat zeigen.[25]

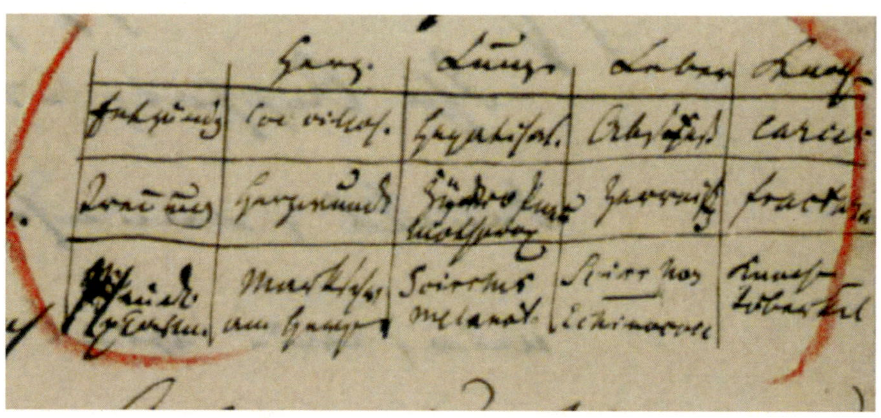

Abb. 3: Robert Frorieps Vorschlag für ein Arrangement pathologischer Präparate in einer Schauvitrine nach dem System zweier sich kreuzender »Principe«.

[24] Zit. nach ebd., S. 189.
[25] Zit. nach ebd., S. 190.

Das Setzkastenprinzip stellt für Robert Froriep zum einen eine pragmatische Lösung seiner prekären Situation als Charité-Prosektor dar. In seinem frustranen Ringen um genügend Leichname und mit Blick auf den permanent drohenden Entzug von Präparaten aus seiner zahlenmäßig gedeckelten Sammlung bleibt ihm letztlich nicht mehr als der Versuch, pro Krankheit wenigstens ein Organ als Krankheitsbeleg festzuhalten. Zum anderen orientiert er sich hinsichtlich seiner Sammlungsanstrengungen aber auch an der Praxis der seinerzeit fachlich hoch angesehenen englischen Hospital Schools. Der britische Pathologe Thomas Hodgkin etwa hatte am Londoner Guy's Hospital seinen Präparatebestand nach einem ähnlichen zweidimensionalen System gesammelt und geordnet.[26]

Hinsichtlich der Präsentation seiner Konservate verfolgt Froriep somit ausdrücklich ein statisches Präparatearrangement. Für die Arbeit am frischen Leichnam im Seziersaal bedeutet dies, dass der Charité-Prosektor stets nach der anderen, noch nicht in seiner Sammlung dokumentierten Krankheit Ausschau hält, welche über die charakteristischen Krankheitszeichen in aller Deutlichkeit in den geweblichen Strukturen an einem typischen Organort zu Tage tritt.

Virchow übernimmt 1847 das Froriepsche Ordnungssystem wohl eher aus Gründen des Respekts gegenüber seinem einstigen Förderer. Überzeugt ist er von diesem »Princip« von Beginn an nicht. Leider äußert sich Virchow in jener Zeit nicht explizit zu seinen Bedenken und zu seinen eigenen Vorstellungen hinsichtlich eines sinnfälligen Präparatearrangements. Allerdings findet sich aus seiner Feder nahezu zeitgleich eine Reihe grundsätzlicher Aussagen zu Ziel und Ausrichtung seiner Forschung, die letztlich auch seinen Sammlungseifer und seine Sammlungsideen strukturiert haben dürften.[27]

Noch im Herbst 1846 unternimmt Virchow im Auftrag der preußischen Regierung eine mehrwöchige Studienreise nach Prag, Wien und Salzburg, um dort »von dem Stande der pathologischen Anatomie und ihrer Schwester-Disciplinen Kenntnis zu nehmen«.[28] Nach Berlin zurückgekehrt, reicht er im November des Jahres einen Reisebericht ein und publiziert diesen kurz darauf. Programmatisch fordert er darin, dass »die pathologische Anatomie eine selbständige Wissenschaft sein müsse,

---

26 Vgl. hierzu Thomas Schnalke: »Ohne Sinn und Verstand? Rudolf Virchows Strategie des Sammelns am Beispiel seines Pathologischen Museums«, in: *Acta Historica Leopoldina* 48 (2007), S. 217–239, hier S. 226–229.

27 Vgl. Rudolf Virchow: »Ein alter Bericht über die Gestaltung der pathologischen Anatomie in Deutschland, wie sie ist und wie sie werden muss« (1846), in: *Archiv für pathologische Anatomie und Physiologie und für klinische Medicin* 159 (1900), S. 24–39.

28 Ebd., S. 24.

welche, um ihre Bedeutung als Grundlage der praktischen Medicin zu erhalten, von dem Todten zu dem Lebendigen zurückkehren und sich zur pathologischen Physiologie gestalten müsse«.[29] Bis dato, so Virchow, hätte sich ein Dozent der Pathologie in aller Regel »auf die Darstellung der Krankheits-Producte, der geschehenen, fertigen materiellen Veränderungen der Theile« beschränkt. Würde sich der pathologische Anatom allerdings auch künftig darauf reduzieren lassen, »würde er weiter nichts können, als eine Terminologie machen, die Objecte beschreiben, ihre Merkmale und Unterscheidungen auffinden, endlich eine Classification vornehmen. Die Genese der Producte, die Entwickelungsgeschichte der pathologischen Neubildungen, der abweichende Verlauf der Lebensvorgänge, welcher die Bedingung dieser Producte und Neubildungen war, würde danach von der pathologischen Anatomie ausgeschlossen sein«. Damit kann und will sich Virchow nicht zufrieden geben: »Der gebildete pathologische Anatom«, so Virchow weiter, »kann sich nicht beschäftigen mit dem Product, ohne nach dem Mechanismus zu fragen, durch welchen es zu Stande gekommen, und nach den Bedingungen, unter welchen die vitalen Vorgänge diese oder jene Abweichung im Verlauf erfahren haben.«[30]

Genese, Entwicklung und Verlauf – dies sind die Kernbegriffe, mit welchen Virchow seine wissenschaftliche Stoßrichtung ganz allgemein umreißt. Entlang dieser Koordinaten möchte er das Wesen der Krankheiten genauer ergründen, sein Fach, die Pathologie, im Konzert der medizinischen Disziplinen fortentwickeln und letztlich auch die vorgefundene Präparatesammlung zu einem umfassenden Körpermuseum auf- und ausbauen.[31]

Für all dies hat Virchow fast 50 Jahre Zeit. Der Start ist vielversprechend. Zunächst geben die allmächtigen Dirigierenden Ärzte der Charité nach, so dass Virchow als Frorieps Nachfolger in der Prosektur das Leichenwesen der Charité in seiner Zuständigkeit zusammenführen und neu einrichten kann. Zwar räumt er 1849 mehr oder weniger unfreiwillig das Feld – als preußischer Beamter hatte er sich ein Jahr zuvor auf Seiten der Aufständischen an der Revolution von 1848 beteiligt – und folgt einem Ruf nach Würzburg. Letztlich verlässt er die Spree aber nur, um 1856 umso triumphaler nach Berlin zurückzukehren. Auf Fürsprache von Johannes Müller wird er auf den Lehrstuhl für Pathologie an der Berliner Universität berufen. Für die Annahme seines Rufs bedingt er sich zusätzlich aus, dass ihm mitten auf dem Gelände des größten

---

[29] Ebd., S. 25.
[30] Ebd., S. 30–31.
[31] Vgl. Matyssek: *Rudolf Virchow* (Anm. 9).

Berliner Krankenhauses, der Charité, ein eigenes Institut für Pathologie erbaut wird, und dass ihm zusätzlich zu seiner Professur auch das Amt des Charité-Prosektors übertragen wird.[32]

Der totale Schnitt

In dieser starken Position richtet Virchow an seinem neuen Institut ab 1856 ein Sektionswesen ein, in welchem er über die nächsten Jahrzehnte hinweg zeitweise bis zu 100 Prozent aller an der Charité pro Jahr Verstorbener sezieren kann. In den 1870er und 1880er Jahren werden dort bis zu 1.400 Obduktionen pro Jahr durchgeführt, woraus sich – gewissermaßen vom Schnitt zum Text – eine einzigartige empirische Forschungsquelle speist.[33]

Vor allem im Bestreben, seine Arbeitsgegenstände für die fortgesetzte Bearbeitung bestmöglich verfügbar zu machen, gelingt es Virchow, die Praktik des Sezierens in seinem Fach autoritativ zu normieren und zu standardisieren. Wesentlich ist in diesem Zusammenhang seine Sektionslehre, die 1876 erstmalig im Druck erscheint,[34] wiederholt neu aufgelegt und schließlich auch international übernommen wird. In dieser Schrift legt er den Ablauf einer Autopsie minutiös fest und zeigt an, wie ein Sektionsprotokoll lege artis zu führen ist. Ausführlich äußert er sich zur Obduktionsmethode, wie sie an seinem Haus weiterentwickelt worden ist. Stets, so führt er aus, solle die innere Leichenschau zwei Anforderungen gerecht werden: »Erstens musste sie die möglich vollständigste Einsicht in die Ausdehnung der Veränderungen aller Organe gestatten. Zweitens musste sie, um die Möglichkeit einer auch für die Unterrichtszwecke brauchbaren übersichtlichen Demonstration zu gewähren, so eingerichtet werden, dass der Zusammenhang der betreffenden Theile möglichst wenig aufgehoben werde.«[35] Zentral sei dabei die Frage, »wie

---

32 Vgl. Louis-Heinz Kettler: »Das Pathologische Institut der Charité«, in: *Zeitschrift für ärztliche Forschung* 9 (1960), S. 530–547; Peter Krietsch / Heinz David: »Geschichte des Pathologischen Instituts der Charité«, in: *Charité-Annalen* NF 4 (1989), S. 271–288; Thomas Schnalke: »Zurück ins Leben. Zur Geschichte des Instituts für Pathologie der Charité«, in: Isabel Atzl / Volker Hess / Thomas Schnalke (Hg.): *Zeitzeugen Charité. Arbeitswelten des Instituts für Pathologie 1952–2005*, Münster: LIT Verlag 2006, S. 9–23.

33 Vgl. Ingo Wirth: *Zur Sektionstätigkeit im Pathologischen Institut der Friedrich-Wilhelms-Universität zu Berlin. Ein Beitrag zur Virchow-Forschung*, Berlin: Logos 2005; ders.: *Quellenband zur Sektionstätigkeit im Pathologischen Institut der Friedrich-Wilhelms-Universität zu Berlin von 1856 bis 1902. Ein Beitrag zur Virchow-Forschung*, Berlin: Logos 2005.

34 Rudolf Virchow: *Die Sections-Technik im Leichenhause des Charité-Krankenhauses, mit besonderer Rücksicht auf gerichtsärztliche Praxis*, Berlin: Hirschwald 1876.

35 Ebd., S. 4.

man schneiden müsse«.[36] Die »Technik des pathologischen Schneidens« unterscheide sich ganz wesentlich von jenem in der Anatomie geübten Verfahren:

> Bei der gebräuchlichen Methode des [anatomischen] »Präparirens« lernt der junge Mediciner sein Messer wie eine Schreibfeder [zu] fassen. Diese Haltung entspricht der Aufgabe, kurze, feine Schnitte zu machen, um einen Muskel, ein Gefäss, einen Nerven blosszulegen, zu verfolgen und rein darzustellen. [...] Die Bewegungen erfolgen fast nur in den Fingergelenken, allenfalls im Handgelenk. Der Arm selbst wird fixiert, gewöhnlich so, dass der Ellenbogen dem Rumpf genähert und nicht selten der Brustwand, wenn nicht gar dem Darmbeinkamme angelegt wird. Es wird dadurch eine grosse Sicherheit in der Führung der kleinen und kurzen Schnitte gewonnen, welche sehr viel dazu beiträgt, jene Güte des Präparates zu erreichen, welche der strenge Blick des anatomischen Lehrers in einem Momente würdigt.[37]

In der Pathologie, so Virchow, komme diese subtile Sektionstechnik durchaus auch zum Einsatz, allerdings werde sie dort in aller Regel die Ausnahme bleiben, denn

> durch die vielen kurzen Schnitte [wird] in den grösseren Organen ein Zustand der Zertheilung herbeigeführt, der eben wegen der grossen Zahl der Partialschnitte die Anschauung keineswegs fördert und der mehr für gewisse Zwecke der Küche, als für Zwecke der Wissenschaft bestimmt zu sein scheint. Man spart an Zeit und man gewinnt an Deutlichkeit und Einsicht bei der pathologischen Section durch grosse und wenn möglich totale Schnitte.[38]

Ausdrücklich äußert sich Virchow in diesem Zusammenhang erneut zum Thema einer fachgerechten Messerhaltung und Messerführung:

> Ich nehme jetzt für die gewöhnlichen Zwecke bei einer pathologischen Section den Messergriff in die volle Hand, so dass, wenn ich den Arm ausstrecke, die Klinge wie eine gerade Verlängerung des Arms hervortritt. Ich fixire dann, wenn auch nicht absolut, so doch relativ Finger und Handgelenke und führe die Schneidebewegung mit dem ganzen Arm aus, so zwar, dass ich die Hauptbewegungen im Schultergelenk, die secundären im Ellenbogengelenk mache. Dies giebt lange und ausgiebige Schnitte, und da ich die ganze Kraft des Arms, namentlich die ganze Kraft der Schultermuskulatur in Wirksamkeit bringen kann, auch glatte Schnitte. Und nur an solchen Schnittflächen kann man wirklich gut sehen.[39]

Gut sehen! Darum ist es Virchow zu tun. Am frischen Leichnam im Seziersaal, aber auch im Blick auf ein gut gearbeitetes Präparat – entstanden aus einer Verbindung von pathologischer Sezier- und anatomi-

---

36 Ebd., S. 26.
37 Ebd., S. 26–27.
38 Ebd., S. 27.
39 Ebd., S. 27–28.

scher Präparierkunst – in seiner Sammlung. Diese Sammlung explodiert seit 1856 regelrecht. Johannes Müller hat mit Virchows Dienstantritt seine Beutezüge in der Charité-Sammlung eingestellt. Die obrigkeitlich festgeschriebene Deckelung des Bestandes auf 2.000 Stück ist entfallen. Bis Mitte 1901 wächst die Sammlung von 1.500[40] auf 23.066[41] Präparate. Diese stehen zunächst in einem eigenen Sammlungsraum des Institutsgebäudes ein. Bald schon bevölkern die Objekte andere Zimmer, Gänge und Flure. Schließlich ist jeder Quadratzentimeter der Einrichtung mit Sammlungsgut gefüllt, so dass die Dinge die Wege beschneiden sowie Böden und Decken belasten. Die Wände weisen Risse auf. Die Sammlung wird rein physisch zum Problem.

Allerdings hat die Enge auch seine Vorteile. Die Präparate stehen ja nicht nur draußen vor den Zimmern, sondern auch in den Räumen der Wissenschaftler, in Virchows Arbeitszimmer zumal, unmittelbar um seinen Arbeitstisch herum und oben auf den Arbeits- und Regalflächen (Abb. 4). Sie verdichten somit – zumindest von Virchow so gewollt

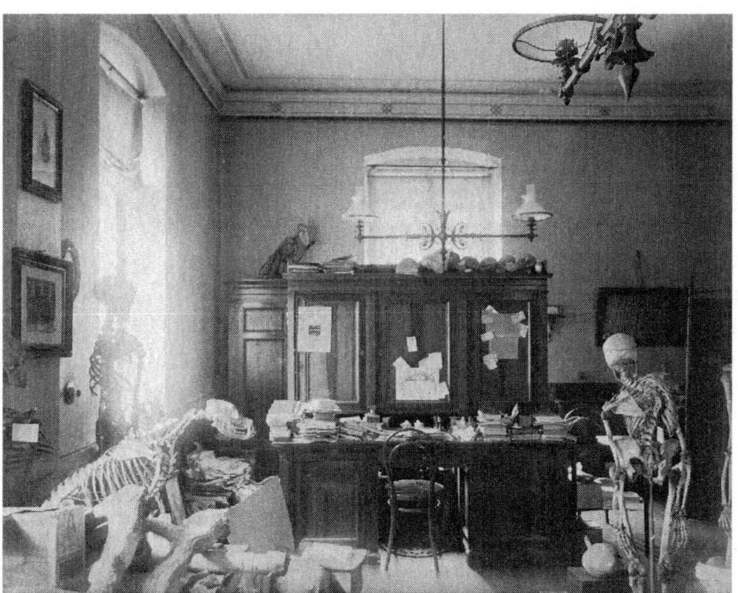

Abb. 4: Arbeitstisch von Rudolf Virchow in seinem ersten Institut für Pathologie der Friedrich-Wilhelms-Universität auf dem Gelände der Charité.

40 Diese gerundete Zahl nennt Rudolf Virchow im Rückblick bei der Eröffnung seines Pathologischen Museums 1899; vgl. Virchow: *Eröffnung* (Anm. 3), S. 16.

41 Diese exakte Angabe macht Rudolf Virchow anlässlich der Feierlichkeiten zu seinem 80. Geburtstag mit Blick auf sein inzwischen fertig eingerichtetes Pathologisches Museum 1901; vgl. Virchow: *Das neue Pathologische Museum* (Anm. 4), S. 3.

und sehr geschätzt – die Arbeitsatmosphäre, und das nicht aus purem Trophäenstolz oder zur makabren Augenergötzung, sondern vielmehr mit wissenschaftlichem Kalkül. Mit den Sammlungsdingen in greifbarer Nähe macht sich Virchow permanent die dinglichen Dokumente seiner Arbeit als Objekte einer fortgesetzten Betrachtung und gegebenenfalls einer revidierenden Überprüfung verfügbar.

Dennoch, die Verhältnisse in Virchows alt und baufällig gewordenem Institut sind letztlich unhaltbar, so dass es sich gut trifft, das die preußische Regierung die hoch sanierungsbedürftige Charité abtragen und komplett neu bauen will. 1896 fallen die letzten Entscheidungen, konkrete Pläne werden gemacht, die Baumaßnahmen beginnen. Wie gesagt, nicht etwa der Neubau von Labors, Operations- und Hörsälen oder Krankenzimmern macht den Anfang, nein, es ist Virchows Pathologisches Museum, das 1899 als erste Neubaumaßnahme fertig gestellt wird.

Die dritte Dimension

Leider äußert sich der Altmeister der Pathologie erneut in keiner gesonderten Schrift zu seinem Prinzip, das er hinsichtlich seines Präparatearrangements in seinem Museum realisieren will. Allerdings finden sich in seiner publizierten Eröffnungsrede genügend Hinweise, die das Virchowsche System in seinen wesentlichen Grundzügen deutlich werden lassen.[42] Dieses nimmt seinen Ausgang – in bewährter pathologisch-anatomischer Tradition – von den Koordinaten Anatomie und morphologischem Krankheitsbefund. Hinzu kommt jedoch ganz entscheidend eine dritte Dimension: In diesem Museum solle, so Virchow, »jede mit erkennbaren anatomischen Veränderungen einhergehende Krankheit in vollständiger Uebersichtlichkeit nach Entstehung und Verlauf dargestellt werden«.[43] Die Entwicklung, der Krankheitsprozess, ist das entscheidende dynamisierende Element, durch welches das Sehen, das Schauen in Virchows Körpermuseum in Bewegung geraten soll.

Wie sich Virchow die praktische Umsetzung seiner Idee einer dreidimensionalen Verräumlichung seines Wissens in seiner Präparatesammlung dachte, führt er an Hand einer Objektgruppe aus, die ihm wissenschaftlich stets besonders am Herzen lag: den Fehlbildungen,

---

42 Vgl. Virchow: *Das neue Pathologische Museum* (Anm. 4).
43 Ebd., S. 28.

»Terata«[44] oder »Missbildungen«,[45] wie man damals sagte. Um in diesen Fällen das komplexe Krankheitsgeschehen zu begreifen, müsse man, so Virchow, »die ganze Genesis« überblicken. »Um aber die Genesis zu ermitteln, dazu gehört viel Material, es sind viele Vergleichungen erforderlich.«[46] Letztendlich sei ein »vollständiges Verständniss dieser bizarren Missbildungen nur durch die Betrachtung ganzer Reihen« möglich.[47] Der Betrachter soll also, verstehen wir den Ansatz richtig, vor den Vitrinen eine endliche Anzahl von Präparaten, nebeneinander gestellt als »ganze Reihe« abschreiten und mit seinem vergleichenden Blick ein distinktes Stadium der Krankheit nach dem anderen über die gesamte Entwicklung eines Krankheitsgeschehens hinweg wahrnehmen können. Jedes einzelne Präparat zeigt einen kleinen aber deutlichen Unterschied bezogen auf das Nachbarobjekt, so dass sich der Blick des Betrachters im vergleichenden Hin und Her, in einer Art pendelnden Wechselbewegung zwischen den Präparaten informieren kann.

Im fortgesetzten Rechts und Links der Augen des Betrachters vor den Präparaten gerät das vorgestellte Krankheitsbild in Bewegung. Die Statik des Einzelbefunds wird zugunsten einer visuell nachvollziehbaren Dynamik des Krankheitsprozesses aufgebrochen. Die Deutlichkeit und Anschaulichkeit eines derart in Fluss geratenen Präparatearrangements profitiert letztlich ganz grundlegend von der Art und Weise, wie im Seziersaal geschnitten und nachträglich im Präpariersaal das geborgene Organ zu einem »Bild seiner selbst«[48] aufbereitet wird.[49] Virchow war der Überzeugung, dass hier wie dort »lange«, »ausgiebige«, »glatte« und somit, wie er formulierte, »totale« Schnitte die gewünschte Vergleichbarkeit und damit die notwendige Einsicht gewährleisten würden.[50]

Wäre es Virchow gelungen, die von ihm gedachten ganzen Reihen für alle menschlichen Krankheiten zusammenzustellen und auf die Regale seiner Museumsvitrinen zu platzieren, hätte der Pathologe letztlich das zustande gebracht, was den Anatomen in den typisierenden Darbietungen des gesunden menschlichen Körpers auf den anatomischen Theatern und in den anatomischen Museen Jahrhunderte zuvor

44 Ebd., S. 17.
45 Ebd., S. 21.
46 Ebd., S. 18.
47 Ebd., S. 21.
48 Hans-Jörg Rheinberger: »Präparate – ›Bilder‹ ihrer selbst. Eine bildtheoretische Skizze«, in: *Bildwelten des Wissens* 1 (2003) 2, S. 9–19.
49 Vgl. Thomas Schnalke / Isabel Atzl: »Magenschluchten und Darmrosetten. Zur Bildwerdung und Wirkmacht pathologischer Präparate«, in: *Bildwelten des Wissens* 9 (2012) 1, S. 18–28.
50 Virchow: *Sections-Technik* (Anm. 34), S. 26–27.

weitgehend geglückt war: dem einzelnen Präparat oder der davon abgeleiteten Repräsentation im Modell oder Bild das Individuell-Variable abzustreifen und das Normierend-Allgemeingültige überzuziehen.[51] In der »ganzen Reihe« pathologisch veränderter Präparate des gleichen Organs oder der gleichen Körperregion, von Präparaten also, die immer wieder den unterscheidbar nächsten Schritt in der Entwicklung eines Krankheitsbildes dokumentieren, wäre das Individuelle eines jeden manifest sich im Organischen niederschlagenden Krankheitsgeschehen, wäre das Aporistische des pathologischen Einzellfalls zugunsten einer allgemeingültigen Anatomie der Krankheit aufgegangen.

Trotz seiner großen Präparatezahl scheitert Virchow – wenngleich auf hohem Niveau – an seinem Projekt, ein dynamisches Körpermuseum für alle Krankheiten des Menschen einzurichten. Letztlich dokumentieren die vorhandenen Präparate das jeweilige Krankheitsstadium – bezogen auf die anderen in der Sammlung vorhandenen Präparate zum gleichen Krankheitsbild – zu selten hinreichend disjunktiv genug, um für jede bekannte Krankheit an allen primären und sekundären Krankheitsorten im Körper ganze dichte Reihen aufbauen zu können.

Der kleine Unterschied

Um dieses Scheitern in der Praxis geht es in unserem Zusammenhang jedoch nicht. Entscheidend ist vielmehr mit Blick auf das Zusammenspiel von Wissenschaft und Museum eine nähere Betrachtung des Ideals der distinkten Unterscheidbarkeit von einem Präparat zum nächsten an sich, jener Differenz somit, die gerade noch als solche optisch wahrnehmbar ist und einen referentiellen Bezug der dokumentierten Krankheitsstadien im vergleichenden Blick des Beobachters möglich macht. Treten wir aus dem Schauraum heraus und in den zeitlich vorgeschalteten Sektionssaal ein, so wird deutlich, dass es auch und gerade in der Virchowschen Sektionspraxis ganz entschieden und immer wieder darum geht, das gleiche Organ zu konsultieren, um darin den optisch auffälligen, letztlich pathomechanisch erklärbaren »nächsten Schritt« eines Krankheitsbildes

---

[51] Vgl. Thomas Schnalke: »Der expandierte Mensch – Zur Konstitution von Körperbildern in anatomischen Sammlungen des 18. Jahrhunderts«, in: Frank Stahnisch / Florian Steger (Hg.): *Medizin, Geschichte und Geschlecht. Körperhistorische Rekonstruktionen von Identitäten und Differenzen*, Stuttgart: Steiner 2005, S. 63–82; ders.: »Bühne, Sammlung und Museum. Zur Funktion des Berliner Anatomischen Theaters im 18. Jahrhundert«, in: Helmar Schramm / Ludger Schwarte / Jan Lazardzig (Hg.): *Spuren der Avantgarde: Theatrum anatomicum. Frühe Neuzeit und Moderne im Kulturvergleich*, Berlin / New York: de Gruyter 2011, S. 1–27.

ausfindig zu machen, das betreffende Organ damit als bedeutsam zu erkennen, um es zu bergen, zu präparieren, zu fixieren, zu konservieren und letztlich an seiner richtigen Position in der Präparatereihe zu denken.

Diese Such- und Wahrnehmungshaltung in der täglichen Sektionspraxis setzt, mit Blick auf die Weiterentwicklung der Sammlung, eine extrem gute Kenntnis der Präparatebestände und eine weitgreifende wissenschaftlich gegründete Vorstellung darüber, wie sich die Krankheit entwickeln könnte, aber auch die für jede ernst gemeinte wissenschaftliche Arbeit unerlässliche Bereitschaft voraus, sich beeindrucken und überraschen zu lassen. Denn mit der Sammlung im Kopf – manches steht bewusst vor Augen, das meiste aber ist sicherlich unbewusst gespeichert – erschließt das Eröffnen jedes nächsten Leichnams in einem Akt des erwartungsvollen *Aufdeckens* immer wieder einen neuen Kosmos. Im Moment des Offenlegens, in der Sekunde des ersten Blicks, im Gewahrwerden des nächsten, des neuen Befundes ereignen sich nicht nur Bestätigung, sondern oft auch Verunsicherung und daraus abgeleitet Vermutung oder gar Erkenntnis. An diesem Punkt nimmt also Wissenschaft ihren Fortgang. Vielleicht ist das Freigelegte längst bekannt, tausend Male schon so oder so ähnlich gesehen. Hin und wieder offenbart sich hier aber auch etwas überraschend Anderes, etwas dem wahrnehmenden Betrachter gänzlich Unbekanntes, Erklärungsbedürftiges, etwas, das den imaginierten Entwicklungsgang einer Krankheit womöglich in eine gänzlich andere Richtung lenkt respektive auszudeuten Anlass gibt.

So gesehen, wirkte für Virchow und sicherlich für andere sammelnde Pathologen die Sammlung, die es nach einem gewissen, letztlich auf das Ausstellen ausgerichteten Prinzip weiterzuentwickeln und zu vervollständigen galt und die, im Falle Virchows, sogar auf die Realisierung eines umfassenden dynamischen Körpermuseums abzielte, ganz elementar in die Forschungshaltung am Seziertisch zurück. Bei dieser Haltung handelte es sich um eine spezifische gerichtete und zugleich offene Aufmerksamkeit, die ihre mehr oder weniger bedeutsamen wissenschaftlichen Erkenntnisse zeitigte. Diese wiederum wurden in aller Regel an ganz anderer Stelle, eben nicht im Museum, publiziert, aber im Museum im Präparat dokumentiert, auf- und ausgestellt. Somit öffnete sich zwischen Seziersaal, Sammlung und Museum ein spezifischer Gedankenraum für *Entdeckungen* in einem recht eigentlichen Wortsinn. Sicherlich profitierte Virchow selbst für seine *Entdeckungen* ein Leben lang ganz entscheidend von seinen oszillierenden Wechselgängen in diesem epistemischen Mikrokosmos.

Abbildungsnachweise

Abb. 1: Fotografie,.um 1900 © Berliner Medizinhistorisches Museum der Charité.
Abb. 2: Feuchtpräparat, 1898 © Berliner Medizinhistorisches Museum der Charité, Fotografie: Christoph Weber.
Abb. 3: Skizze Frorieps aus seinem Brief an Rudolf Virchow vom 29. März 1847 © Archiv der Berlin-Brandenburgischen Akademie der Wissenschaften.
Abb. 4: Fotografie, 1891 © Berliner Medizinhistorisches Museum der Charité.

Das »Gesamtgebiet der normalen und pathologischen Röntgenanatomie« ausstellen

Sammlungswissen und radiologische Arbeitspraxis im »Museum« des Hamburger Röntgenhauses 1914/15

Christian Vogel

Die im Januar 1915 erfolgte Errichtung des Röntgenhauses des Allgemeinen Krankenhauses St. Georg in Hamburg war mit einem klaren Statement verbunden: Die »Zukunft des Röntgenverfahrens«, so Heinrich Albers-Schönberg, langjähriger Leiter des alten und Direktor des neuen Röntgeninstituts, wird sich »in eigenen Bauten abspielen.«[1] Für Albers-Schönberg war das Vorhandensein eines zentralen und in einem eigenen Bau untergebrachten Röntgeninstituts ein wichtiger Indikator für die zunehmende Bedeutung des radiologischen Verfahrens innerhalb des medizinischen Fächerkanons. In seinem Beitrag für den zur Eröffnung des Röntgenhauses besorgten Band beschreibt er das Haus als letzte Stufe eines progressiven Entwicklungsprozesses und spannt einen großen zeitlichen Bogen von den ersten, nur notdürftig in »Nebenräumen, vielfach im Kellergeschoß« untergebrachten Röntgenlaboratorien, über die nach der Jahrhundertwende eingerichteten Röntgeninstitute, denen »zahlreiche und große Zimmer bis zu ganzen Etagen« reserviert wurden, bis hin zur letzten Periode, in der »ganze Häuser für das Röntgenverfahren« zur Verfügung gestellt werden.[2]

Auch wenn der Bedeutungszuwachs des radiologischen Verfahrens in der Medizin alles andere als geradlinig und zwangsläufig verlief,[3] spiegelt die von Albers-Schönberg am Beispiel der architektonischen

---

1 Heinrich Ernst Albers-Schönberg / Franz Lasser / Karl Seeger: *Das Röntgenhaus des Allgemeinen Krankenhauses St. Georg in Hamburg, errichtet 1914/15, von Professor Albers-Schönberg, Reg. Baumeister a. D. Seeger, Ing. Lasser,* Leipzig: Leineweber 1915, S. 5.

2 Ebd. Zur architektonischen Entwicklung der Röntgeninstitute siehe Monika Dommann: *Durchsicht, Einsicht, Vorsicht. Eine Geschichte der Röntgenstrahlen 1896–1963*, Zürich: Chronos 2003, S. 98–108.

3 Obwohl einige Krankenhäuser unmittelbar nach der Entdeckung der Strahlen begannen, die zur Produktion von Röntgenbildern benötigten Instrumente und Apparate anzuschaffen, war damit noch keinesfalls eine systematische Nutzung verbunden. Lediglich sporadisch wurde auf den Apparat zurückgegriffen, und meist ging es darum, seltene oder spektakuläre pathologische Fälle zu dokumentieren; Schaulust war weit eher Ansporn, sich dem neuen Verfahren zu bedienen, als systematisches Erkenntnisinteresse. Vgl. dazu am Beispiel des Pennsylvania Hospital Joel D. Howell: *Technology in the Hospital. Transforming Patient Care in the Early 20th Century*, Baltimore: Johns Hopkins University Press 1995, insbes. S. 123–132.

Entwicklung der Röntgeninstitute beschriebene Erfolgsgeschichte nicht zuletzt seine eigenen Erfahrungen wider. Schon bald nachdem er 1903 die Stelle als Röntgenarzt am Allgemeinen Krankenhaus angetreten hatte, wurde er mit der konzeptionellen und räumlichen Planung für ein neues Institut betraut, das schließlich ab 1905 im ersten Stockwerk des Operationsgebäudes untergebracht wurde und sich über zwei miteinander verbundene Räume erstreckte. Mit dem Vorsatz eingerichtet, »sämtliche Arbeiten der medizinischen und chirurgischen Stationen übernehmen, sowie alle therapeutischen Aufgaben erfüllen« zu können, war das neue Institut von Anfang an als zentrale Einrichtung organisiert, das die radiologischen Arbeiten sämtlicher Krankenhausabteilungen übernahm, darüber hinaus auch als »Muster Versuchs- und Lehrinstitut der Radiologie« fungierte.[4] Die darauf folgenden Jahre bis zur Errichtung des Röntgenhauses waren nicht nur für Albers-Schönberg äußerst erfolgreich – 1905 wurde er zum leitenden Arzt, 1914 schließlich zum Oberarzt befördert –, auch das Röntgeninstitut verzeichnete eine stetig steigende Nachfrage nach Röntgenleistungen, die in den bisherigen Räumlichkeiten immer weniger befriedigt werden konnte.[5] Um die Aufgaben des Instituts weiterhin erfüllen zu können, sei ein geräumigerer Neubau unabdingbar – so lautete die Forderung, die ab 1910 von Albers-Schönberg nachdrücklich und schließlich erfolgreich gestellt wurde (Abb. 1).

Das neue, in einem eigenen Haus untergebrachte Zentralröntgeninstitut, sollte nicht nur ein weithin sichtbares Zeichen für den Erfolg des neuen Verfahrens in der Medizin darstellen, sondern auch Albers-Schönberg als bedeutenden Radiologen und wissenschaftspolitischen Organisator kenntlich machen. Das Röntgenhaus war sein ganz persönliches Projekt, sollte Ziel und gleichzeitig Höhepunkt seines bisherigen Schaffens und seiner wissenschaftlichen Karriere werden. »Ich habe«, so Albers-Schönberg zur Konzeption des Röntgenhauses, »um meine persönlichen Ideen völlig zur Ausgestaltung zu bringen, darauf verzichtet, Einrichtungen anderer Institute zu wiederholen oder als Muster zu benutzen.« Vorbildcharakter für das neue Institut mochte er daher nur seinen eigenen Schöpfungen zusprechen. »Das neue Institut stellt einen

---

4 Heinrich Ernst Albers-Schönberg: »Das im März 1905 eröffnete neue Röntgeninstitut des Allgemeinen Krankenhauses St. Georg-Hamburg«, in: *Fortschritte auf dem Gebiete der Röntgenstrahlen* 8 (1904/05), S. 359–367, hier S. 359 f.

5 Allein zwischen 1912 und 1913 stieg die Zahl der im Röntgeninstitut durchgeführten Aufnahmen von 7000 auf knapp 8400. Siehe zu diesen Zahlen: Th. Deneke (Hg.): *Jahresbericht des Allgemeinen Krankenhauses St. Georg für das Jahr 1913*, Leipzig: L. Voß 1915, S. 119.

Abb. 1: Hamburger Röntgenhaus, Außenansicht.

weiter entwickelten Typ meines früheren Privatinstituts und des von mir vor zehn Jahren eingerichteten alten Krankenhausinstituts […] dar.«[6]

Wie sein Vorgänger war das Institut im Röntgenhaus eine zentrale Einrichtung, die neben ihrer Funktion als Lehr- und Ausbildungsinstitut »den praktischen Anforderungen des Krankenhauses bezüglich der Diagnostik und Therapie völlig entsprechen« sollte.[7] Vieles, was im alten Institut bereits angelegt war, aufgrund der Raumverhältnisse aber nur begrenzt zur Ausführung gelangte, konnte im Röntgenhaus in einem weit größeren Maßstab fortgeführt werden. Das galt insbesondere für die wissenschaftlichen Sammlungen, denen der größte Raum im Erdgeschoss zugewiesen wurde. »Für wissenschaftliche Sammlungen war im alten Institut selbstverständlich kein Raum vorhanden, infolgedessen blieb der Umfang der meist in Schränken verpackten Gegenstände in

6 Albers-Schönberg: *Das Röntgenhaus* (Anm. 1), S. 10.
7 Ebd., S. 8.

Abb. 2: Blick in das Museum des Röntgenhauses.

bescheidenen Grenzen.« Dem Röntgenhaus dagegen war »ein Museum angegliedert, welches [...] der Aufbewahrung und Ausstellung von Plattensammlungen, von Modellen, Röhren, Moulagen, Büchern, Zeitschriften usw. dienen soll«[8] (Abb. 2). Die Sammlungen erfuhren beim Einzug in die neuen, großzügigeren Räumlichkeiten nicht nur eine quantitative Ausdehnung, sondern auch eine qualitative Umgestaltung. Indem sie aus den Schränken, in die sie bisher – gewissermaßen blickdicht – eingelagert waren, geborgen und in »einige grosse, aufs sorgfältigste hergestellte und mit Schiebetüren und Glasbörtern versehene Glasschränke« eingestellt wurden, wurden die Sammlungen vom Modus des Speicherns in den Modus des Zeigens überführt.[9] Der breite Rückgriff auf den Werkstoff Glas zeigt an, worum es ging – die Sammlungsobjekte sichtbar zu machen und dauerhaft sichtbar zu halten. Aus der Sammlung wurde eine *Schau*sammlung.

---

8 Ebd. Mit seinen annähernd 100 m² übertraf das Museum den Raum für Diagnostik um 13 m², gegenüber den Räumen für Tiefen- und Einzeltherapie (55 bzw. 42 m²) maß es sogar das Doppelte. Alle Angaben zur Raumgröße ebd., S. 42 u. 45.

9 Friedrich Ruppel: »Der Neubau des Röntgen-Instituts im Allgemeinen Krankenhause St. Georg, Hamburg«, in: *Zeitschrift für Krankenanstalten* 11 (1915), S. 513–526, hier S. 521.

Diese Transformation ist entscheidend, weil sie Voraussetzung dafür war, dass überhaupt mit den Sammlungen gearbeitet werden konnte. Hier möchte das Folgende ansetzen und die neuen Verwendungs- und Verwertungsmöglichkeiten aufzeigen, die sich der visuellen Verfügbarmachung und -haltung der radiologischen Sammlungen anschlossen. Am Beispiel des Hamburger Museums wird nach den Möglichkeiten und Grenzen solcher Schausammlungen in einem konkreten wissenschaftlichen Arbeitszusammenhang gefragt. Welchen funktionalen Ort nahmen sie in der Produktion radiologischer Wissensbestände ein? Wie waren sie eingebunden in den alltäglichen Arbeitsprozess? Welches sind ihre (medialen) Spezifika und wie unterscheiden sie sich von anderen Verfahren der Wissensproduktion und -präsentation wie etwa vom Archiv oder radiologischen Atlas?

Referenzobjekte

Die Unsicherheit, die ein medizinisch vorgebildeter Betrachter beim Anblick eines Röntgenbildes erfasst, zieht sich wie ein roter Faden durch die Geschichte der Radiologie.[10] Als eine Ansammlung unterschiedlicher Dichteverhältnisse des durchstrahlten Objekts, die sich auf der belichteten Platte in unterschiedlichen Graustufen ausdrückten, erzeugte das Röntgenbild eine Sicht in den Körper, die mit den herkömmlichen Darstellungstraditionen vollständig brach. Die Realität des Körpers war in den neuen Schattenbildern eine völlig andere, als sie sich bisher den Ärzten in anatomischen Atlanten, Präparaten, am Skelett oder im geöffneten Leichnam zeigte. Um verstanden zu werden, so David Gugerli, mussten Röntgenbilder nicht nur »produktionsseitig standardisiert«, sondern auch »rezeptionsseitig normalisiert« werden.[11] Diese ›rezeptionsseitige Normalisierung‹ vollzog sich durch die Herstellung von Ähnlichkeiten zwischen den neuen Bildern und stabilen, weil bekannten und daher visuell eingängigen Referenzobjekten.[12] Ironischerweise wurde dabei auf denjenigen Körper zurückgegriffen, von dem sich die

10 Vgl. etwa Monika Dommann: »›Das Röntgen-Sehen muss im Schweisse der Beobachtung gelernt werden.‹ Zur Semiotik von Schattenbildern«, in: *Traverse* 18 (1999), S. 114–130.

11 David Gugerli: »Soziotechnische Evidenzen. Der ›Pictorial Turn‹ als Chance für die Geschichtswissenschaft«, in: *Traverse* 3 (1999), S. 131–159, hier S. 141.

12 Zur »Herausforderung der Unvergleichbarkeit« der Röntgenbilder und zum Versuch, sie bekannten und stabilen Formen vergleichend gegenüberzubringen, siehe auch Vera Dünkel: »Vergleichendes Röntgensehen. Lenkungen und Schulungen des Blicks angesichts einer neuen Art von Bildern«, in: Lena Bader / Martin Gaier / Falk Wolf (Hg.): *Vergleichendes Sehen*, München: Fink 2010, S. 361–382, hier S. 366.

neuen Bilder gerade unterschieden: »The anatomical body was used to *map out* both the normal and the pathological X-rayed body, and to define its boundaries. The anatomical body was used as the primary frame of reference according to which early X-ray workers sought to see and *read* the shadow.«[13]

Im Museum des Hamburger Röntgenhauses war dieser anatomische Körper allgegenwärtig. Als Skelett, das durch seine Aufstellung zwischen zwei großen Fenstern einen direkten Abgleich mit den dort eingestellten Röntgenbildern gestattete, aber auch als einzelne Knochenpräparate, die in den Schränken des Raumes aufbewahrt wurden, diente er als visueller Maßstab, von dem aus die neuen Bilder in den Blick genommen wurden.[14] Doch wohl wie kein anderes Medium war es der anatomische Atlas, der sich als unmittelbares Referenzobjekt im Museum anbot. Indem er einen normativen Darstellungsraum produzierte, der die Ausdehnung, innere Struktur und Grenzen des Körpers gleichzeitig repräsentierte wie konstituierte, machte der anatomische Atlas den Körper der pathologischen Anatomie gewissermaßen erst visuell verfügbar. »By means of the atlas a confusing mass of cells, tissues and organs is given a pattern: specific structures are indicated by means of arrows and labels, the relationships between organs and tissues are made clear by the use of different colours and the great systems of the body are identified by overlaying transparencies.«[15] Es ist daher anzunehmen, dass die »Handbibliothek«, die Albers-Schönberg erwähnt, und die im Museum »in einem besonderen Schrank« untergebracht war, neben der radiologischen Spezialliteratur auch einzelne anatomische Atlanten beinhaltete, die bekannte und zeichnerisch formalisierte Strukturen zur visuellen Bewältigung des Neuen bereit stellten.[16] Von hier aus diente das Hamburger Museum als Erkenntnisumgebung der Röntgenbilder, indem es zu einem Behältnis von und zu einem Schauraum für zweierlei Arten

13 Bernike Pasveer: »Representing and Mediating: A History and Philosophy of X-ray Images in Medicine«, in: Luc Pauwels (Hg.): *Visual Cultures of Science. Rethinking Representational Practices in Knowledge Building and Science Communication*, Hannover / London: Dartmouth College Press 2006, S. 41–62, hier S. 46.

14 Zur Einrichtung des Raumes siehe Albers-Schönberg: *Das Röntgenhaus* (Anm. 1), S. 21.

15 David Armstrong: *Political Anatomy of the Body: Medical Knowledge in Britain in the Twentieth Century*, Cambridge: Cambridge University Press 1983, S. 1.

16 Heinrich Albers-Schönberg: »Das neue Röntgenhaus des Allgemeinen Krankenhauses St. Georg in Hamburg«, in: *Zeitschrift für Krankenanstalten* 11 (1915), S. 526–531, hier S. 527. An anderer Stelle spricht Albers-Schönberg von »Atlanten und dergleichen«, die im Museum »zum Studium ausliegen« ohne zu spezifizieren, ob er dabei radiologische oder anatomische (oder beide) Atlanten meint. Siehe zur Verschränkung des radiologischen mit dem anatomischen Bildhaushalt vor allem Markus Buschhaus: *Über den Körper im Bilde sein. Eine Medienarchäologie anatomischen Wissens*, Bielefeld: transcript 2005, S. 168–182.

von Objekten wurde und gleichzeitig deren visuellen Gegenverkehr regelte. Auf der einen Seite barg und präsentierte es hochstandardisierte Dinge wie das Skelett oder die ausgelegten anatomischen Atlanten, auf der anderen Seite prekäre Objekte wie die Röntgenbilder. Beides wurde durch räumliches Nebeneinanderbringen in eine visuelle Nähe gebracht, um einseitig von einem ausgehend das andere erschließen zu können. Doch das Neue ging nicht immer vollständig im Alten auf. Der Analogiebildung zwischen dem Röntgenbild und den Repräsentationen des Körpers der Anatomie waren Grenzen gesetzt, die der physikalischen Produktionslogik des neuen Verfahrens geschuldet waren. Das Röntgenbild zeigte einen Überschuss an Information, der sich einer Einordnung in den anatomischen Bildhaushalt widersetzte. Um die Bilder vollständig verfügbar zu machen, musste ein genuin radiologisches Bildwissen ausgebildet werden. »X-ray pictures also came to present new things, to present the normal and pathological in a specifically manner. The roentgenological normal and pathological were partly fabricated by comparing pictures with pictures.«[17] Die an den Fenstern des Hamburger Museums installierte Präsentationsvorrichtung für Röntgenplatten kam diesem Bedürfnis nach einem unmittelbaren Bildvergleich entgegen. Ihre technische Ausführung war materielle Voraussetzung dafür, Röntgenbilder mit Röntgenbildern vergleichen zu können.

Bilder mit Bildern vergleichen

In einem Bericht des *Hamburger Fremdenblattes* zur Eröffnung des Röntgenhauses fand besonders das dort angebrachte Plattenbetrachtungssystem Erwähnung, das zur Aufbewahrung und dauerhaften Präsentation der Röntgenbildsammlung diente: »Im Erdgeschoss des zweistöckigen, mit einem Bettenaufzug versehenen Hauses befindet sich das Museum, das gleichzeitig als Konferenzraum und zur Abhaltung von Vorlesungen sowie als Leseraum dient. Hunderte, die Röntgen-Pathologie darstellende Platten sind vor sieben großen Fenstern dauernd angebracht.«[18] In die eigens für Hamburg angefertigte Schienenkonstruktion, die jeweils die unteren beiden Drittel der Fenster einnahm, wurden die aus transparenten Glasplatten bestehenden Röntgennegative lose in eiserne

---

[17] Bernike Pasveer: *Shadows of Knowledge. Making a Representing Practice in Medicine: X-Ray Pictures and Pulmonary Tuberculosis, 1895–1930*, Amsterdam: o.V. 1992, S. 37 f.

[18] Anonym: »Das neue Röntgenhaus des Allgemeinen Krankenhauses St. Georg«, in: *Hamburger Fremdenblatt* vom 7. Januar 1915.

Träger eingestellt, um bei durchfallendem Tageslicht betrachtet und einer Begutachtung unterzogen werden zu können.

Die Konstruktion der Hamburger Hängevorrichtung war dem Anspruch geschuldet, den medizinischen Befund ausschließlich an der Originalplatte vorzunehmen. Nach Hermann Gocht, Autor des wichtigen *Handbuchs der Röntgen-Lehre*, zeigen nur die transparenten, aus Glas bestehenden Originalplatten »das Abbild des Körperinneren in allen Feinheiten«.[19] Von Abzügen auf Papier riet er ab, weil man sich immer vergegenwärtigen müsse, »daß die Kopie niemals die Details der Platte in ihren Einzelheiten und ihrer Exaktheit wiedergeben kann.«[20] Diese Forderung, wonach sich ein Befund ausschließlich am Original auszurichten habe, hatte weitreichende Konsequenzen für die radiologische Praxis. Die schweren Glasplatten erwiesen sich als sperrige Arbeitsobjekte, die nicht nur nach geeigneten Einrichtungen zur Ablage und Archivierung verlangten, sondern auch ganz bestimmte Techniken der Bildlogistik einforderten. Darüber hinaus war die Betrachtung der transparenten Röntgenbilder notwendig an gewisse Präsentationsbedingungen gebunden, die eine Begutachtung erleichterten bzw. überhaupt erst ermöglichten. Die Hamburger Einrichtung stellte die wohl ambitionierteste und umfangreichste Konstruktion dafür dar. Denn nicht nur ihre Ausmaße – bei Beschickung aller sieben Fenster des Museums konnte der Raum annähernd 500 Röntgenplatten gleichzeitig aufnehmen – machten die Hamburger Schienenkonstruktion einzigartig. Auch der Versuch, die ausgestellten Röntgenplatten das »Gesamtgebiet der normalen und pathologischen Röntgenanatomie umfassen« zu lassen, war in dieser auf enzyklopädische Vollständigkeit zielenden Form in keinem anderen Röntgeninstitut im deutschsprachigen Raum zu finden (Abb. 3).[21]

Bei aller Einzigartigkeit war die im Museum installierte Halte- und Präsentationsvorrichtung für die radiologische Plattensammlung keine vollständige Neuentwicklung, sondern konnte auf eine lange Entwicklungsphase mit einer Reihe von Vorgängern zurückblicken. Es lässt sich

---

19 Hermann Gocht: *Lehrbuch der Röntgen-Lehre zum Gebrauch für Mediziner*, Stuttgart: Ferdinand Enke [5]1918, S. 208.

20 Ebd., S. 263. Obwohl Kopien auf Papier den Platten in Sachen Mobilität und Handlichkeit weit überlegen waren, was auch Gocht einräumen musste, hielten die Ärzte am Betrachten der Originalplatten fest, verfügten die Papierabzüge doch nicht über die Informationsdichte des Originals. Auch Albers-Schönberg empfiehlt in seinem Lehrbuch, »von den Abzügen nach Möglichkeit ganz abzusehen, da sehr viele Einzelheiten auf den Papierbildern verloren gehen.« Ders.: *Die Röntgentechnik. Handbuch für Ärzte und Studierende*, Hamburg: Gräfe & Sillem [4]1913, S. 324.

21 Albers-Schönberg: *Das Röntgenhaus* (Anm. 1), S. 18.

Abb. 3: Ein Fenster des Museums mit Haltevorrichtung für Röntgenplatten.

sogar zeigen, dass wesentliche Elemente bereits mit der Neukonzeption des von Albers-Schönberg eingerichteten Röntgeninstituts von 1905 ausgebildet worden waren. Dieses Institut verfügte über zwei Fenster, in die jeweils bis zu 45 Röntgenplatten auf verschiebbaren Eisenschienen eingestellt werden konnten (Abb. 4). Auch wenn die Sammlung mit ihrem Einzug in die neuen Räumlichkeiten des Museums lediglich in quantitativer Hinsicht eine Umgestaltung fand, war damit dennoch ein entscheidender Schritt getan. Denn eine wichtige Voraussetzung für die Adaption des ärztlichen Blicks an die spezifischen Darstellungsmodi eines Röntgenbildes bildete der Zugriff auf ein möglichst umfangreiches Bildmaterial: »Wie jede Erkenntnis und jede Wissenschaft«, so der Wiener Radiologe August Schönfeld, »so setzt auch die Röntgendiagnostik große Erfahrungen sowie eine möglichst große Summe von Einzelbildern voraus, auf denen dann die Erkenntnis im fraglichen Fall fußt.«[22] Um Bilder mit Bildern vergleichen zu können, musste eine große Anzahl davon dauernd zur Verfügung stehen – eine Voraussetzung, die durch

22 August Schönfeld: *Ökonomie des Röntgenbetriebes*, Kempten-Allgäu / München: Oechelhäuser 1929, S. 230.

Abb. 4: Haltevorrichtung für Röntgenplatten in der 1905 eröffneten Röntgenabteilung des Allgemeinen Krankenhauses.

die Hamburger Schausammlung in nahezu idealer Weise erfüllt wurde.[23] Die durch die Schienenkonstruktion ermöglichte simultane Ausstellung der gesamten Bildsammlung leitete zu einer konzentrierten Zusammenschau an, die die einzelnen Bilder in ein enges Verweisungsverhältnis brachte. Dadurch konnte ein autonomer und in sich geschlossener radiologischer Darstellungsraum ausgebildet werden, der, weil er keiner Rückübersetzung in den anatomischen Bildhaushalt mehr bedurfte, vom konkreten Patienten abstrahierte.[24] Um Sinn zu produzieren, mussten

---

23 Eine weitere Voraussetzung, um Bilder mit anderen vergleichen zu können, war, dass alle nach denselben Aufnahmebedingungen gemacht sein mussten. Diese Einheitlichkeit in der Aufnahmesituation wurde in Hamburg durch Paragraph 22 der »Betriebsvorschriften für das Röntgen-Institut« geregelt, in dem es heißt: »Die röntgenographischen Aufnahmen werden nach der im Institut eingeführten einheitlichen Technik vorgenommen.« Abweichungen seien zwar zulässig, aber mit dem Oberarzt, Albers-Schönberg, abzusprechen. Albers-Schönberg: *Das Röntgenhaus* (Anm. 1), S. 37.

24 »The comparison of the shadow-images with each other was an activity that violated the nineteenth-century romantic view of the uniqueness and wholeness of diseases and patients. Patients had to become interchangeable, reproducible, quantifiable, and the disease had to be ›isolated‹ from its bearer. With this change, a definitive translation and transposition of the pre-Röntgen era took place.« Bernike Pasveer: »Knowledge of Shadows: The Introduction of X-ray Images in Medicine«, in: *Sociology of Health and Illness* 11 (1989) 4, S. 360–381, hier S. 375.

die Bilder im Museum nicht mehr mit einem ›realen‹ Körper, sondern nur noch miteinander in Beziehung gesetzt werden. Damit änderte sich auch der Status der Röntgenbilder. Im Hamburger Schauraum waren sie nicht mehr nur Statthalter, die auf einen Körper bzw. einen Patienten verweisen, sondern wurden zu Originalobjekten, die ihre Evidenz aus sich selbst heraus bzw. aus ihren Verbindungen mit anderen Röntgenbildern erhielten.

Mustersammlungen

Doch die Ausbildung eines genuin radiologischen Bildverständnisses wäre ins Leere gelaufen, wenn die Auswahl der Bilder, die in die Sammlung überführt wurden, eine willkürliche gewesen wäre. Für Rudolf Grashey war im Vorwort zu seinem *Atlas typischer Röntgenbilder vom normalen Menschen* klar, welche Art von Bildern in eine Sammlung aufgenommen werden müssen: »Wer sich viel mit Röntgenologie beschäftigt, muss sich eine Normalsammlung von Bildern zweifellos gesunder Objekte anlegen, muss die Schattenlinien dieser Normalbilder möglichst genau studieren und anatomisch deuten und wird dann in pathologisch zweifelhaften Fällen mit Erfolg solche, technisch möglichst vollendeten Musteraufnahmen zu Rate ziehen und als Vorbild nehmen.«[25] Ziel müsse es sein, aus einer genuin radiologischen Perspektive eine genaue Kenntnis vom Normalen und seinen Varietäten zu entwickeln, um von dort aus die feine Grenzlinie zum Pathologischen eindeutig bestimmen zu können.

Das Kriterium des Typischen bestimmte auch die Auswahl der Bilder für die Hamburger Plattensammlung. Albers-Schönberg sprach in diesem Zusammenhang von »charakteristischen Typen« von Röntgenplatten, die jeweils aus dem Kreislauf des radiologischen Betriebes entnommen und in die neue Ordnung der Schausammlung überführt werden sollten.[26] Damit ist eine bedeutsame Statusverschiebung verbunden. Das individuelle Arbeitsexemplar, das nur auf sich selbst und auf den jeweiligen Patienten verweist, wird zu einem Musterexemplar, das für viele andere steht. So willkürlich diese Auswahl immer auch erscheinen mag, allein schon die Tatsache, dass ein individuelles Bild Aufnahme in die Musterplattensammlung gefunden hat, stattete es mit

---

[25] Rudolf Grashey: *Atlas typischer Röntgenbilder vom normalen Menschen*, München: Lehmann [2]1912, Vorwort zur ersten Auflage, S. III.

[26] Albers-Schönberg: *Das Röntgenhaus* (Anm. 1), S. 18. An anderer Stelle spricht er von »Normalbildern«, siehe ders.: *Das neue Röntgenhaus* (Anm. 16), S. 527.

einer enormen Autorität aus. Dadurch in den Status eines Normalbildes versetzt, entfaltete es eine normative Wirkung, indem es bestimmte, mit welchen visuellen Erwartungen man Bilder ähnlich gelagerter Fälle betrachtete. Rudolf Grashey bezeichnete solche Bilder als »Steckbriefe«, die eine »Reihe von charakteristischen Schatten« enthielten, die »immer wiederkehren« – eben weil man, so müsste man hinzufügen, bei allen folgenden Bildern danach Ausschau hielt.[27]

Eine derart organisierte Bildsammlung erfüllte eine wichtige didaktische Aufgabe. Die ausgestellten Musterbilder dienten als visuelle Orientierungshilfen und bildeten in einer ganz konkreten Art und Weise ein ideales Röntgenbildgedächtnis aus, wie es sich am Ende der Ausbildung im Kopf des Radiologen manifestieren sollte. Daher ist es kein Zufall, dass das Museum zur Abhaltung von Vorlesungen benutzt wurde.

Zweitens kam der Musterbildsammlung im Museum eine wichtige epistemische Funktion zu. Indem die Plattensammlung auf der Ebene des Einzelbildes jeweils idealtypische visuelle Aussagen formulierte, konnten von dort aus alle zweifelhaften Platten aus dem laufenden Betrieb in den Blick genommen und durch direkten Abgleich epistemisch stabilisiert werden. Besonders der direkte Vergleich durch unmittelbares räumliches Nebeneinanderstellen zweier Platten bildete dabei eine wichtige blickschulende Technik. Die Hamburger Schausammlung ermöglichte diesen produktiven Abgleich, indem die Schienenkonstruktion nicht nur der Sammlung und dauerhaften Präsentation normierter Musterplatten diente, sondern auch als Anlaufstelle für die frisch entwickelten Bilder aus dem laufenden Betrieb fungierte. Dazu waren an einem Fenster die beiden untersten Reihen für die in den letzten 24 Stunden angefertigten Röntgenbilder reserviert. Die beiden darüber liegenden Reihen enthielten »Normalbilder aller Art«. »[B]ei Betrachtung und Besprechung der in den letzten 24 Stunden gemachten Aufnahmen«, so Albers-Schönberg zum Vorgehen, können »stets ohne Schwierigkeit Vergleiche mit Normalplatten angestellt werden [...] und zwar in der Weise, daß jeweils die pathologische Platte unter das Normalbild gestellt wird.«[28]

Durch die dadurch geleistete Einbindung der Schausammlung in den diagnostischen Betrieb kann ihre Bedeutung nicht hoch genug eingeschätzt werden. Denn durch die Leistungssteigerung der Röntgentech-

---

27 Grashey: *Atlas typischer Röntgenbilder* (Anm. 25), S. III.

28 Albers-Schönberg: *Das Röntgenhaus* (Anm. 1), S. 21. Um die Betrachtung der Bilder auch im Dunkeln gewährleisten zu können, ließ sich dieses Fenster von der Außenseite elektrisch beleuchten.

nik[29] in Verbund mit einer erhöhten Nachfrage nach Röntgenleistungen kam es in den Jahren nach der Jahrhundertwende zu einem in diesem Ausmaß nicht gekannten Anstieg in der Produktion der neuen Bilder, deren Bedeutungsoffenheit aber gleichzeitig dem Erfordernis diametral entgegenstand, sie als handhabbare Arbeitsobjekte in den klinischen Betrieb zu überführen. »Wie«, fragte etwa Guido Holzknecht, Vorstand des Wiener Röntgeninstitutes, »sollen die Tausenden von verschiedenartigen Bildern diagnostisch bewältigt werden, die uns die Röntgenmaschine Schlag auf Schlag vor Augen bringt?«[30] Insofern kann die Hamburger Schausammlung gleichermaßen als Reaktion wie als Lösungsversuch betrachtet werden, dieser Bilderflut in effektiver Weise zu begegnen. Erst durch die mit der Sammlung ermöglichte, absichtlich herbeigeführte Gegenüberstellung eines zweifelhaften Bildes mit einem dazu passenden Musterbild konnte die spezifische Offenheit der Röntgenbilder zugunsten einer visuellen Eindeutigkeit reduziert werden. Auf diese Weise wurden die Bilder als Erkenntnisgegenstände einer diagnostischen Auswertung verfügbar gemacht und als unproblematische Arbeitsobjekte in klinische Verfahrensabläufe integriert, wo sie Ergebnisse lieferten, als Argumente fungierten oder als Beweise dienten.[31]

Flexibilität und visuelle Präsenz – Schausammlung –Archiv – Atlas

Ein mediales Alleinstellungsmerkmal der Schienenkonstruktion im Hamburger Museum lag in der flexiblen Anordnung der einzelnen Platten. Die Konstruktion der lose eingestellten Bilder ermöglichte in rasch

[29] Zur Entwicklung der Röntgenapparate von offenen Anordnungen aus verschiedenen elektrotechnischen Apparaten, die für jede neue Aufnahme individuell zusammengestellt und miteinander verbunden werden mussten, zu standardisierten und in sich geschlossenen Apparaten, die die rein technische Bildproduktion erleichterten, siehe Arne Hessenbruch: »Calibration and Work in the X-Ray Economy, 1896–1928«, in: *Social Studies of Science* 30 (2000), S. 397–420.

[30] Guido Holzknecht: »Die innere Entwicklung der Röntgenologie in Österreich«, in: *Verhandlungen der Deutschen Röntgengesellschaft* 20 (1929), S. 11–14, hier S. 12. Auch das Hamburger Röntgeninstitut bildete hierin keine Ausnahme. Lag die Zahl der Röntgenaufnahmen im Jahr 1913 noch bei 8396 so verdoppelte sie sich bis ins Jahr 1927 auf 16362. Zu den Zahlen siehe Thomas Peter Braun: *Das Allgemeine Krankenhaus St. Georg zu Hamburg*, Düsseldorf: Rhenania 1928, S. 23.

[31] Arbeitsobjekte, so Lorraine Daston und Peter Galison, zeichnen sich durch ihre artifizielle Zurichtung aus, die sie zu handhabbaren und standardisierten Objekten in einem konkreten Forschungszusammenhang machen, über die man sich versichern und über die man mit anderen in Verbindung treten kann. Siehe dazu Lorraine Daston / Peter Galison: *Objektivität*, Frankfurt a. M.: Suhrkamp 2007, S. 22.

auszuführenden Handgriffen eine immer wieder neu vorzunehmende Reorganisation des gesamten Materials. Sie war materielle Voraussetzung einer Sammlungsanordnung, die immer nur als vorläufig gedacht war und einer fortlaufenden Neukombination unterlag. Ziel war es, so Albers-Schönberg, den jeweils aktuellsten Stand des technisch und diagnostisch Möglichen festzuhalten, indem »technisch bessere als die ausgestellten Platten oder diagnostisch wichtigere und typischere an die Stelle der alten Negative gebracht« werden.[32]

Mit der Flexibilität des Plattenhaltesystems ist ein wichtiger Unterschied zu einer anderen Technik des Speicherns und Ordnens angesprochen, zu der des Archivs. Während das Hängesystem im Hamburger Museumsraum als ein zeitlich befristeter Zwischenspeicher betrachtet werden kann, der auf die Zukunft ausgerichtet ist, ist das Archiv der dauerhaften Ablegung des Materials verpflichtet. Darüber hinaus handelt es sich bei Sammlung und Archiv um zwei grundsätzlich verschiedene Umgangsformen mit Objekten. Während das Archiv ausschließlich im Modus des Speicherns funktioniert, ist die Sammlung – zumal wenn es sich wie hier um eine Schausammlung handelt – gleichzeitig Speicher- wie Präsentationsmodalität.[33] Albers-Schönberg geht explizit auf diese Differenz ein, wenn er betont, dass gegenüber der ein- und wegschließenden Methode des Archivs das Verfahren des Hängesystems in einer gegensätzlichen Bewegung bestehe. Es sei darauf ausgerichtet, eine anschauliche visuelle Präsenz zu schaffen, die wiederum eine schnelle und gleichsam mit einem Blick zu leistende Verfügbarkeit über das Bildmaterial ermögliche.

> Bekannt ist die große Schwierigkeit, in pathologischen Fällen stets Vergleichsplatten aus Kästen und Archiven herbeizuschaffen. Meistens wird man gerade die Platte, auf welche es ankommt, nicht finden können. Hier wiederum tritt die Museumseinrichtung helfend ein, indem man ohne weiteres Parallelfälle in typischen Ausführungen zur Hilfe hat und nur von einem Fenster zum anderen zu gehen braucht.[34]

Während das Röntgenarchiv als undifferenzierte Anlaufstelle derjenigen Bilder fungierte, die der laufende Betrieb produzierte, zeichnete sich die radiologische Bildsammlung durch eine gezielte Auswahl ihrer Objekte

---

32 Albers-Schönberg: *Das Röntgenhaus* (Anm. 1), S. 18.

33 Zur Sammlung als »Speicher- und Präsentationsmodalität« siehe Anke te Heesen: »Ausstellung, Anschauung, Autorschaft. Über Universitäten und die Möglichkeiten ihrer Sammlungen«, in: *Nach Feierabend. Zürcher Jahrbuch für Wissensgeschichte* 6 (2010), S. 73–88, hier S. 76.

34 Albers-Schönberg: *Das Röntgenhaus* (Anm. 1), S. 21. Damit verweist Albers-Schönberg einmal mehr auf die Effizienz seiner Konstruktion in Anbetracht der schnellen Rhythmen des klinischen Betriebes.

aus. Mit ihrer Präferenz für das Typische und Charakteristische stand die Hamburger Schausammlung daher dem radiologischen Atlas – um ein weiteres wichtiges radiologisches Speicher- und Erkenntnismedium anzusprechen – weit näher als dem Archiv.[35] Gleichwohl lassen sich auch hier wieder spezifische mediale und funktionale Unterschiede ausmachen.

Dem 1905 zum ersten Mal erschienenen *Atlas typischer Röntgenbilder vom normalen Menschen* von Rudolf Grashey sollte drei Jahre später ein von demselben Autor verfasster *Atlas chirurgisch-pathologischer Röntgenbilder* folgen.[36] Damit existierten zwei Standardwerke, die sich inhaltlich ergänzten und jeweils die Ausformulierung eines Extrems darstellten. 1910 wiederum erschien ein Atlas von Alban Köhler mit dem bezeichnenden Titel *Lexikon der Grenzen des Normalen und der Anfänge des Pathologischen im Röntgenbilde*.[37] Der Titel war Programm. Dem Verfasser ging es mit seinem Atlaswerk darum, eine Lücke zu schließen, die in der täglichen Praxis oft schmerzlich bewusst werde. Denn solche Fälle, in denen sich auf dem Röntgenbild eine pathologische oder normale Ausprägung in reinster Form dem Betrachter offenbare, seien eher selten. Daher sei der Atlas dazu gedacht, als Ratgeber für die weitaus häufiger vorzunehmende Deutung solcher Befunde zu dienen, »die geringe, nicht augenfällige Abweichungen von den bekannten normalanatomischen Bildern aufweisen oder aufzuweisen scheinen.« Gerade aber für solche Zwischenfälle, die nicht eindeutig dem einen oder dem anderen Extrem zugeordnet werden können, »existiere in der Literatur bisher kein zusammenfassendes Werk und die Atlanten der normalen Anatomie bringen nur Röntgenogramme des ganz alltäglich, typisch Normalen, während die Atlanten der pathologischen Anatomie nur Bilder ganz ausgesprochener, als pathologisch weithin erkennbarer Krankheiten enthalten.«[38]

---

35 Dieses Faible für das Typische war keine Besonderheit radiologischer Atlanten, sondern charakteristisch für das ganze Genre. Zweck von Atlanten, so Lorraine Daston und Peter Galison, »war und ist die Standardisierung des beobachtenden Subjekts und des beobachteten Objekts der jeweiligen Disziplin durch Ausschluß von Eigenarten – nicht nur jene der einzelnen Beobachter, sondern auch jene der einzelnen Phänomene.« Dies.: Das »Bild der Objektivität«, in: Peter Geimer (Hg.): *Ordnungen der Sichtbarkeit. Fotografie in Wissenschaft, Kunst und Technologie*, Frankfurt a. M.: Suhrkamp 2002, S. 29–99, hier S. 36.

36 Rudol Grashey: *Atlas chirurgisch-pathologischer Röntgenbilder*, München: Lehmann 1908.

37 Alban Köhler: *Lexikon der Grenzen des Normalen und der Anfänge des Pathologischen im Röntgenbilde*, Hamburg: Gräfe & Sillem 1910. Zitiert wird im Folgenden aus der zweiten Auflage von 1915.

38 Ebd., Vorwort zur ersten Auflage, S. III.

Vor diesem Hintergrund zeichnen sich die Vorteile der Plattenkonstruktion im Hamburger Museum gegenüber dem radiologischen Atlas deutlich ab. Denn wollte ein Arzt ein schwer zu deutendes Röntgenbild angemessen beurteilen, musste er streng genommen auf drei Arten von Atlanten zurückgreifen, um das zweifelhafte Bild einordnen zu können. Die Vergleichbarkeit musste erst umständlich hergestellt werden. Dagegen war die Sammlung in Hamburg eine *Schau*sammlung und daher jederzeit sichtbar – sie musste nicht erst dazu gemacht werden. So erlaubte die Konstruktion der Hängevorrichtung im Museum, dass dem Betrachter die gleitend ineinander übergehenden Formen vom Normalen zum Pathologischen anhand idealtypischer Zwischenstufen quasi auf einen Blick und in einer synoptischen Präsentationsweise vor Augen geführt werden, ohne dass dieser erst in einzelnen Atlanten danach suchen musste. Dies war nicht zuletzt auch eine Frage des zur Verfügung stehenden Raums. Dadurch, dass ein Fenster im Museum mit bis zu 70 Platten gleichzeitig armiert werden konnte, konnte eine im Vergleich zum Atlas viel größere Menge an Bildern nebeneinander montiert werden. Grasheys »Kampf um den Raum«, den er in seinem Pathologie-Atlas führte, um eine »möglichst große Anzahl von Bildern unterzubringen«, ist in diesem Zusammenhang bezeichnend und musste von Albers-Schönberg so zumindest nicht geführt werden.[39]

Schließlich zeigte sich die Flexibilität des Plattenhaltesystems in noch einem weiteren Punkt überlegen gegenüber dem Medium Buch, das einmal in eine fixe Anordnung gebracht nur unter dem Preis seiner Zerstörung Neues aufnehmen kann. Vor allem in Anbetracht der schnellen technischen Entwicklungen erschien der Atlas als ein besonders träges Medium, das nur langsam auf die diagnostischen Fortschritte reagieren konnte. Im Vorwort zur zweiten Auflage seines Atlas, die fünf Jahre nach der ersten Fassung erschien, entschuldigte sich Alban Köhler für ihr spätes Erscheinen. Obwohl bereits dreieinhalb Jahre nach der ersten Auflage »das Erfordernis einer zweiten Auflage« an ihn herangetragen wurde, ließ sie sich nicht so schnell bewerkstelligen, »da bei dem ungemein schnellen Fortschreiten der Röntgenwissenschaft nicht nur viele Verbesserungen angebracht, sondern manche Abschnitte um das Doppelte bis Achtfache erweitert werden mussten.«[40]

---

39 Grashey: *Atlas chirurgisch-pathologischer Röntgenbilder* (Anm. 36), S. III.

40 Köhler: *Lexikon der Grenzen des Normalen und der Anfänge des Pathologischen im Röntgenbilde* (Anm. 37), S. VIII.

Die Soziologie der Bildbetrachtung

Der Sammlungsraum und sein Plattenbetrachtungssystem hatten neben ihrer epistemischen auch eine professionspolitische Funktion. Denn allein die Tatsache, dass das Hamburger Röntgeninstitut in einem eigenen Haus untergebracht war, machte es zu einem konkreten Symbol für die Forderungen der Radiologen, als eigenständiges medizinisches Spezialfach von den bereits etablierten medizinischen Fächern anerkannt zu werden. Dabei verlief der Bedeutungszuwachs des neuen Verfahrens alles andere als konfliktfrei. In der Auseinandersetzung zwischen etablierten Fachärzten und angehenden Radiologen ging es nicht zuletzt um handfeste Interessen. Da die einzelnen medizinischen Fächer ein voneinander abhängiges System bildeten, in dem der Zuwachs an Eigenständigkeit des einen immer auf Kosten des anderen ging, wurde den Emanzipationsbestrebungen der Radiologen mit größtem Misstrauen begegnet.[41] Besonders die großen medizinischen Spezialbereiche wie Chirurgie oder Innere Medizin betrieben oft ihre eigenen Röntgeneinrichtungen und entwickelten Kompetenzen und Zuständigkeiten, die sie nur ungern den selbst ernannten Spezialisten überlassen wollten. Im Kern ging es, wie der Radiologe Viktor Klingmüller ausführte, um die Frage, ob »die Röntgenologie eine Spezialwissenschaft wie alle anderen Spezialgebiete [ist], oder [ob] es sich hier um ein Verfahren handelt, dass [sic!] eine Hilfswissenschaft für andere Fächer darstellt.«[42] Je nachdem, wie man zu dieser Frage stand, plädierte man entweder für zentrale, eigens den Röntgenspezialisten vorbehaltene Einrichtungen, oder für dezentralisierte Betriebe in den jeweiligen Abteilungen eines Krankenhauses. Das Hamburger Museum wurde von Albers-Schönberg als strategischer Ort angelegt, um solche professionspolitischen Auseinandersetzungen zu kanalisieren; es war genauso Teil der angespannten Situation, wie es gleichzeitig zu ihrer Lösung beitragen sollte.

Obwohl Albers-Schönberg den Professionalisierungsprozess der Radiologie maßgeblich mitgetragen hat, war er bezüglich der Frage nach zentralen oder dezentralen Instituten kein Hardliner. Darüber könne nur

---

41 Wie jede Profession erst im Zwischenraum zu anderen entsteht, definierte sich auch die Radiologie in ständiger Auseinandersetzung mit anderen medizinischen Spezialfächern. Siehe zur Professionalisierung allgemein vor allem Andrew Abbott: *The System of Professions. An Essay on the Division of Expert Labor*, Chicago: The University of Chicago Press 1988. Speziell zur Radiologie Dommann: *Durchsicht, Einsicht, Vorsicht* (Anm. 2), S. 193–226.

42 Viktor Klingmüller: »Über den Unterricht in der Strahlenkunde an den deutschen Universitäten«, in: *Fortschritte auf dem Gebiete der Röntgenstrahlen* 19 (1912/13), S. 75–81, hier S. 78.

dann richtig entschieden werden, wenn jeweils die lokalen Besonderheiten und die vorhandenen personalen Verhältnisse mitberücksichtigt würden. Obwohl es besonders für größere Krankenhäuser schon aufgrund der Wirtschaftlichkeit geboten sei, zentrale Institute einzurichten, müsse bei mittleren und kleineren Anstalten vom individuellen Fall her entschieden werden.[43] Darüber hinaus könne eine eingefahrene Praxis nicht so einfach wieder revidiert werden, wie er am Beispiel der Gynäkologie erläutert. Denjenigen Frauenärzten nämlich, die »mit dem Aufkommen der Röntgentherapie [...] plötzlich zu eifrigen Röntgenforschern geworden waren«, wollte Albers-Schönberg, von der Ausbildung selbst Gynäkologe, den Zugang zu den neuen Apparaten nicht völlig absprechen.[44] Nicht nur wären die Frauenärzte wenig erbaut bei dem Gedanken, ihre Patientinnen an zentrale Einrichtungen abgeben zu müssen, auch müsse betont werden, wie der Hamburger Institutsleiter an anderer Stelle konstatierte, dass »das Ausscheiden der Gynäkologen aus der radiologischen Röntgentherapie ein großes Unglück wäre, da dadurch der Indikationsstellung Schaden erwachsen würde.«[45] Denn es werde sich wohl keiner, »der nicht speziell gynäkologisch vorgebildet ist, die diagnostischen Fähigkeiten ohne weiteres zusprechen, über die Indikationen zur Bestrahlung eines Myoms oder überhaupt eines Tumors bei der Frau die Entscheidung treffen.«

Deshalb trat Albers-Schönberg konsequent für eine enge Zusammenarbeit zwischen Radiologe und Kliniker ein. Dafür stand gewissermaßen das Museum, das als Konsultationsraum mit den jeweiligen Stationsärzten konzipiert war. »Es hat sich«, so Albers-Schönberg, »stets als außerordentlich gewinnbringend für die Station und für das Röntgeninstitut erwiesen, wenn eine eingehende mündliche Besprechung der untersuchten Fälle zwischen den beteiligten Ärzten stattfinden konnte.«[46] Allein die schriftliche Überweisung zur Röntgenuntersuchung mit einer mehr oder weniger detaillierten klinischen Diagnose genüge oftmals für eine exakte Röntgenuntersuchung nicht. Zumal wenn es sich um schwierige Fälle handle, »ist eine vorherige Besprechung vor der Untersuchung gewinnbringend, indem sie unnötige Durchleuchtungen und Aufnahmen verhindert und den Röntgenologen auf die in Betracht

---

43 »Ich möchte daher die Frage, ob Zentralisation oder Dezentralisation dahin beantworten, daß je nach den Personalverhältnissen der betreffenden Krankenhäuser und Kliniken zu individualisieren ist.« Albers-Schönberg: *Das Röntgenhaus* (Anm. 1), S. 7.

44 Ebd., S. 6 f.

45 Heinrich Albers-Schönberg: »Die Röntgentherapie in der Gynäkologie. Gynäkologisches Universalinstrumentarium«, in: *Verhandlungen der Deutschen Röntgengesellschaft* 8 (1912), S. 41 f. Das und das folgende Zitat auf S. 41.

46 Albers-Schönberg: *Das Röntgenhaus* (Anm. 1), S. 18.

kommenden Punkte hinweist.«[47] Aber nicht nur eine der eigentlichen Aufnahme vorgängige Konsultation mit den Stationsärzten habe sich als sehr nützlich erwiesen. Auch eine gemeinsame kritische Auswertung der exponierten Platten sei in besonders schwierig zu deutenden Fällen unabkömmlich. So sei es für einen Radiologen, der wenig über den klinischen Status des Patienten weiß, oftmals »unverantwortlich«, die feinen Linien und Konturen auf dem Röntgenbild in einem positiven Sinn deuten zu müssen.

Neben dem Museumsraum als solchem ist diese komplizierte soziale Situation auch in die Konstruktion des Hängesystems eingeschrieben. Wie schon erwähnt, sind in einem der Fenster die beiden untersten Reihen für die in den letzten 24 Stunden angefertigten Platten reserviert. So ist auch in ganz praktischer Weise gewährleistet, dass eine gemeinsame Besprechung schnell und effizient stattfinden kann.[48]

Ob die unmittelbare Zusammenarbeit zwischen Radiologe und Kliniker so harmonisch verlief, wie von Albers-Schönberg mit der Einrichtung des Sammlungsraumes als gemeinsames Besprechungszimmer bezweckt, oder ob damit vielmehr ein idealtypischer sozialer Entwurf verbunden war, der eher als Aufforderung denn als reale Situation interpretiert werden muss, ist schwer einzuschätzen. Für ersteres spricht die Darstellung eines englischen Radiologen, der über seine im September 1911 erfolgte Studienreise nach Deutschland berichtet, die ihn unter anderem auch in das Hamburger Röntgeninstitut führte.[49]

> The surgeon comes to Professor Albers-Schönberg's clinique and sees the plates to the best advantage with the most suitable light. The evidence of the plate as read by Professor Schönberg is discussed, along with the clinical history as known to the surgeon, and from the patient's point of view this is a most satisfactory arrangement. The surgeon finishes off all his plates in a few minutes, and is followed shortly after by another surgeon with his clinique.

---

[47] Ebd., S. 18 u. 21, auch das Folgende daraus.

[48] Auch im Zentral-Röntgeninstitut des Straßburger Bürgerspitals diente das Plattenbetrachtungssystem als Kommunikationsinstrument, um sich mit Ärzten aus anderen Abteilungen über den Befund fraglicher Röntgenbilder zu verständigen. Eine derartige Einrichtung ermöglichte, »größere Aufnahmeserien [...] längere Zeit zur bequemen Besichtigung für die Kollegen der Abteilungen aufgestellt zu lassen.« Hans Dietlen: »Das neue Zentral-Röntgeninstitut des Bürgerspitals Straßburg i. Els.«, in: *Fortschritte auf dem Gebiete der Röntgenstrahlen* 23 (1915/16), S. 453–459, hier S. 458.

[49] Weil der Bericht von 1911 stammt, liegt seiner Beschreibung der gemeinsamen Besprechungssituation nicht das neue Röntgenhaus, sondern das alte Institut Albers-Schönbergs zugrunde, das noch nicht über ein eigenes Gebäude verfügte und baulich ein Teil des Krankenhauses war. Weil aber, wie oben bereits ausgeführt, die Haltevorrichtung schon im alten Institut voll ausgebildet war und auch von Kontinuitäten der beteiligten Personen ausgegangen werden kann, sei dieses Zitat hier exemplarisch für den Umgang im Röntgenhaus angeführt.

> The medical cliniques follow for radioscopic examinations of abdomen and chest, and one clinician after another comes along with his patients, has his examination over in a few minutes, and goes away.[50]

Eine zweite Darstellung der Plattenbetrachtungssituation im Hamburger Museumsraum beschreibt sie weniger als eine einvernehmliche Kooperation, sondern als ein von unterschiedlichen epistemischen Stilen geprägter Aushandlungsprozess, der darüber entscheidet, was jeweils auf den Bildern zu sehen ist und wie weiter zu verfahren sei. Auch wenn der Vorstand des zentralen Wiener Röntgeninstituts Guido Holzknecht, von dem folgende Darstellung stammt, den Schauplatz anonymisiert, wird schnell klar, um wessen Institut es sich handelt. Holzknechts Ausgangspunkt ist die große Differenz in der Organisation radiologischer Institute, wie er sie nach dem Ersten Weltkrieg vorfindet. Diese zeige sich auch in der Zusammenarbeit der Radiologen mit den Klinikern. Während es Institute gebe, in denen der Kliniker kaum jemals die Originalplatte zu sehen begehre, so sei es in anderen Fällen gerade umgekehrt.

> Dort wieder wird nichts abgegeben, und die behandelnden Ärzte erscheinen im Röntgeninstitut, wo auf vielen Fenstern die prachtvollen schwarzweißen Röntgenplatten aufgestellt sind, und führen mit dem Röntgenologen je nach Muße längere oder kürzere streitbare Diskussionen über die Diagnose ab, wobei im Falle des scheinbaren Zutreffens der klinischen Annahme die Qualität der Röntgenbilder gelobt, andernfalls die Hoffnung ausgesprochen wird, daß die Röntgenologie bald einen höheren Stand erklimmen werde.[51]

Unabhängig von der Frage, ob das Museum als Ort eines unvoreingenommenen Miteinanders zwischen verschiedenen medizinischen Spezialisten fungierte, oder gerade das Gegenteil der Fall war und es eher als Schauplatz epistemisch und professionspolitisch motivierter Kompetenzstreitigkeiten aufgefasst werden kann, zeigen die angeführten Berichte über den Vorgang der Bildbetrachtung im Museum bei allen Unterschieden im Detail, wie in der konkreten Betrachtungssituation der Negativplatten immer mehr auf dem Spiel stand als die bloße Interpretation eines Bildes. Vielmehr ist das Betrachten der Platten eingelassen in höchst sensible soziale und epistemische Konstellationen, die sich in der konkreten Betrachtungssituation gleichermaßen spiegeln wie von dieser wiederum beeinflusst werden.

---

50 A. Howard Pirie: »X-Ray Departments in Germany in 1911«, in: *Archives of the Roentgen Ray* 17 (1912/13), S. 271–281, hier S. 272.

51 Guido Holzknecht: »Vorwort«, in: ders. (Hg.): *Röntgenologie. Eine Revision ihrer technischen Einrichtungen und praktischen Methoden*, Bd. 1, Berlin/Wien: Urban & Schwarzenberg 1918, S. III–XI, hier S. V.

Selbstvergewisserungsprozesse

Der Name Museum, darauf machte Albers-Schönberg gleich am Anfang aufmerksam, meine nicht etwa die mit einer solchen Einrichtung üblicherweise assoziierte »Sammlung seltener Gegenstände, die sich wenig oder gar nicht verändert.«[52] So sollte etwa anhand der dort ausgestellten Sammlungen von Röntgenröhren – ein höchst bedeutendes und symbolisch besetztes Arbeitsobjekt der Radiologen[53] – eine Entwicklung ausgehend von den ersten Prototypen bis zu den komplizierten modernen Modellen anschaulich wiedergegeben werden. Doch dabei ging es ihm nicht darum, eine abgeschlossene Entwicklungsreihe zu präsentieren, sondern einen nach vorne hin offenen und prinzipiell unabgeschlossenen Prozess zur Veranschaulichung zu bringen: »Eine lediglich aus historisch interessanten Instrumenten bestehende Ausstellung würde dem Zweck dieses Museums widersprechen.« Die Röhren wurden dem Betrachter vielmehr »in einer fortlaufenden Reihe« und »vom Standpunkt der Entwicklung aus« präsentiert und sollten jeweils dem neuesten technischen Stand angepasst werden.[54]

Nach eigenem Bekunden diente Albers-Schönberg das Phyletische Museum in Jena als Vorbild für die in Hamburg gewählte Objektorganisation. Hatte das 1907 von Ernst Haeckel gegründete »Museum für Entwicklungslehre« allein schon durch den Umstand, dass der Entwicklungsgedanke Sinn und Zweck seiner Existenz war, einen gewissen Gegenwartsbezug, sollte sich dies auch in der Organisation der Sammlungs- und Objektanordnung spiegeln, die nach dem Willen seines Begründers einer ständigen Erneuerung unterliegen musste.[55] Eine derartige Aktualisierung sei, so Haeckel in seiner Rede zur Eröffnung des Hauses, vor allem Aufgabe kommender Generationen. Denn in »sachlicher Beziehung müssen wir uns immer vor Augen halten, daß ein Museum nur dann lebensfähig bleibt, wenn es in regelmäßigem Zuwachs mit der rapide sich steigernden Entwicklung der Wissenschaft gleichen

---

52 Albers-Schönberg: *Das Röntgenhaus* (Anm. 1), S. 18.

53 Vgl. Robert G. Arns: »The High-Vacuum X-Ray Tube: Technological Change in Social Context«, in: *Technology and Culture* 38 (1997), S. 852–890.

54 Albers-Schönberg: *Das Röntgenhaus* (Anm. 1), S. 18.

55 Zum Phyletischen Museum und seiner Ausstellungsgestaltung siehe Horst Füller / Hans-Otto Vent: »Gestaltungsprinzipien beim Aufbau der Ausstellung des Phyletischen Museums«, in: *Wissenschaftliche Zeitschrift der Friedrich-Schiller-Universität Jena, Naturwissenschaftliche Reihe* 39 (1990), S. 433–442.

Schritt hält.« Geschehe dies nicht, so würde jedes Museum zu einem »toten und verstaubten ›Naturalienkabinett‹ alten Stils herabsinken.«[56]

Die nach vorne hin offene Präsentationsform von Objekten – sei es im Haeckelschen Naturkundemuseum oder im Museum des Röntgenhauses – kann demnach als Reaktion auf die stetige Entwicklung wissenschaftlichen und technischen Wissens verstanden werden. Im Bereich der Radiologie waren es vor allem apparative und diagnostische Neuerungen, die den Eindruck eines sich rapide vollziehenden Fortschritts schufen. Die mit den Mitteln einer temporären Ausstellung arbeitende Zurschaustellung des Materials ermöglichte, das sich ständig in Bewegung Befindende für einen Moment zu fixieren, gleichzeitig aber genügend flexibel zu bleiben, um den neuesten Entwicklungen angepasst werden zu können. Mit dieser konsequenten Ausrichtung auf die Gegenwart lehnte sich die in Hamburg praktizierte Objektpräsentation auch – und damit ist ein zweiter Herkunftskontext angesprochen – an die um die Jahrhundertwende in Sozial- und Technikmuseen entwickelten Inszenierungstechniken von industriell gefertigten Waren an. Stefan Poser bezeichnete diesen Museumstyp als »zukunftsgerichtete Gegenwartsdokumentationszentren«, dessen Ziel es war, direkt in die zeitgenössische Gegenwart einzuwirken.[57] Auch hier war der Gegenwartsbezug nicht einfach gegeben, sondern musste immer wieder neu hergestellt werden. Dafür bürgte die nach vorne hin offene Anordnung der ausgestellten Instrumente und Maschinen, die einer regelmäßigen Aktualisierung bedurfte.

Auch wenn das nach dem Vorbild von Sozial- und Technikmuseen bzw. dem Phyletischen Museum gewählte Objektarrangement im Hamburger Museum in regelmäßigen Abständen an der Gegenwart ausgerichtet werden musste, zeigte es *historische* Entwicklungsreihen, die der Arbeit der Radiologen eine weitere wichtige Sinndimension verliehen. Durch die Konstruktion eines Herkunftskontexts konnte eine gewisse Dauer des neuen Verfahrens konstruiert werden. Gleichzeitig wurde mit der nach vorne hin offenen Ausrichtung der Instrumente ein als progressiv gedachter Entwicklungsprozess in Szene gesetzt, mit dem auf die kommenden Erfolge der Methode verwiesen werden konnte. Vergangenheit, Gegenwart und Zukunft wurden in eine Reihe gestellt,

---

56 Ernst Haeckel: »Das phyletische Museum in Jena«, in: *Kosmos. Handweiser für Naturfreunde* 4 (1907), S. 356–359, hier S. 359.

57 Stefan Poser: »Sozialmuseen, Technik und Gesellschaft. Zur gesellschaftlichen Bedeutung von Arbeitsschutz und Sicherheitstechnik am Beispiel von Gegenwartsmuseen um 1900«, in: *Technikgeschichte* 67 (2000), S. 205–224, hier S. 213.

von der aus die Fortschritte der Apparatetechnik lediglich als eine Frage der Zeit und als zwingender linearer Fortschrittsprozess erschienen.

Zwar war das Museum im Röntgenhaus keine öffentliche Einrichtung, die etwa für ein breites Publikum außerhalb der Klinik offen stand, dennoch besaß es einen starken öffentlichkeitswirksamen Charakter weit über die *scientific community* der Radiologie hinaus. Nicht nur dienten die Schausammlungen gegenüber Ärzten anderer medizinischer Spezialfächer als anschaulicher Beweis dafür, dass das neue Verfahren funktionierte und dass die selbsternannten Spezialisten es beherrschten. Auch bei den Patienten, die zur radiologischen Untersuchung vom Krankenhaus in das Institut kamen, mochten die derart ausgestellten Bilder durchaus Eindruck erweckt haben. Und weil der Museumsraum im Erdgeschoss untergebracht war und man dadurch die an den Fenstern ausgestellten Bilder von Außen und schon von Weitem sehen konnte, kann angenommen werden, dass die Sammlung auch von einer breiteren klinischen Öffentlichkeit wahrgenommen wurde und nicht nur von denen, die unmittelbar mit dem Institut in Berührung kamen.[58] Dass dieser repräsentative Charakter der Sammlungen im Röntgenhaus nicht nur ein Nebeneffekt ihrer Präsentationstechniken war, sondern auch ganz bewusst angelegt war, zeigt nicht zuletzt der Umstand, dass sich an allen Fenstern des Treppenhauses dieselben Vorrichtungen zum Einsetzen von Röntgenplatten befanden, wie sie im Museumsraum installiert waren (Abb. 5).Während aber die Haltevorrichtung im Museum ein wichtiges Arbeitsinstrument für die Ärzte bildete, besaß die Schausammlung im Treppenhaus ausschließlich repräsentativen Charakter. Nicht zuletzt der damit evozierte ästhetische Gehalt der Sammlung legitimierte das neue Verfahren als Ganzes, verwies direkt auf die Kunstfertigkeit und Autorität ihrer Urheber und untermauerte schließlich den Anspruch der Radiologen auf einen gleichberechtigten Platz im medizinischen Fächerkanon. Die »zahlreichen Portraits verdienter Röntgenologen in Eichenholzrahmen«, die an den Wänden des Treppenhauses angebracht waren, festigten diese Ambitionen nachhaltig, indem über die Hervorhebung und Inszenierung einzelner, namhafter Persönlichkeiten eine eigene Fachtradition konstruiert werden konnte.[59]

---

58 »Der rd. 100qm große Museumsraum ist nach drei Seiten durch i. M. 9qm große Fenster geöffnet, die auch nach außen seine Bestimmung als Ausstellungsraum erkennen lassen.« Albers-Schönberg: *Das Röntgenhaus* (Anm. 1), S. 42. Wie stark das tatsächlich der Fall war, lässt sich nicht mehr nachvollziehen. Weil die Glasscheiben, vor die die Röntgenbilder eingestellt wurden, aus Mattglas bestanden, um das Licht, das auf die Platte traf, vollständig zu diffundieren, konnten die Bilder von außen nicht mit der selben Deutlichkeit gesehen werden wie von innen.

59 Albers-Schönberg: *Das Röntgenhaus* (Anm. 1), S. 12.

Abb. 5: Blick in das Treppenhaus des Röntgeninstituts.

Schluss

Die Transformation der radiologischen Sammlung zu einer Schausammlung durch die dauerhafte Ausstellung im Museum des Hamburger Röntgenhauses hatte weitreichende Konsequenzen. In Kisten verpackt und in geschlossenen Schränken eingestellt, ist eine Sammlung eine rein bewahrende und speichernde Einrichtung, als etwas Ausgestelltes wird sie zu einer vermittelnden Instanz, die Wissen gleichermaßen erzeugt wie weitergibt. Zwar kann jede Sammlung schon als Ordnungsleistung verstanden werden, bei der gewisse Objekte als bedeutsam markiert und nach bestimmten Kriterien eingeholt und abgelegt werden. Der Akt des Ausstellens aber überführt diese abgelegte Ordnung in neue Anordnungen und erzeugt durch das je vorgenommene Arrangement der Dinge im Raum neue Sinnstrukturen, die an die Betrachter herangetragen werden. »Aus der Sammlung, die zusammengetragen ja bereits bedeutet, etwas ›poietisch‹ hervorzubringen, macht die Ausstellung nochmals etwas Neues.«[60]

Die Röntgenröhren, die im Museum Aufstellung fanden, bezeugten durch ihre chronologische, jeweils zu aktualisierende Aufreihung nicht nur die historische Tiefe des neuen Verfahrens, sondern verwiesen auch auf das Innovationspotential der neuen Technik. Eine Sinnschicht, die in Kisten verpackte Röhren nicht bzw. nur über denjenigen, der sie zusammengetragen hat, entfalten hätten können. Die Umgestaltung der Sammlung in eine Schausammlung ist immer ein Akt der Deutung von Wirklichkeit.

Gleichzeitig können Sammlungen erst als derart ausgestellte produktiv in Arbeitszusammenhänge eingelassen werden. Die an den Fenstern des Hamburger Museums angebrachte Schienenkonstruktion fungierte als ein zentrales Erkenntnisinstrument, indem sie einen direkten Bildabgleich zwischen den dort eingestellten ›Normalplatten‹ und diagnostisch zweifelhaften Bildern aus dem laufenden Betrieb gestattete und dadurch letztere zu stabilen und unproblematischen Arbeitsobjekten transformierte. Vor dem Hintergrund der zunehmenden Nachfrage nach röntgendiagnostischen Leistungen kann die dadurch erreichte Effizienzsteigerung des Röntgeninstituts nicht hoch genug eingeschätzt werden. Darüber hinaus war die Hängevorrichtung ein mnemotechnisches Verfahren. Die ausgestellte Sammlung von typischen Erscheinungen im Röntgenbild kann als Versuch betrachtet werden,

60 Manfred Sommer: *Sammeln. Ein philosophischer Versuch*, Frankfurt a. M.: Suhrkamp 1999, S. 231.

ein radiologisches (Ideal)Bildgedächtnis, das sich in den Köpfen der Betrachter manifestieren sollte, vorgängig in einer ganz konkreten und materiellen Weise auszubilden.

Schließlich wird durch eine dauerhafte Zurschaustellung die Sammlung ihres privaten Charakters entledigt und mehreren Betrachtern gleichzeitig zugänglich gemacht. Der individuelle Akt, der bis dahin die Betrachtungssituation einer Sammlung kennzeichnete und durch die Figur des Sammlers vermittelt war, wurde zu einem sozialen Ereignis. Die gemeinsame Befundung einzelner Bilder war nicht nur ein epistemisch produktiver Moment, sondern auch eine dichte soziale Situation, in der die Deutungshoheit über die und der Status der neuen Bilder zur Debatte standen.

Damit gerät der Übergang von einer verpackten und nicht frei zugänglichen Sammlung zu einer ausgestellten Schausammlung als ein ebenso bedeutsames und markantes Ereignis in den Blick wie die ihm vorausgehende und bisher im Fokus der Aufmerksamkeit stehende Tätigkeit, bei der die Objekte aus ihrem ursprünglichen Verwendungszusammenhang herausgelöst und in den neuen Kontext der Sammlung eingestellt werden. So heterogen die Objektbestände der hier vorgestellten Hamburger Schausammlung waren – Röntgenbilder, Röntgenröhren, Skelett(teile), Atlanten –, so verschieden waren ihre jeweiligen Gebrauchsweisen. Als eine Musterbildsammlung war sie eine *Lehrmittel*sammlung und erfüllte didaktische Aufgaben, als *Arbeits*sammlung war sie eingelassen in den Produktionszusammenhang des Röntgeninstituts, als *Repräsentations*sammlung wurde sie schließlich zu einem wichtigen Erinnerungsort der medizinischen Radiologie weit über Hamburg hinaus – ein Erinnerungsort, von dem auch die apparatebauende Industrie profitieren wollte. In einem internen Firmenschreiben der Siemens-Reiniger-Werke von 1936 berichtete einer ihrer Vertreter von einem Besuch des Hamburger Röntgenhauses, wo unter der Leitung des neuen Chefarztes die technische Ausstattung des Instituts weitestgehend modernisiert worden war. Kritisch merkt der Berichterstatter dazu allerdings an, dass dabei »wir entschieden zu kurz« gekommen seien, und das »Bild des Siemens-Apparates, der Siemens-Röhre und des Siemensgerätes dabei so weitgehend zurückgetreten ist.« Daher legte er den Hamburgern nahe,

> doch für den Museumsraum, der auch gleichzeitig als Bildbesprechungsraum erhalten geblieben ist, ein Schnittmodell der Pantixröhre [von Siemens] zu stiften. Zurzeit befindet daselbst der bekannte große Glasschrank mit der seinerzeit von [der Firma] Müller gestifteten Schau der Entwicklung der Röntgenröhre; daneben an einer Wand ist das aufklappbare Original-

Schnittmodell einer Rotalix-Röhre [von Müller] angebracht. Man muss sagen, dass die Art und Weise, wie gerade dieses Schnittmodell zu Schau gestellt ist und an das wohl jeder Besucher herangeführt wird, einen ausserordentlich starken und zugkräftigen Eindruck macht. Deswegen würde ich es durchaus begrüssen, wenn gerade an dieser Stelle, die auch durch diese historische Röhrensammlung bekannt ist, zumindest im Rahmen dieser Museumsschau die Aufmerksamkeit mit gleicher Eindringlichkeit auch auf unser Fabrikat gelenkt werden könnte.[61]

Abbildungsnachweise

Abb. 1: Albers-Schönberg: *Das Röntgenhaus* (Anm. 1), S. 1.
Abb. 2: Ebd., S. 23.
Abb. 3: Ebd., S. 27.
Abb. 4: Albers-Schönberg: »Das neue Röntgeninstitut« (Anm. 4), S. 365.
Abb. 5: Albers-Schönberg: *Das Röntgenhaus* (Anm. 1), S. 13.

Ich danke Margarete Pratschke für kritische Anmerkungen und hilfreiche Hinweise.

61 Bericht Dr. Franke über seinen Besuch in Hamburg, 9. März 1936, Siemens MedArchiv 333, Geschäftsstelle Hamburg.

Architektur im Labor

Lehrsammlungen als Mittel der Wissensproduktion und -kommunikation

Martina Dlugaiczyk

In der Abendausgabe des 24. Juni 1913 meldet die Münchner Presse:

> Die Erweiterungsbauten der Technischen Hochschule, die in den letzten zwei Jahren auf dem ehemaligen Ostermayergarten, Ecke Gabelsberger- und Luisenstrasse, entstanden sind, wurden heute Vormittag 11 Uhr durch einen Rundgang des Prinz-Regenten und zahlreicher Ehrengäste offiziell eröffnet. Die neuen Gebäude bedecken eine Fläche von rund 7000qm und bestehen aus einem Vorlesungsgebäude mit dazu gehörigen Zeichensälen, Seminaren, Sammlungssälen, kleineren Laboratorien und Professorenzimmern sowie aus vier Hallen, in welchen die Laboratorien für Wärmekraft- und Wasserkraftmaschinen, für die technische Physik und das Kesselhaus mit Lokomobilhaus untergebracht sind.[1]

Bereits im Vorfeld der feierlichen Eröffnungszeremonie hatte Prinzregent Ludwig den Wunsch geäußert, vor allem die neuesten Errungenschaften, vordringlich die Laboratorien – und damit das Herzstück der jeweiligen Fakultäten – in Augenschein nehmen zu können. Dem Wunsch des Monarchen wurde selbstredend entsprochen. Bevor man ihm jedoch das mechanisch-technische Laboratorium und die Versuchsanstalten für Wärme- und Wasserkraftmaschinen präsentierte, führte man ihn in die Räumlichkeiten der Münchner Architekturabteilung, insbesondere in deren repräsentative Lehrmittelsammlung. Architektur im Labor? Oder anders gefragt: Wie viel von den Arbeitsstrukturen und -praktiken eines Laboratoriums lassen sich in einer Lehrsammlung als Mittel der Wissens(chafts)produktion und -kommunikation wiederfinden?

Um diesen Fragenkomplex aus mehreren Perspektiven betrachten und kommentieren zu können, gilt es im Folgenden, vor allem die besondere Struktur und Bedeutung von Lehrsammlungen als Ausbildungsmodul für angehende Architekten, vornehmlich an Technischen Hochschulen, in den Blick zu nehmen. Dabei basiert die thematische Eingrenzung auf der These, dass es gerade die in der Phase der Etablierung und Expansion befindlichen Technischen Hochschulen waren,

---

1 *Münchner Neueste Nachrichten* vom 24. Juni 1913, No. 316, Bayrisches HStA, Akten des Kgl. Staatsministeriums des Inneren für Kirche und Schulangelegenheiten, Kgl. Technische Hochschule München, Gebäude, MK 19612, 277/187.

insbesondere deren Architekturfakultäten, die neue, innovative Vermittlungsstrukturen entwickelten, um den besonderen Bedürfnissen der Studierenden technischer Fächer und ihrem eigenen, künstlerischen Selbstverständnis gerecht zu werden. Dafür wurden Anfang des 20. Jahrhunderts neue Assoziations- und Denkräume modernen, synergetischen Zuschnitts geschaffen, in denen die Prozesshaftigkeit von Wissenschaft theoretisch wie praktisch vermittelt wurde.

Technische Hochschulen zwischen Bildung und Ausbildung

Dahinter verbirgt sich eine nahezu hundertjährige Entwicklungsgeschichte, die vom Polytechnikum über den Status einer Technischen Hochschule bis hin zur Technischen Universität reicht, in der sich das Streben nach einer methodischen Verbindung von theoretischen Studien und praktischen, konstruktiven Anwendungen und deren Anerkennung widerspiegelt.[2] So mussten die Technischen Hochschulen im akademischen Gefüge des 19. Jahrhunderts noch Jahrzehnte nach ihrer Gründung um Akzeptanz und wissenschaftliche Reputation ringen, weil sie aus universitärer Sicht die ›anrüchigen‹ technischen Disziplinen beherbergten, und, schwerwiegender, weil sie sich damit dem vermeintlich dominanten Humboldtschen Ideal der reinen, zweckfreien Wissenschaft versagten. Dieser Kritik versuchte man verstärkt im letzten Viertel des 19. Jahrhunderts mit zahlreichen Revisionen und Reformen zu begegnen, wodurch vor allem die Lehre ständig zwischen den durch die Universitäten gesetzten Normen der Wissenschaftlichkeit und den in der Industrie entwickelten Ansprüchen an die Praxis oszillierte. Zeitgleich wurde die Forderung laut, den Studierenden technischer Fächer auch eine Ausbildung humanistischer Prägung angedeihen zu lassen, um sich u. a. über den Fächerkanon Geschichte, Kunstgeschichte, Ästhetik, Literatur, Statistik und Volkswirtschaft vom reinen ›Brotstudium‹, also der primär anwendungsbezogenen Ausbildung, zu distanzieren und den Status einer Bildungsanstalt zu erreichen.[3] In diesem von hitzigen

---

2 Vgl. hierzu Karl-Heinz Manegold: »Geschichte der Technischen Hochschule«, in: Laetitia Boehm und Charlotte Schönbeck (Hg.): *Technik und Bildung*, Düsseldorf: VDI Verlag 1989, S. 204–234.

3 »Die Polytechnik hört damit und nur dadurch auf, Stückwerk und Brodstudium zu seyn und wird zur Bildungsanstalt«, zitiert nach Paul Gast: »Die Verfassung und Verwaltung«, in: ders. (Hg.): *Die Technische Hochschule zu Aachen 1870–1920. Eine Gedenkschrift im Auftrage von Rektor und Senat*, Aachen: La Ruelle'sche Accidenzdruck und Lith. Anst. (Jos. Deterre & Sohn) 1921, S. 109–158, hier S. 117.

Diskussionen getragenen »Theorie-Praxis-Streit«[4] galt es folglich, die vermeintlich apodiktischen Konzepte von Bildung und Ausbildung zu harmonisieren. Darüber hinaus kam erschwerend hinzu, dass seit den 1870er Jahren sogenannte Technika, also technische Mittelschulen, gegründet wurden, die weit weniger Vorbildung als in den höheren technischen Lehranstalten verlangten und stärker auf die Bedürfnisse des industriellen Arbeitsmarktes ausgerichtet wurden. Damit erhielten die Technischen Hochschulen – sei es in der Schweiz, Österreich oder Deutschland – unmittelbar »Konkurrenz, der gegenüber sie sich als Lehranstalt zu profilieren und als Hochschule zu distinguieren hatte[n]«.[5] In dieser Gemengelage Position zu beziehen, stellte bis zur Jahrhundertwende das Grundproblem der technischen Hochschulen dar. Die Lösung fand sich im Labor.

Von nun an hieß es »Probieren geht vor Studieren«.[6] Diese Redensart, die ihrer Natur entsprechend recht allgemein gehalten ist, steht jedoch in der Kernaussage für die Notwendigkeit des Versuchs, der Versuchsanordnung, des Experiments – folglich für praxisorientierte Übungen unterschiedlichster Ausprägung, die von wissenschaftlichen Vorlesungen flankiert wurden. Fortan galt es, keine reine ›Kreide-Physik‹ bzw. keinen »Physikunterricht [...] in der mathematischen Umhüllung allein, nur hie und da durch ein Experiment unterbrochen«, darzubieten, sondern laborgestützte Experimentalphysik, um »das Erlernte durch Wiederholung von Experimenten, durch Messungen oder durch eigene Beobachtungen besser zu erfassen, sich einzuprägen und das physikalische Denken an sich zu vertiefen«, wodurch die »Lehrer und Schüler auch zum wissenschaftlichen selbständigen Schaffen angeregt werden«.[7]

Als Multiplikator dieser Idee fungierte insbesondere die Chicagoer Weltausstellung von 1893, da hier die amerikanischen technischen Lehranstalten ihre neuesten laborgestützten Errungenschaften in der

---

[4] Helmuth Albrecht: *Technische Bildung zwischen Wissenschaft und Praxis. Die Technische Hochschule Braunschweig 1862–1914*, Hildesheim: Georg Olms Verlag 1987, S. 328.

[5] David Gugerli / Patrick Kupper / Daniel Speich: *Die Zukunftsmaschine. Konjunkturen der ETH Zürich 1855–2005*, Zürich: Chronos Verlag 2005, S. 80; vgl. dazu auch die Überblickswerke Johann Schoen: *Die Technischen Hochschulen und deren Organisation in Österreich*, Leipzig: E. L. Morgenstern 1882; Haus der Deutschen Technik e. V. (Hg.): *Die deutschen Technischen Hochschulen: ihre Gründung und ihre geschichtliche Entwicklung*, München: Verlag der Deutschen Technik 1941.

[6] Vgl. Aurel Stodola: »Über die Beziehung der Technik zur Mathematik«, in: *Schweizerische Bauzeitung. Wochenzeitschrift für Architekten und Ingenieure*, 30 (1897) 10, S. 70–73, hier S. 72. Vgl. dazu auch den Eintrag »›Experientia est optima rerum magistra‹ (Erfahrung ist die beste Lehrmeisterin)«, in: Fritz Mauthner: *Wörterbuch der Philosophie* (Bd. 1) Leipzig: Meiner ²1923, S. 433.

[7] Heinrich Loebner: »Das eidgenössische Polytechnikum in Zürich«, in: *Zeitschrift des Vereins Deutscher Ingenieure*, 40 (1896) 27, S. 745–749, hier 746 f.

›Unterrichtsausstellung‹ vorstellten.[8] Der eigens vom preußischen Kulturminister in die USA entsandte Alois Riedler führte dazu in seinem detaillierten Bericht aus:

> Der Hauptunterricht liegt in den mechanischen Laboratorien und wird dort systematisch ertheilt. Es wird nicht nur auf die Handhabung der Instrumente und Apparate, sondern vor Allem auf wissenschaftliche Untersuchungsmethoden Werth gelegt. Das offen ausgesprochene und beharrlich verfolgte Ziel ist »investigation«, also nicht einseitiger Unterricht, sondern Forschung, und dieser dienen die großartigen Lehrmittel der Laboratorien.[9]

Das Vorbild sollte Schule machen, zumal der Unterricht im Laboratorium nicht nur die Verbindung von Forschung und Lehre, bis dahin allein konstitutives Element der Universitäten, an den Technischen Hochschulen stärkte, sondern auch eine neue Qualität in deren Selbstverständnis. Damit avancierten die Laboratorien, allen voran die für Maschinen, zum Nukleus der technischen Lehranstalten. Eine der ersten Institutionen, die dieses progressive Lehrkonzept im deutschsprachigem Raum zu etablieren versuchte, war die ETH Zürich, die 1855 als eidgenössische polytechnische Schule gegründet wurde und von vornherein als Hochschule konzipiert war und dem höheren Studium der exakten, politischen wie humanistischen Wissenschaften dienen sollte. So deklarierte sie 1889 selbstbewusst:

> Die Schule will die Ausbildung ihrer Studierenden nicht bloss im Hör- und Zeichensaale bewirken, sondern ebenso wohl auch in den Laboratorien und auf Versuchsfeldern, wo dieselben mit Auge und Hand durch eigene Beobachtungen, Messungen und Versuche mit der Wirklichkeit sich vertraut machen und so bei selbstthätigem Studium der Natur auch praktisch reif werden sollen zur Ausübung ihres Berufes.[10]

Während in der Schweiz dieses Ausbildungssystem – zumindest partiell – bereits im letzten Viertel des 19. Jahrhunderts praktiziert wurde, mussten sich in Deutschland die Studenten in weiten Teilen noch bis um die Jahrhundertwende gedulden.

---

8 Vgl. dazu die ausführliche Berichterstattung von Alois Riedler: »Amerikanische technische Lehranstalten. Ein Bericht an den Herrn Kultusminister«, in: *Verhandlungen des Vereins zur Beförderung des Gewerbefleißes in Preußen*, Berlin: Simion 1893, Bd. 72, S. 381–459. Die darin mit Nachdruck vorgetragene Forderung, sämtliche deutsche THs mit Ingenieurlaboratorien auszustatten, fand bereits 1903 ihren Abschluss mit der Inbetriebnahme der Anlage an der TH Braunschweig; vgl. Albrecht: *Technische Bildung* (Anm. 4), S. 326–333.

9 Riedler: »Amerikanische« (Anm. 8), S. 413.

10 Hrsg. im Auftrage des Schweizerischen Bundesrathes bei Anlass der Weltausstellung in Paris 1889: *Die Eidgenössische Polytechnische Schule in Zürich*, Zürich: Zürcher & Furrer 1889, S. 6.

›Labore et constantia‹ – über die Bedeutung der Lehrsammlungen

Diese hier nur skizzierte Entwicklung blieb auch für die hochschulinternen Lehrsammlungen nicht ohne Auswirkung, zumal sich die Sammlungen im Gefüge der technischen Lehranstalten als Ort der Forschung, welche erst allmählich zum integralen Bestandteil der Technischen Hochschule avancierte, zu etablieren begonnen hatten. Nun kamen in zunehmendem Maße die naturwissenschaftlichen Laboratorien hinzu und gewannen gegenüber den Sammlungen rasant an Bedeutung – wovon zahlreiche Jahresberichte beredtes Zeugnis ablegen.[11] Innerhalb dieses Prozesses kam es jedoch bisweilen zu interessanten Verschränkungen, indem man die Sammlungen mit eigenen Laborplätzen ausrüstete bzw. Sammlungsbestände in die Laboratorien überführte. So befand sich beispielsweise unmittelbar in der mineralogisch-petrographischen Sammlung der ETH »ein Zimmer«, welches »auch zu optischen [...] Untersuchungen eingerichtet und dazu mit den nöthigen Instrumenten ausgerüstet« wurde.[12] Zumeist gewähren die kursorischen Beschreibungen keinen tieferen Einblick in den tatsächlichen Praxisablauf, verweisen aber auf die Verzahnung von Sammlung und Laboratorium, wie auch folgendes Beispiel zeigt: »Die chemisch-technische Schule schliesst beim analytischen Laboratorium eine Handsammlung von Präparaten zum Gebrauche bei den Vorlesungen, bei dem technischen Laboratorium eine chemisch-technologische Sammlung und eine solche von Zeichnungen und Wandtafeln in sich.«[13] Interessant ist ferner, dass das physikalische Laboratorium in drei Abteilungen – für das wissenschaftliche Arbeiten, für Anfänger und für die Studierenden der Elektrotechnik – gegliedert und allein dem Anfänger-Labor Sammlungsobjekte beigestellt wurden.[14] Doch diese partielle Wechselbeziehung zwischen Labor und Sammlung – wobei der Hörsaal als Membran fungieren konnte – traf anfänglich ausschließlich auf naturwissenschaftliche Einrichtungen zu; die Ingenieurwissenschaften folgten.[15]

---

[11] Die Jahresberichte und Programme sind zumeist vollständig in den Hochschularchiven – zum Teil bereits digital erfasst – einsehbar. Bsp.: http://opus.kobv.de/tuberlin/volltexte/2009/2231/pdf/TUB_VV_1879_1880.pdf (zuletzt gesehen: 21.02.2012). Zu den Sammlungen an der ETH vgl. Jahresbericht 1897, S. 17.

[12] Schweizer Bundesrath: *Eidgenössische* (Anm. 10), S. 62.

[13] Ebd., S. 66.

[14] Ebd., S. 54.

[15] Vgl. Gugerli: *Zukunftsmaschine* (Anm. 5), S. 93. Für den hier zu verhandelnden Kontext ist von Belang, dass erst das letzte Viertel des 19. Jahrhunderts zu einer Trennung bzw. Aufgliederung der Bereiche Ingenieurwesen und Architektur führte, wobei einzelne Sammlungsbereiche nach wie vor gemeinschaftlich genutzt wurden, vgl. Ulrich

Vor diesem Hintergrund stellt sich nunmehr die Frage, ob die Forderung, in den technischen Hochschulen insgesamt mehr Laboratorien einzurichten, um der nach wie vor zu theorielastigen Ausbildung eine experimentelle Lehre und Forschung entgegenzusetzen, strukturelle Auswirkungen auch auf die Lehr- und Schausammlungen von Architekturfakultäten gehabt hat? Inwieweit hat man den Sammlungsort als Labor verstanden, in dem praxisorientierte Lehre und Forschung betrieben wurden? Und lässt sich die These, dass in den Sammlungen ein »neuer Museumstypus«[16] entwickelt wurde, in dem gleichermaßen kunsthistorische wie wahrnehmungsästhetische Aspekte und die Herstellungsprozesse zur Anschauung gelangten, um den Studierenden Technischer Hochschulen gerecht zu werden, modellhaft auf alle Architekturfakultäten Technischer Hochschulen übertragen? Hier zeichnet sich ein Fragenkatalog ab, der auf allen Ebenen um das Motto ›labore et constantia‹ zu kreisen scheint, womit die sich gegenseitig bedingenden Aspekte des steten Bemühens im Sinne einer Prozesshaftigkeit und die Beständigkeit, folglich der Ausgangspunkt, die Grundlage bilden. Als Sinnbild dient dabei der Zirkel, der von einem Fixpunkt ausgehend, stets neue Bereiche erkundet, absteckt, Querschnitte bildet, diese auf die Ausgangssituation zurückführt und neue Ansätze sucht, dabei aber berechenbar bleibt.[17]

Doch das sich hier abzeichnende programmatische Leitbild ließe sich mühelos auf alle nach Erkenntnis strebenden universitären Einrichtungen übertragen, aber bezogen auf die Lehrsammlungen stark kulturhistorisch geprägter Fächer spielte die skizzierte anwendungsorientierte Prozesshaftigkeit – wenn überhaupt – nur eine untergeordnete Rolle. Sie waren vielmehr dem traditionsgebundenen Kanon, weniger aktuellen Positionen verpflichtet. Die Schnittmenge bildeten – so die These – die Lehrmittelsammlungen der Architekturfakultäten, da hier die Vernetzung und Integration von technischen, künstlerischen

Pfammatter: *Die Erfindung des modernen Architekten. Ursprung und Entwicklung seiner wissenschaftlich-industriellen Ausbildung*, Basel: Birkhäuser 1997.

16 Max Schmid-Burgk: »Die Abteilung I für Architektur«, in Gast: *Hochschule Aachen* (Anm. 3), S. 175–212, hier S. 208. Martina Dlugaiczyk: »›Ein neuer Museumstypus‹ für Technische Hochschulen – Aachens Beitrag zur Museumsdiskussion am Anfang des 20. Jahrhunderts«, in: Ulrike Wolff-Thomsen / Sven Kuhrau (Hg.): *Geschmacksgeschichte(n). Öffentliches und privates Kunstsammeln in Deutschland 1871–1933*, Kiel: Ludwig 2011, S. 33–54.

17 Das Motto ›labore et constantia‹ samt Zirkel als Emblem findet sich über die Jahrhunderte in verschiedenen Kontexten wieder, da es u. a. als Sinnbild der ›Virtus‹ und der Zirkel als Symbol der Architekten gilt, vgl. u. a. Laura Suffield: »Christophe Plantin«, in: Jane Turner (Hg.): *The Dictionary of Art* (Bd. 25), New York: Grove 1996, S. 17–18, hier S. 17. Bezogen auf Ingenieure findet sich der Zirkel z. B. durch einen Flaschenzug ersetzt.

und geisteswissenschaftlichen Disziplinen frühzeitig als grundlegend verstanden wurde, um letztlich »nicht nur solid, sondern auch schön bauen«[18] zu können. Folglich wurden den kulturhistorischen Objekten und aufgezeigten Entwicklungsphasen nicht nur aktuelle künstlerische wie technische Positionen, sondern auch Lehrer- und Schülerarbeiten gegenübergestellt und erprobt. Dabei sollte »an Technischen Hochschulen [...] das Wissen von den Kunstwerken zurücktreten gegenüber dem Sehen, Beobachten, Einfühlen. Grundlegend ist das Anschauungsmaterial [...]. Der Studierende mag aus [...] [dem] kleinen Handbuch der Kunstgeschichte die fehlenden Daten und Tatsachen durch eigenes Studium ergänzen. Er kann es, wenn er sehen gelernt hat«.[19] Für »die Schaffung eines neuen Museumstypus, [den es auf] die besonderen Bedürfnisse der Architektur-Studierenden«[20] auszurichten galt, wurde beispielsweise an der TH Aachen »die Sammlung in den Rahmen eines kunsttechnischen Museums«[21] gebracht. Dazu wurden die verschiedenartigsten Herstellungsprozesse in das Sammlungsgefüge integriert, um neben den kulturgeschichtlichen und ästhetischen Aspekten »die Technik der Künste zur Darstellung zu bringen, [die] das Auge und den Geist des Besuchers vorbereiten und [...] schulen für das Schauen, die Aufnahme und die Bewertung von Kunst überhaupt«.[22] Für die strukturelle Ausrichtung der Sammlungen – speziell Anfang des 20. Jahrhunderts – bediente man sich bisweilen aktueller künstlerischer Positionen. Dazu gehörte gleichermaßen der Werkbund-Gedanke wie Tendenzen der Avantgarde, worin sich überdies das künstlerische Selbstverständnis der Architekten widerspiegelte.[23]

---

18 Gast: »Die Verfassung« (Anm. 3), S. 117.

19 Erinnerungen von Max Schmid-Burgk (1860–1925), Ordinarius für Kunstgeschichte in der Architekturabteilung, in: Gast: *Hochschule Aachen* (Anm. 3), S. 207–208. Zu seiner Biographie vgl. Martina Dlugaiczyk: »Das ›System Schmid-Burgk‹«, in: Martina Dlugaiczyk / Alexander Markschies: *Mustergültig – Gemäldekopien in neuem Licht. Das Reiff-Museum der RWTH Aachen*, Berlin: Deutscher Kunstverlag 2008, S. 74–85.

20 Schmid-Burgk: »Die Abteilung« (Anm. 16), S. 208.

21 O.A.: »Ein neues Kunstinstitut« in: *Echo der Gegenwart*, 5. November 1908, o. S. Die nach ihrem Stifter Franz Reiff (1835–1902) benannte Reiff-Sammlung der Architekturfakultät in Aachen wurde 1908 in eigenständige Museumsräume überführt.

22 Ebd.

23 Schmid-Burgk proklamierte die Verbindung von Kunst, Handwerk und Industrie und forderte diese für alle Technischen Hochschulen ein. Gegen Hermann Muthesius Ausführungen, technische Hochschulen würden Räte vierter Klasse und nicht Künstler erster Klasse ausbilden, erhob er vehement Einspruch, vgl. Max Schmid-Burgk: »Wechselrede über ästhetische Fragen der Gegenwart«, in: *Die Durchgeistigung der deutschen Arbeit. Wege und Ziele in Zusammenhang von Industrie / Handwerk und Kunst* (Jahrbuch des Deutschen Werkbundes), Jena: Diederichs 1912, S. 31–35. Zeitgleich stellt man in Aachen bspw. Werke von Kandinsky aus, vgl. Dlugaiczyk: »Museumstypus« (Anm. 16), S. 34 ff. Über die Veränderung in der Wertschätzung der architektonischen Leistung als Wissenschaft

Ob sich Prinzregent Ludwig der Möglichkeit dieser vielschichtigen Struktur- und Bedeutungsebenen im Vorfeld der Sammlungsbesichtigung bewusst gewesen ist, sei dahingestellt. Vermutlich dürfte sein vordringliches Interesse nicht unerheblich daran gekoppelt gewesen sein, dass es sein Cousin – König Ludwig II. von Bayern – gewesen war, der den Grundstock der Sammlung angelegt hatte, indem er 1868 der neu gegründeten königlichen Polytechnischen Hochschule zu München ein umfangreiches Konvolut architektonischer Entwürfe überantwortete.[24] Neben der sich hier abzeichnenden Traditionsverbundenheit erscheint indes die Frage wichtiger, was der Prinzregent vor Ort tatsächlich gesehen hat respektive was ihm und seiner aus Ministern bestehenden Entourage gezeigt wurde, um das Profil der Architektur-Abteilung zu konturieren. Gleichwohl die Quellenlage recht spärlich ausfällt, lässt sich dem eingangs zitierten Zeitungsbericht entnehmen, dass ihm ebendort nicht nur der historische Formenschatz präsentiert wurde, sondern auch die »Säle für Modellieren und die Versuchsanstalt für Maltechnik, […] die Architektur-Bibliothek und die Konstruktions- und Bau-Stoffsammlung«[25]. Demnach vertraten die Verantwortlichen den Anspruch, die Abteilung möglichst umfassend – und zwar in ihrer historischen, aktuellen wie anwendungsbezogenen Dimension – darzustellen. Diese Bandbreite spiegelt sich jedoch in der kurz darauf entstandenen Fotodokumentation nur bedingt wider, da sie vornehmlich auf die Präsentation des historischen Formenschatzes rekurriert.

So zeigt eine der Fotografien (Abb. 1) anschaulich, dass, um den umfangreichen Bestand dienstbar zu machen, in die eigens für die Sammlung angelegte Raumflucht Scherenwände samt sie ummantelnde Vitrinenschränke eingebaut wurden. Sie stellten ein überaus wichtiges Ausstellungsmöbel dar, weil sie auf Grund ihrer verdichteten Multifunktionalität gleichermaßen als Präsentationsfläche (Zeichnungen, Druckgraphik, Architekturmodelle, Kapitelle), Depot (Plansammlung) und über die offenen Stellflächen bedingt auch als Arbeitsort fungierten.[26] An

---

und das daran gekoppelte neue Selbstverständnis des nunmehr künstlerisch tätigen Architekten informiert u. a. Stefan Amt: »Von Vitruv bis zur Moderne – die Entwicklung des Architektenberufes«, in: Ralph Johannes (Hg.): *Entwerfen. Architekturausbildung in Europa von Vitruv bis Mitte des 20. Jahrhunderts. Geschichte. Theorie. Praxis*, Hamburg: Junius 2009, S. 10–45, hier S. 20 ff.

24 Vgl. Joachim Fleckenstein: *Technische Hochschule München 1868–1968*, München: Oldenbourg 1968, S. 239. 1877 wurde das Münchner Polytechnikum in Technische Hochschule umbenannt, 1901 folgte das Promotionsrecht.

25 *Münchner Neueste Nachrichten* (Anm. 1).

26 Zum Zeigemöbel, dem klassischen Sammlungs- und Präsentationsschrank, vgl. Anke te Heesen: »Vom Einräumen der Erkenntnis«, in: Anke te Heesen / Anette Michels (Hg.): *auf\zu. Der Schrank in den Wissenschaften*, Berlin: Akademie-Verlag 2007, S. 90–97, hier

Abb. 1: Hauptsaal der Architektursammlung der TH München, 1917.

der gegenüberliegenden Wand finden sich die Aufbewahrungsschübe für Großdias und darüber eine Reihe gerahmter Fotografien, welche, um störenden Lichtreflexen vorzubeugen, leicht angewinkelt gehängt wurden. Kapitelle, Reliefs, Statuetten und gerahmte Risse vervollständigen das Bild der nicht zuletzt auf Medienvielfalt angelegten Bestände. Dass es sich hierbei jedoch nicht um eine klassische Schau-, sondern gleichermaßen um eine Lehrsammlung handelt, vermittelt sich jedoch erst unter Zuhilfenahme des Grundrisses (Abb. 2), der zwischen den Schränken Arbeitsplätze in Form von Tischen mit jeweils zwei Stühlen ausweist, die auf den optimalen Lichteinfall von Links ausgerichtet wurden.[27] Ferner lässt sich im unmittelbaren Abgleich zwischen Fotografie und

S. 93. Hermann Eggert: »Hochschulen im allgemeinen. Universitäten und Technische Hochschulen. Naturwissenschaftliche Institute«, in: Eduard Schmitt et al. (Hg.): *Handbuch der Architektur*, 4. Teil (Entwerfen, Anlage und Einrichtung der Gebäude), 6. Halbband (Gebäude für Erziehung, Wissenschaft und Kunst) , 2. Heft, a (Hochschule, zugehörige und verwandte wissenschaftliche Institute), Stuttgart: Kröner 1905, S. 73.

27 Vgl. dazu Moritz Schröter / Wilhelm Lynen / Rudolf Camerer (Hg.): *Die K. B. Technische Hochschule zu München: Denkschrift zur Feier ihres 50jährigen Bestehens*, München: Bruckmann 1917; Werner Helmberger / Valentin Kockel: »Herkunft und Geschichte der Aschaffenburger Korkmodellsammlung«, in: dies. (Hg.): *Rom über die Alpen tragen. Fürsten sammeln antike Kultur. Die Aschaffenburger Korkmodelle*, Landshut: Arcos 1993, S. 119–126, hier S. 123.

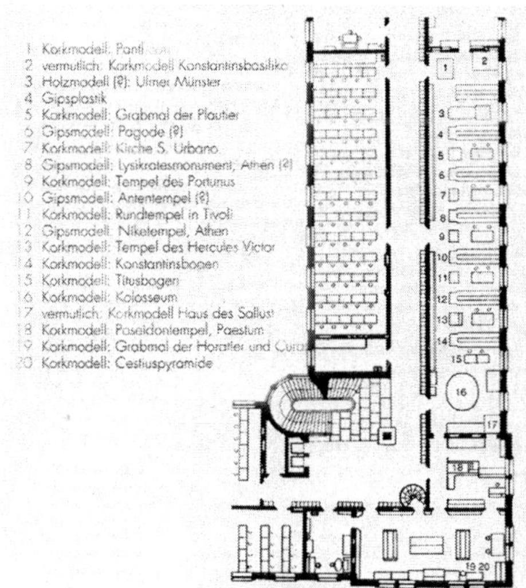

Abb. 2: Grundriss der Architektursammlung der TH München, 2. Stock, Erweiterungsbau mit (modifizierter) Legende zur Modellaufstellung, 1917.

Grundriss erkennen, dass in die Kabinette zum Laufgang hin Tische eingestellt wurden, die zum einen für die Präsentation der Architekturmodelle vorgesehen sind und zum anderen einen Raum im Raum entstehen lassen. Neben diesen Arbeitsplätzen, die der intensiven und vergleichenden Beschäftigung mit den Exponaten dienten, hatte man dem Sammlungsraum auf der gegenüberliegenden Flurseite raumgreifende Säle für den Zeichenunterricht – der in den technischen Fächern den Vorlesungsbetrieb dominierte – beigeordnet. Das Begreifen durch Auge und Hand stand also auch hier im Vordergrund.

Bevor die Sammlung im Erweiterungsbau ihrer Bedeutung entsprechend repräsentativ aufgestellt wurde, nahm sie bereits im Reigen des vielfältigen Sammlungsgefüges der technischen Lehranstalt – nicht nur sinnbildlich – eine Sonderposition ein. So waren im Hauptgebäude (Abb. 3), welches zwischen 1865–1868 von Gottfried Neureuther an der Arcis-Straße errichtet wurde – da sich hier »die bedeutendsten öffentlichen Kunst- und wissenschaftlichen Anstalten«[28] verortet fanden –

[28] Gottfried Neureuther: »Der Neubau der polytechnischen Schule in München«, in: *Allgemeine Bauzeitung* (1872), S. 22–28, hier S. 23. Die Expansion im Bereich der Bildungsbauten lässt sich auch daran ablesen, dass »zwischen 1871 und 1918 die [...] 20 Universitäten des Deutschen Reiches zwölf neue Hauptgebäude [erhielten] und 138 Institutsbauten, denen im selben Zeitraum [...] sieben Hauptgebäude und 43 Institute der Technischen Hochschulen zur Seite traten«, Hans-Dieter Nägelke: *Hochschulbauten im Kaiserreich. Historische Architektur im Prozess bürgerlicher Konsensbildung*, Kiel: Ludwig 2000, S. 14.

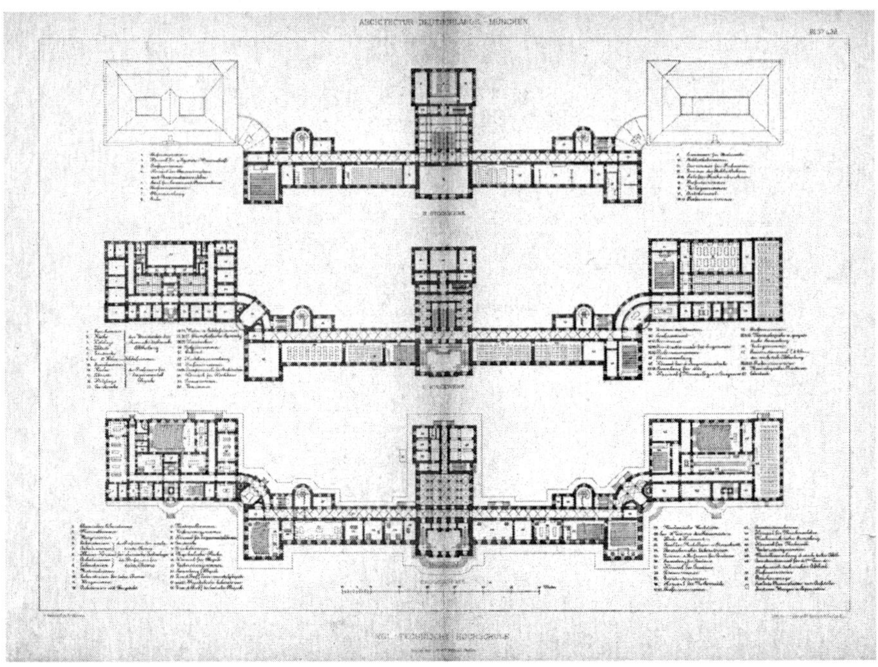

Abb. 3: Grundriss der Polytechnischen Schule München von Gottfried von Neureuther, 1865.

> die Allgemeine- sowie die Ingenieur- und Hochbauabteilung untergebracht. Im Erdgeschoss befanden sich […] die Bereiche für Physik und Mathematik; jeweils mit einem eigenen großen Hörsaal im Eckrisalit. Im ersten Stock waren Architektur und Ingenieurwesen situiert, wobei bezeichnenderweise die Architektursammlung, d. h. der für die Architektenausbildung zentrale historische Formenschatz, die Stelle des Hörsaals im Eckrisalit einnahm.[29]

Stand hier der Hör-Saal gegenüber der Seh-Schule zur Disposition? Keineswegs, aber die Verlagerung der Sammlung an diesen ansonsten dem Hörsaal vorbehaltenen prominenten Ort – was Größe, Lage und Beleuchtung anbelangt – darf als sicheres und in diesem Fall sichtbares Indiz dafür gelten, dass sich der Schwerpunkt verschoben hatte. So vermerkt auch Hermann Eggert im renommierten *Handbuch der Architektur* (1. Aufl. 1888, 2. Aufl. 1905), dass bei den als »Technische Hochschulen errichteten neueren Bauwerken den Sammlungsräumen besonderes Gewicht beigelegt worden. Nehmen sie doch häufig in ihren Grundflächen

---

[29] Winfried Nerdinger/Florian Hufnagel: *Gottfried von Neureuther. Architekt der Neorenaissance in Bayern 1811–1887*, München: Lipp 1978, S. 70 f. In den zurückspringenden Flügelbauten waren zum einen die chemisch-physikalische sowie die mechanisch-technische Abteilung untergebracht.

eine Größe in Anspruch, welche mit den für den Hör-, Konstruktions- und Zeichensäle aufzuwendenden Grundrißflächen nahezu gleichwertig sind«.[30] Neben dieser quantitativen wie qualitativen Ausdehnung der Sammlungen bildeten sich zudem in den einzelnen Fachabteilungen – bedingt durch die fortschreitende Disziplinbildung – Raumeinheiten heraus, die nun jeweils eigenständige Sammlungen, Hör- und Zeichensäle, Labore, Fachbibliotheken, Dienst- und Verwaltungszimmer umfassten. Diese Entwicklung war neu, da man sich in den polytechnischen Schulen aufgrund der beengten Räumlichkeiten nicht selten Lehrmittel und Lehrorte fachübergreifend hatte teilen müssen. Das heißt: Nach außen stellten die Fächer geschlossene Einheiten dar, die sich nach innen gerichtet nunmehr verzahnten:

> In den Hochschulen zu Aachen, Dresden, München, Stuttgart usw., auch zu Wien, Zürich usw., sind die Sammlungsräume vorwiegend mit den Hör-, Konstruktions- und Zeichensälen des zugehörigen Faches unmittelbar in Verbindung gebracht und stehen unter sich nicht in geschlossenem Zusammenhange. Eine derartige Anordnung hat den Vorteil, daß für den Unterricht im Einzelfache oder in einer Abteilung die Lehrmittel der zugehörigen Sammlung leicht zur Hand sind.[31]

Dabei meint die Formulierung »in Verbindung gebracht«, dass die gewählten Raumdispositionen unter anderem durch Verbindungstüren fließende Übergänge von Subjekt und Objekt ermöglichten, wodurch, wie wir bereits an den Beispielen der mineralogischen Sammlung beziehungsweise der chemischen oder physikalischen Laboratorien in Zürich gesehen haben, auch die Grenzen der jeweiligen Funktionsräume changieren konnten. Dafür war es natürlich von Vorteil, wenn alle einem Fach zugeordneten Bereiche in einem Geschoss verortet werden konnten. War dies nicht der Fall, setzten ›schwierige‹ Raumdispositionen bisweilen innovative Lösungen frei. So verband man in Aachen beispielsweise den Hör- und Sammlungssaal mit einem Fahrstuhl, um bei Bedarf ausgewählte Exponate in den Vortrag einbinden zu können, da sich die Schausammlung des nach seinem Stifter Franz Reiff (1832–1902) benannten Reiff-Museums im zweiten Stockwerk der Architektur-Fakultät, der Hörsaal hingegen im Erdgeschoss befand.[32] Die Inbetriebnahme des

---

30 Eggert: »Hochschulen im allgemeinen« (Anm. 26), S. 126.

31 Ebd.

32 Hochschularchiv der RWTH Aachen, Nr. 397b, Acta betr. Reiff-Museum; zur Person und der Sammlung Reiff vgl. Dlugaiczyk / Markschies: *Mustergültig* (Anm. 19). Martina Dlugaiczyk: »Franz Reiff«, in: *Allgemeines Künstlerlexikon* (AKL) Internationale Künstlerdatenbank – Online, Berlin / New York: De Gruyter 2012.

Fahrstuhls war nicht zuletzt notwendig geworden, da beim Transport durch das Treppenhaus nicht selten Exponate beschädigt worden waren.

Diese in den Technischen Hochschulen entwickelten Fach-Einheiten stellten im Angleichungsprozess an die Universitäten, die nach wie vor eine wichtige Referenz darstellten, eine neue bzw. eigene Qualität dar, denn »von der Erfüllung derart spezialisierter Ansprüche war die innere Organisation der frühen Universitätsgebäude des neunzehnten Jahrhunderts noch weit entfernt«.[33]

Grundlegend für den Aufbau systematisch angelegter Lehrmittelsammlungen, sofern sie nicht auf Stiftungen oder Nachlässen gründeten, war die Entwicklung der Polytechnischen Schule zur Technischen Hochschule. Zuvor unterstanden nämlich die Polytechnika aufgrund ihrer anwendungsbezogenen Ausrichtung nicht wie die Universitäten dem Kultus-, sondern dem Handelsministerium. Erst die Übernahme universitärer Rechts- und Organisationsstrukturen, zu denen ein gewähltes Rektorat anstelle eines auf Lebenszeit berufenen Direktors, die Gliederung in Abteilungen und die Form der universitären Selbstverwaltung gehörten, ermöglichte im letzten Drittel des 19. Jahrhunderts die Aufwertung der Schule zur Hochschule.[34] Fortan unterstanden alle technischen Lehranstalten gleichen Zuschnitts dem ›Ministerium der geistlichen, Unterrichts- und Medicinalangelegenheiten‹ und nunmehr auch dessen Kompetenz wie Ressourcenverteilung.[35] Demnach liegen die Motive, die im Allgemeinen zum Aufbau einer neuen Sammlung führen – sei es die Begründung einer Hochschule / Universität, einer neuen Disziplin oder die Einrichtung einer neuen Professur – hier in Kombination vor. In diesem Kontext dürfte es zudem keine unerhebliche Rolle gespielt haben, dass das anfänglich als Hilfswissenschaft deklarierte Fach Kunstgeschichte parallel zwar zur eigenständigen Fachdisziplin erwuchs, aber innerhalb der Architekturfakultäten sich erst zeitversetzt zu einem selbstständigen Studiengang entwickelte.[36] Ihrer Fachkompe-

---

33 Nägelke: *Hochschulbauten* (Anm. 28), S. 25.

34 Vgl. u. a. Gast: *Hochschule Aachen* (Anm. 3), S. 117, S. 119, S. 120, S. 130.

35 Vgl. Wolfgang Neugebauer (Hg.): *Preussen als Kulturstaat: Das preußische Kultusministerium als Staatsbehörde und gesellschaftliche Agentur* (Acta Borussica, N.F., 2. Reihe, hg. von Berlin-Brandenburgischen Akademie der Wissenschaften), 4 Bde., Berlin: Akademie-Verlag 2010, hier Band 2.1, S. 205–217; Eggert: »Hochschulen im allgemeinen« (Anm. 26), S. 126.

36 Vgl. Otto Schmitt: »Kunstgeschichte im Hochschulunterricht«, in: Technische Hochschule Stuttgart (Hg.): *Reden, gehalten bei der Übergabe des Rektoratsamtes*, Stuttgart: Kohlhammer 1948, S. 14–32. Nimmt man Vergleichsbeispiele wie das Pathologische Museum in Berlin (1899) mit in die Betrachtung auf, zeichnet sich ein interessantes Phänomen ab: Es scheinen die Vertreter der noch jungen Teildisziplinen (Medizin / Pathologie; Architektur / Kunstgeschichte) zu sein, die um 1900 die Sammlungen im Sinne der Aufklärung bzw. als Sehschulen strukturierten und öffentlich zugänglich machten. Hierin findet die

tenz entsprechend, übertrug man den Vertretern der Kunstgeschichte häufig die Leitung der Sammlungen, wobei Kunsthistoriker, die darüber hinaus eine künstlerische Ausbildung absolviert hatten, bevorzugt für dieses Amt gewählt wurden. Der Grund hierfür liegt nicht zuletzt in der Verzahnung theoretischer, genuin kunsthistorischer wie anwendungsorientierter Kompetenzen in der Wissensvermittlung. Dazu gehörte neben der theoretischen und ästhetischen Grundlagenvermittlung die Unterweisung in die Bereiche der Herstellungstechnik, Materialkunde, Anwendung von Perspektivkonstruktionen, Kompositions-, Licht- und Farbenlehre usw.

Dinge des Wissens – Bestand, Präsentation, Vermittlung

Gemäß der Devise »es ist ein Irrtum zu glauben, Architektur sei schon deshalb anschaulich, weil sie sichtbar ist«,[37] wurde in den Architekturabteilungen ein Sammlungsbestand verhandelt, der unterschiedlicher nicht sein konnte. Während die Vorlagensammlung (Entwürfe, Planzeichnungen, Fotografien, Drucke), Architekturmodelle (in Holz, Gips oder Kork), Gipsabgüsse[38] (nach antiken bis klassizistischen Skulpturen wie Architekturen) und die Baustoffsammlung eher zum allgemeinen Repertoire gehörten, wurden die Bestände mancherorts um ein Vielfaches erweitert: So lassen sich Kopien mittelalterlicher Glasfenster, Spolien, Gemälde- und Vasensammlungen, archäologische Fundstücke bis hin zu Textilien finden – um nur einige der heterogenen Versatzstücke zu benennen. Dabei wurde die Auswahl nicht unerheblich von persönlichen wie ortsgebundenen Interessenslagen getragen. Ein Beispiel: Während in München etwa den Studierenden der exquisite Gemäldefundus der Pinakothek zur Verfügung stand,[39] konnten die Aachener weder außer-

These ihren Rückhalt, dass es die sich im Etablierungsprozess befindlichen Disziplinen waren, die innovative Vermittlungsstrukturen entwickelten; vgl. Angela Matyssek: *Rudolf Virchow. Das Pathologische Museum. Geschichte einer wissenschaftlichen Sammlung um 1900*, Darmstadt: Steinkopff 2002.

37 Walter Grasskamp: »Medien der Architekturvermittlung«, in: *Kunstforum International – Architekturmuseen, Architekturvermittlung* 38 (1980) 2, S. 86–130, hier S. 86.

38 Vgl. Martina Dlugaiczyk: »Gips im Getriebe. Abguss-Sammlungen an Technischen Hochschulen«, in: Charlotte Schreiter (Hg.): *Gipsabgüsse und antike Skulpturen. Präsentation und Kontext*, Berlin: Reimer 2012, S. 333–354.

39 In den Studienführern wird unter den hochschuleigenen Sammlungen eigens auf die Pinakothek verwiesen. Franz Reber, der 1869 als Professor für Kunstgeschichte und Ästhetik am Münchner Polytechnikum lehrte und maßgeblich an der Strukturierung der Architektursammlung beteiligt war, wurde 1875 zum Direktor der Staatsgalerien

noch innerhalb der 1865–1870 begründeten Hochschule auf Vergleichbares zurückgreifen. Erst dem persönlichen Engagement des seit 1873 an der TH Aachen tätigen Professors für Figuren- und Landschaftsmalerei, Franz Reiff, ist es zu verdanken, dass er nicht nur Teile seiner privaten Gemäldesammlung in die akademische Lehre zur Unterweisung angehender Architekten integrierte, sondern die Sammlung, die neben Kopien Alter Meister und Gemälden zeitgenössischer Künstler Skulpturen, Abgüsse, Möbel, Teppiche und Graphik umfasste, kurz vor seinem Tod der Abteilung für Architektur stiftete. Das Kuratorium übernahm der Kunsthistoriker Max Schmid-Burgk, der die Sammlungsbestände verstanden wissen wollte als »frische Blüten, kein Herbarium«.[40] Damit verband sich die Idee, dass »neben der Vergangenheit stets die lebendige Gegenwart, die moderne Kunst [...] mit Interesse verfolgt und durch Ausstellungen und Ankäufe unterstützt werden« muss.[41] Demnach war sein vordringliches Anliegen, den Bestand nicht nur zu konservieren, sondern zunehmend zu erweitern – beispielsweise um aktuelle künstlerische Positionen von Kandinsky oder den Futuristen.

Dafür wählte er die Form der ›integrierten Ausstellung‹, deren Konzept darin bestand, die heterogenen Bestände in unmittelbare Beziehung zu setzten, indem er Ensembles aus Skulpturen, Gemälde, Architekturmodelle, Kunstgewerbliches und deren Herstellungstechniken gleichberechtigt neben- und miteinander präsentierte, ohne Epochen imaginierende Stilräume im Sinne von Wilhelm von Bode entstehen lassen zu wollen. Vielmehr orientierte er sich an den Vorgaben seines Berliner Kollegen Herman Grimm, der im offen ausgetragenen Disput mit Bode über die grundlegenden Fragen um Sammlungs- und Vermittlungsstrategien sowie um die Autoritäten innerhalb der Museen und Hochschulmuseen proklamierte: »Ein Museum für Lehr- und Lernzwecke muß durchaus anders beschaffen sein, als eines das der Aufbewahrung von Seltenheiten dient.« Dafür würden Säle benötigt, die an drei Seiten die in Frage kommenden Exponate als Kopie, Replik, Handzeichnungen, Fotografien oder im Original zeigen, so »daß deren Entwicklungsgeschichte aus dem bloßen Anblicke schon hervortritt«. Die vierte Wand stünde den »naturentsprechenden Lichtbildern« zur

---

berufen; vgl. Walther von Dyck: *Alte und neue Wege und Ziele der Technischen Hochschule. Festrede zur Erinnerung an die ersten fünfzig Jahre des Bestehens der Technischen Hochschule in München, gehalten bei der akademischen Feier im Odeon am 8. Dezember 1920*, München: Huber 1920, S. 31.

40 Gast: *Hochschule Aachen* (Anm. 3), S. 209.

41 Zit. nach Dlugaiczyk: »Museumstypus« (Anm. 16), S. 36.

Verfügung, wodurch »die vergleichende Betrachtung sofort in Wirksamkeit« trete.[42]

Schmid-Burgk adaptierte dieses Grundkonzept, modifizierte es aber an entscheidender Stelle, da Grimms Entwurf für eine Lehrsammlung als erstes »überflüssigen Raum und Licht« forderte. Während die Lichtverhältnisse im Reiff-Museum durch die Oberlichtsäle als nahezu optimal bezeichnet werden dürfen, kompensierte man den fehlenden Raum durch eine geschickte Verbindung des Sammlungssaales mit dem Hörsaal: »Der Aufzug ist so angeordnet, dass während des Vortrages der Diener etwa zum Vergleich notwendige Stücke in den Aufzug hineinsetzen und herbeibefördern kann, so dass sie direkt neben dem Katheder anlangen und dann zur Besprechung genutzt werden können.«[43] Somit war es möglich Exponate in die Vorlesungen oder öffentlichen Vorträge zu integrieren und parallel mit Lichtbildern zu arbeiten.

Dieses »System Schmid-Burgk«,[44] wie die Sammlungskonzeption und die Vermittlungsstrategien in der Presse betitelt wurden, war dermaßen erfolgreich, dass die Sammlung, die anfänglich bei den Kollegen nicht durchgängig auf Akzeptanz gestoßen war, nun als Alleinstellungsmerkmal im Reigen der technischen Lehranstalten deklariert wurde, »denn bisher fehlt es selbst den größten und bestdotierten technischen Hochschulen des In- und Auslandes an einer Galerie moderner Gemälde und einer Lehrmittelsammlung in der Gestalt von Kopien alter Meister zur Heranbildung von Baumeistern, Ingenieuren und Elektrotechnikern.«[45] Hieran zeichnet sich einmal mehr die immens gewachsene Bedeutung und Wertschätzung der Sammlungen um 1900 im technischen Lehrbetrieb ab.

Interessanterweise gründen im Unterschied zu Deutschland die (poly-) technischen Schulen in Österreich nicht nur auf Sammlungen, sondern verstehen sich zudem als ›technische Kunstbehörde‹ – womit sich ein gänzlich anderes Selbstverständnis verbindet als in Deutschland. Während in Wien etwa im Vorgriff auf das zu gründende Polytechni-

---

42 Alle Zitate in diesem Absatz aus Herman Grimm: »Das Universitätsstudium der neueren Kunstgeschichte«, in: Julius Rodenberg: *Halbjahreshefte der Deutschen Rundschau 1890–91*, Bd. II, Berlin: Gebrüder Paetel, S. 354–377.

43 Hochschularchiv der RWTH Aachen, Nr. 397a, Acta betr. Reiff-Museum.

44 O. A.: »Ein neues Kunstinstitut« (Anm. 21). An den von Schmid-Burgk geleiteten öffentlichen Veranstaltungen nahmen »oft mehrere hundert Besucher teil«, Gast: *Hochschule Aachen* (Anm. 3), S. 209.

45 *Frankfurter Zeitung*, 5. Dezember 1901, o. S. Etwa zeitgleich wurde intern statt der Reiff-Sammlung ein »Gypsmuseum« gefordert, da man den Zweck der Gemäldesammlung für die Ausbildung der Architekten in Frage stellte; vgl. Dlugaiczyk: »Das System« (Anm. 19), S. 74.

sche Institut (1815) die Idee des ›National-Fabriksprodukten-Kabinetts‹[46] entsteht, erhebt man in Graz das Joanneum (1811), welches ursprünglich als Museum mit naturwissenschaftlichem Schwerpunkt angelegt und frühzeitig dem Lyceum als Lehranstalt beigestellt war, 1864 in den Rang einer ›k.k. Technischen Hochschule‹.[47] Demnach ist im österreichischen Modell das ›Prinzip der Anschaulichkeit‹ wesentlich ausgeprägter und früher verfolgt worden als in Deutschland. Bezeichnend ist, dass mit der Berufung des ehemaligen Assistenten des Wiener Fabriksprodukten-Kabinetts – Karl Karmarsch – als Direktor der polytechnischen Schule, der späteren Technischen Hochschule Hannover ebendort das allgemeine Sammlungsgefüge um ein Vielfaches erweitert wurde.[48] Vergleichbares lässt sich bei Ferdinand Redtenbacher beobachten, der nach seinen Stationen in Wien und Zürich die Direktion der polytechnischen Schule in Karlsruhe übernahm.

Doch welche Intentionen verfolgte man mit der Erweiterung der Sammlungsbereiche – insbesondere in den Architekturabteilungen –, die nunmehr Gipse, Gemälde, Zeichnungen, Möbel, Modelle, Architekturfragmente, Steingut, technische Gerätschaften, Skulpturen, Fotographien, Grabungsfunde, Druckerzeugnisse, Textilien usw. beinhalten konnten, und sich damit in weiten Teilen außerhalb der künstlerischen Normen und historisierenden Zwänge eines Kanons bewegten? Es galt der hausinternen ›Grand Tour en miniature‹,[49] die sich den kulturhistorischen Schlüsselwerken widmen sollte, die ›gebaute Um-Welt‹ mit und in modernen Mitteln zur Seite zu stellen. Damit entspricht das sich hier abzeichnende Konzept bemerkenswerterweise in weiten Teilen Gottfried Sempers Textentwurf eines ›Idealen Museums‹ (1852), welcher

---

46 Vgl. Thomas Werner (Hg.): *Das k.k. National-Fabriksprodukten-Kabinett. Technik und Design des Biedermeier*, München: Deutscher Kunstverlag 1995, S. 9–13.

47 In Bezug auf die Genese der für die Technischen Hochschulen wichtigen Lehrsammlungen wurde dem beispielhaften Beitrag Österreichs bislang zu wenig Beachtung geschenkt – auch im Hinblick auf die daran gekoppelte Entwicklung der technischen Wissenschaften im Sinne einer ›universitas scientiarum‹ und der Genese von Technikmuseen. Vgl. Schoen: *Die Technischen* (Anm. 5); Eva-Maria Amberger: »Von der ›Kunst- und Wunderkammer‹ zum Architekturmuseum. Architektursammlungen im Spiegel der Zeit«, in: Udo Grote et. al. (Hg.): *Westfalen und Italien. Festschrift für Karl Noehles*, Petersberg: Karl Imhof 2002, S. 385–391.

48 Vgl. Karl Karmarsch: »Beschreibung des National-Fabriksprodukten-Kabinettes am k.k. polytechnischen Institute«, in: Johann Joseph Prechtl (Hg.): *Jahrbücher des kaiserlichen königlichen polytechnischen Institutes in Wien*, 4. Band, Wien: Carl Gerold 1823, S. 1–197; Karl Karmarsch: *Die polytechnische Schule zu Hannover*, Hannover: Hahn'sche Hofbuchhandlung 1856, S. 67 ff.

49 Vgl. Martina Dlugaiczyk: »Von der ›Grand Tour en miniature‹ zum avantgardistischen ›Sonderfall‹ – das Reiff-Museum der Technischen Hochschule in Aachen«, in: Dominik Groß / Stefanie Westermann (Hg.): *Vom Bild zur Erkenntnis? Visualisierungskonzepte in den Wissenschaften*, Kassel: Kassel University Press 2007, S. 61–91.

1889 ins Deutsche übersetzt, jedoch erst 1903 gedruckt vorlag.[50] Dabei ist der achte von insgesamt siebzehn gelisteten Punkten von besonderem Interesse, der beinhaltet, dass »eine vollständige und umfassende Sammlung [...] den Längsschnitt, Querschnitt und Grundriss der gesamten Kulturgeschichte darstellen [und] die Herstellung der Dinge aller Zeiten zeigen [muss]«. Und in Punkt 10 heißt es weiter:

> Ordnung und Deutlichkeit sind durch Sonderung und Gruppirung unschwer zu erreichen. Sehr schwierig aber ist es damit eine Anordnung zu verbinden, welche Vergleichungen ermöglicht, weil die Beziehungen zwischen den vorhandenen Dingen zahllos und sehr verwickelt sind. Und doch ist es zweifellos, dass eine gute, auf der Möglichkeit der Vergleichung beruhende Anordnung den Studirenden befähigt die Gegenstände in ihren wechselseitigen Beziehungen zu sehen, ihre verschiedenen Verwandtschaften und Unähnlichkeiten zu beobachten und die Gesetze und Vorbedingungen herauszufinden, von denen alle diese gegenseitigen positiven und negativen Beziehungen abhängen.[51]

Insofern haben wir es hier – wie insbesondere das Aachener Beispiel gezeigt hat – mit spezialisierten visuellen Assoziations- und Denkräumen modernen Zuschnitts zu tun.

Labor und Sammlung – Wissen und Machen

Wie verhält es sich nun aber mit der Formel ›Architektur im Labor‹ bzw. welche Praktiken gelangten neben der Präsentation und Demonstration zur Anwendung? Im Allgemeinen folgte der systematischen Erschließung des Gegenstandes mittels Anschauung (»Kultur des Auges«) die künstlerische, zumeist zeichnerische Erprobung (»Kultur der Hand«)[52] – ein Vorgang, der traditionell zur Ausbildung von Architekten gehört und sich bis in die Gegenwart durch die gegebene Fächervielfalt vermittelt.[53] So zeigt das Porträt (Abb. 4) einen in die Aufgabe vertieften Studenten, Körper und Raum der Skulptur, vor der – um den Schwierigkeitsgrad zu erhöhen – ein bauchiges Gefäß sowie eine Papierrolle platziert wurde, in der richtigen Tiefenschärfe, Perspektive, Verkürzung und Kontur in die zweidimensionale Fläche zu übertragen. Gleichzeitig

---

[50] Vgl. Julius Leisching: »Gottfried Semper und die Museen«, in: *Mitteilungen des Mährischen Gewerbe-Museums in Brünn* 21 (1903) 24, S. 186–192.

[51] Ebd., S. 189 f.

[52] Gast: *Hochschule Aachen* (Anm. 3), S. 188.

[53] Vgl. u. a. Bauakademie Berlin (Hg.): *Die Hand des Architekten. Zeichnungen aus Berliner Architektursammlungen*, Köln: König 2002; Pfammatter: *Erfindung des modernen Architekten* (Anm. 15); Hans-Dieter Nägelke (Hg.): *Architekturbilder. 125 Jahre Architekturmuseum der Technischen Universität Berlin*, Kiel: Ludwig 2011.

Abb. 4: Zeichenstunde bei August von Brandis; Architektur-Abteilung der TH Aachen, 1924.

generiert diese Fingerübung die Aneignung eines historischen Formenschatzes, welcher als implizites Wissen Eingang in den allgemeinen Prozess des Zeichnens und damit in die Zeichnung selbst erhält.[54] Die Fotografie entstand 1924 in einem Atelier der Architektur-Abteilung Aachen, wodurch sich der nahezu intime Charakter der Aufnahme erklärt. Im Allgemeinen standen für die Übungseinheiten großräumige Zeichensäle (vgl. Abb. 5) zur Verfügung, die sich zumeist in unmittelbarer Nähe der Sammlungsräume befanden.

Da sich innerhalb des zeichnerischen Lernprozesses unter anderem Übersetzungsvorgänge entwickeln und manifestieren, die für das spätere konstruktive bis experimentelle Entwerfen grundlegend sind, stellte man bereits in der Diskussion über das Raumprogramm der Eidgenössischen Polytechnischen Schule für die Zeichensäle fest, dass diese »für die Bau-, Ingenieur- & mechanische Schule dieselbe Bedeutung [haben], wie das Laboratorium für die chemische Schule«.[55]

Bereits hier zeichnet sich ab, dass das Sammlungsobjekt nur ein Element in der Wissensspirale darstellt, da sich der Mehrwert einer Sammlung nicht unerheblich aus kognitiven Leistungen speist, also Sehen und Erkennen mittels Vergleich, hier gepaart mit theoretischer

54 Vgl. Gert Hasenhütl: »Zeichnerisches Wissen«, in: Daniel Gethmann / Susanne Hauser (Hg.): *Kulturtechnik Entwerfen. Praktiken, Konzepte und Medien in Architektur und Design Science*, Bielefeld: transcript 2009, S. 341–358.

55 Bericht an den Bundesrat, August 1856, S. 23, Bundesarchiv der Schweiz, Bern, E 80, Bd. 90, 682.

Kunstvermittlung und praktischer Kunstübung. Gerade die reproduktive Vermittlung kanonischer Vorbilder sah man als wesentlichen Bestandteil der Ausbildung an und orientierte sich im Lehrplan somit stark an den Vorgaben der Kunstakademien, da die Nachahmung von Vorbildern Teil und Voraussetzung aller denkbaren Lernprozesse darstellt. Ferner übertrug man den Kunstwerken die Aufgabe Empfindungen auszulösen sowie der Moralität und Geschmacksbildung zu dienen.

Zu den Potentialen, die man in den Sammlungen, deren Zusammenführung und Vernetzung für Forschung und Lehre sah, gehörte ferner, dass das Ausstellen von Objekt- wie Material-basiertem, also explizitem Wissen als Teil seiner Produktion verstanden wurde. Nicht zuletzt aus diesem Grund band man frühzeitig die Studierenden als aktiven Part in den Prozess des Herstellens und Ausstellens mit ein. Damit wird gleichermaßen auf die soziale Praxis von Wissen verwiesen, durch die über den zirkulierenden Austausch zwischen den Akteuren und Adressaten neue Wissensbestände und -ordnungen geformt werden. Neben den externen Besuchern[56] betraf dies vor allem die Gruppe der Lehrenden wie Lernenden, die jeweils beide Positionen vertreten konnten, also nicht nur dem Kreis der Rezipienten angehörten, sondern in ihrem Selbstverständnis als Architekten, Wissenschaftler, Künstler, Techniker und Ingenieure eigene Arbeiten in die Sammlung einbrachten.

So galt es etwa, die aufgezeigten Herstellungsprozesse nicht nur in ihren technischen, sondern auch in ihren ästhetischen Bedingungen zu erproben. Dafür wurden beispielsweise eigens von den Studenten Gipsabgüsse hergestellt, anhand derer nicht nur den idealen Konturen wie Anatomien nachgespürt und Materialkunde betrieben, sondern gleich einer Versuchsanordnung die Wirkung von Farben und damit Wahrnehmungsästhetiken experimentell erprobt wurde: »Sechs- oder siebenmal sehen wir dieselbe Kinderbüste in einer Reihe nebeneinander. In jedem Fall gibt die Bemalung bezw. [sic] Tönung dem Kopfe einen ganz veränderten Ausdruck. Das Original ist kaum mehr herauszuerkennen. Drastischer und überzeugender kann man solche Wirkungen kaum veranschaulichen«.[57] Die Ergebnisse wurden als Instrument der Wissensvermittlung in das System der Präsentation integriert und damit unmittelbar in Beziehung gesetzt zu den historischen wie zeitgenös-

---

56 Die Sammlungen der Technischen Hochschulen standen immer auch den Lehrern und Schülern der Gewerbeschulen offen. Für die interessierte Öffentlichkeit wurde die Schausammlung an zwei Tagen die Woche geöffnet. Darüber hinaus wurden thematische Führungen und Vorträge angeboten, Dlugaiczyk / Markschies: *Mustergültig* (Anm. 19).

57 O. A.: »Ein neues Kunstinstitut« (Anm. 21). Es handelt sich hierbei um einen ausführlichen Bericht von der Eröffnung des Reiff-Museums der Abteilung für Architektur.

sischen Vorlagen, die, um den Erkenntnisprozess zu steigern, jeweils in positiver wie negativer Form vertreten sein konnten. Als Beispiel sei ferner auf eine ›Drucksachen-Ausstellung‹ – »die einen Ueberblick über eine künstlerische Technik unserer Zeit, die Buchdruckkunst, gibt«[58] – verwiesen, aus der sich weder Exponate noch Fotografien, dafür aber ein fünfzehnseitiges Begleitheft erhalten hat, in dem den Studierenden wie Besuchern anschaulich die Vor- und Nachteile der jeweiligen Vorlagen didaktisch erläutert werden.

Um möglichst unterschiedliche Perspektiven des Fragens, Beobachtens, Deutens und Erfindens einnehmen zu können, integrierte man ferner – je nach Größe und Ausstattung der Sammlung – explizit nicht funktionstüchtige technische Modelle, wodurch die räumlich gefasste disparate Objektschau einmal mehr als Erkenntnisort und gleichsam als Werkstätte einer prozesshaften Problemlösung markiert ist.[59] Das System war so einfach wie effizient, stellte aber – bezogen auf akademische Lehranstalten – etwas Neues dar.

Die sich zudem hier abzeichnende selbstreferenzielle Produktivität – die technischen wie Gipsabguss-Modelle wurden auf ihre Anwendung hin überprüft, vervielfältigt, modifiziert oder eigens angefertigt – war ferner grundlegend für die Dynamik der Lehrsammlung, denn es galt dem Problem zu begegnen, Teile der Lehrmittelsammlung ihrem Vorbildcharakter gemäß stetig zu aktualisieren und zu erweitern.[60] Darüber hinaus verlangten die speziellen Anforderungen zahlreicher Modelle, Abbilder und konstruktiv wie entwurfsgestützter Versuchsanordnungen, dass deren Herstellung vor Ort erfolgte, um sie jeweils auf die Bedingungen und Bedürfnisse in der Architektenlehre abstimmen zu können.[61]

Dabei wurde klar zwischen Lehrwerkstätten und Laboratorien unterschieden: »Die Lehrwerkstätte hat den Zweck der Ausbildung voller, handwerksmäßiger Handfertigkeit, das Laboratorium den zweifachen

---

58 Vgl. hierzu die Beispiele im Katalog *Drucksachen Ausstellung*, Reiff-Museum 9. Nov.–5. Dez. 1909, S. 1.

59 Vgl. Manfred Fricke: *Die Sammlungen und Kunstdenkmäler der Technischen Universität Berlin*, Berlin: Universitätsbibliothek der Technischen Universität 1991, S. 21.

60 Vgl. dazu u. a. Helmut Lackner / Katharina Jesswein / Gabriele Zuna-Kratky (Hg.): *100 Jahre Technisches Museum Wien*, Wien: Carl Ueberreuter 2009, S. 34.

61 Vergleichbares lässt sich in den Technischen Museen beobachten, die, wie z. B. in München, in enger Kooperation mit der dortigen TH standen, vgl. Stefan Siemer: »Das Original im Spiegel. Nachbildungen, Modelle und Demonstrationen«, in: *Kultur & Technik* (2003) 2, S. 28–33, hier S. 31; Eva A. Mayring: »Bilder einer Ausstellung – Technik- und Industriegemälde des deutschen Museums«, in: Alexander Gall (Hg.): *Konstruieren, Kommunizieren, Präsentieren. Bilder von Wissenschaft und Technik*, Göttingen: Wallstein 2007, S. 319–346.

der Belebung der starren Theorie durch Versuche für den Schüler und ihre Unterstützung durch Untersuchungen auf dem Wege der Beobachtung durch den Lehrer.« Hingegen wird die »selbständige Forschung der Studirenden im Laboratorium [...] als wenig nutzbringend, aber gefährlich bezeichnet«, da diese, »wenn sie Werth haben soll, eine große Zahl gleichartiger Versuche [voraussetzt], bei denen die Studirenden immer und immer wieder dieselben Handlungen vollziehen müssten, so ihre Zeit mit sehr geringem Nutzen verschwendend«.[62] Dieses System der assistierenden Beobachtung übertrug man bedingt auch auf die Lehrsammlungen, in denen nun neben den eigentlichen Exponaten nicht nur deren Herstellung aufgezeigt, sondern diese auch erprobt wurden – etwa im Modellbau (Statik, Materialkunde, Gewölbetechnik usw.), der Bauphysik, Geometrie[63] oder eben in der materiellen wie farblichen Fassung der Gipse.

Diesen vernetzten räumlichen wie materiellen Strukturen schloss sich – nicht zuletzt bedingt durch die gegebene Medienvielfalt – das Nachdenken über das an, was beispielsweise die Historie respektive Modernität im Einzelnen eigentlich ausmacht: Sind es die anatomischen Gipsabgüsse oder die fotografischen Bewegungsstudien oder ist es vielmehr die über ihre Konfrontation geführte Diskussion, welches dieser Medien im Wettstreit um realitätsnahe Darstellungen dem Vorbild ›Natur‹ im Abbild am nächsten kommt? Welche Erkenntnisse im Verbund daraus beispielsweise für die Tragwerklehre gewonnen werden konnten, galt es nachfolgend zu erproben und im besten Falle für die Architektur dienstbar zu machen. Dabei ging es weniger um die Logik der Beweisführung – zumindest nicht vordergründig – sondern um den Prozess von Entwurf und Entdeckung. Hierfür war die Verschränkung von Schau- und Lehrsammlung, von integrierten Arbeitsplätzen und Ausstellungs- wie Lehrsituationen, von Vor- und Nachbild, von Wissen und Machen von zentraler Bedeutung.

Quellenmaterial in Form von Abbildungen – Skizzen oder historischen Fotografien –, die diese Arbeitsstrukturen und -praktiken im komplexen Gefüge einer Lehrsammlung unmittelbar aufzeigen, liegen zumeist nicht vor, da insbesondere der repräsentative, Bildung und Wissenschaft vereinbarende Charakter der Lehrsammlung, weniger das

---

62 Georg Barkhausen: *Fortschritte auf dem Gebiete der Architektur*, Darmstadt: Bergsträsser 1894, S. 14. Vgl. dazu auch Emil Probst / Alfred Hummel: *Laboratoriumsarbeit im Dienste der Ausbildung der Bauingenieure und Architekten*, Karlsruhe: Institut für Beton und Eisenbeton 1926.

63 Vgl. Verena Hupasch / Daniel Lordick (Hg.): *Good Vibrations. Geometrie und Kunst. Ausstellungskatalog der Universitätssammlungen Kunst + Technik in der Altana Galerie der TU Dresden*, Dresden: Univ.-Sammlungen Kunst und Technik 2008.

Experiment, der Versuch oder der Modellbau im Vordergrund stand. Ein ähnliches Phänomen lässt sich im historischen Rückblick in den Kunst- und Wunderkammer-Frontispizien feststellen, die eine Idealvorstellung der Sammlung wiedergeben, Werkstätten und Laboratorien aber geflissentlich außen vor lassen, obgleich sie konzeptuell stets mit eingebunden waren.[64] Um ein arbeitsfähiges Instrumentarium zu schaffen, hatte bereits Samuel Quiccheberg gefordert, das Museum mit Räumen der forschenden und experimentellen Praxis, also mit Bibliothek, Drechsel- und Bildhauerwerkstatt, Labor, Druckerei, Apotheke und Schmiede- wie Metallgießerstätten zu verbinden.[65] Demzufolge lassen sich anhand des überlieferten Bildmaterials aus den Architekturabteilungen allenfalls Querschnitte legen.

So gewährt der ›Studiensaal der Architektur-Abteilung der ETH Zürich‹ (Abb. 5) Einblick in eine klassische – wenngleich hier aber gestellte – Lehrsituation mit Studierenden, die sich der Anschauung, Vermessung, Berechnung und Zeichnung eines Architekturmodells widmen, während der Referenzrahmen des zu verhandelnden Objektes, das Modell, sich nicht unmittelbar erschließt. Gerade die universell einsetzbaren Architekturmodelle spielten in der Ausbildung eine zentrale Rolle: Hier konnte vom Entwurf, über die Konstruktion, Raum- und Lichtverhältnisse, Bauelemente, Material, baukünstlerische Details und – sofern die Möglichkeit der Zergliederung gegeben war – Raumdispositionen theoretisch wie praktisch verhandelt werden.

Da sich am eidgenössischen Polytechnikum – analog zum Eingangs gezeigten Münchner Beispiel – ebenfalls frühzeitig Fach- und damit Raumeinheiten herausgebildet hatten, darf sicher davon ausgegangen werden, dass das Modell, welches auf einer Standplatte frei beweglich auf dem Arbeitstisch steht, der Lehrmittelsammlung entstammt, aus dessen Beständen es für den Unterricht bereit gestellt wurde. Bereits in den Bauplänen von 1857 ist für die Bauschule ein »Modellzimmer

---

64 Vgl. Robert Felfe: »Umgebender Raum – Schauraum. Theatralisierung als Medialisierung musealer Räume«, in: Helmar Schramm / Ludger Schwarte / Jan Lazardzig (Hg.): *Kunstkammer – Laboratorium – Bühne. Schauplätze des Wissens im 17. Jahrhundert*, Berlin: de Gruyter 2003, S. 226–264.

65 Vgl. Harriet Roth (Hg.): *Der Anfang der Museumslehre in Deutschland. Das Traktat ›Inscriptiones vel Tituli Theatri Amplissimi‹ von Samuel Quiccheberg*, Berlin: Akademie-Verlag 2000, S. 79 ff. In diesem Kontext sei auf das ›Erziehungsmodell‹ des drechselnden Souveräns verwiesen; vgl. Hans Holländer: »›Denkwürdigkeiten der Welt oder sogenannte Relationes Curiosae‹. Über Kunst- und Wunderkammern«, in: Karin Orchard (Hg.): *Die Erfindung der Natur: Max Ernst, Paul Klee, Wols und das surreale Universum*, Freiburg: Rombach 1994, S. 34–45, hier S. 39 f.; Klaus Maurice: *Der drechselnde Souverän. Materialien zur fürstlichen Maschinenkunst*, Zürich: Ineichen 1995.

Abb. 5: Studiensaal in der Architektur-Abteilung der ETH Zürich, 1930.

für die Unterrichtssammlung«[66] ausgewiesen. Möglicherweise wurde es von den Studierenden in Eigenregie hergestellt. Denn bei entsprechender Qualität fanden nicht nur die am Objekt erarbeiteten Zeichnungen Eingang in den Sammlungsfundus, sondern auch die Modelle. Gleichwohl die meisten der auf dem historischen Foto ausgewiesenen Präsentationsmodelle der Münchner Sammlung (Abb. 1 und 2) einer Stiftung entstammen, gibt das ›Inventar der Architektursammlung‹[67] darüber Auskunft, dass beispielsweise das Modell des Ulmer Münsters samt Unterschrank (Nr. 3 in Abb. 2) – analog zu den farbig gefassten Gipsen – eine Eigenproduktion nach oben skizziertem Muster darstellt. Das heißt, die »experimentelle[n] Erprobungen traten selbst als Werk auf«,[68] wobei sich das Experimentelle in diesem Fall nicht auf moderne Bauaufgaben und freie Entwürfe oder dergleichen bezieht, sondern generell auf die Erprobung in Hinblick auf Material, Konstruktion und dergleichen mehr.

---

[66] *Konkurs-Programm zur Einreichung von Bauplänen für die eidgenössische polytechnische Schule und die züricherische Hochschule*, Zürich: Druck von Zürcher und Furrer 1857, S. 7.

[67] Archiv des Architekturmuseum der TU München.

[68] Gottfried Boehm: »Ikonisches Wissen. Das Bild als Modell. Wissen oder Machen?«, in: ders.: *Wie Bilder Sinn erzeugen. Die Macht des Zeigens*, Berlin: Berlin University Press 2007, S. 114–140.

Folglich stellen die Lehrmittelsammlungen an Architekturfakultäten nicht nur das Ergebnis eines wissenschaftlich-theoretischen Prozesses dar, sondern die anwendungsorientierte Prozesshaftigkeit wurde frühzeitig als integraler Bestandteil der Sammlungs- und Wissensgenese sowie der Kommunikation verstanden. Entscheidend dafür waren die Entwicklung der technischen Lehranstalten zur Hochschule sowie die nahezu parallel verlaufende Disziplinbildung mit klar definierten Fächergrenzen bei gleichzeitiger interner Verschränkung der Funktionsräume (Sammlung, Hörsaal, Laboratorium).

Ferner die spezielle Vielfalt in der Architektenausbildung, die sich in der Kombination von technischen, künstlerischen wie wissenschaftlichen Bereichen widerspiegelt und als Querschnittsthemen Eingang in den heterogenen Sammlungsbestand, Wissenstransfer und -produktion erhielt. Dabei war die Sammlungskonzeption abhängig von personellen wie gesellschafts- und kulturpolitischen Standortbedingungen, wenngleich die eigentliche Struktur der Architekturausbildung an Technischen Hochschulen einem übergreifenden Lehrplan folgte.

Abbildungsnachweise

Abb. 1: Moritz Schröter / Wilhelm Lynen / Rudolf Camerer (Hg.): *Die K. B. Technische Hochschule zu München: Denkschrift zur Feier ihres 50jährigen Bestehens*, München: Bruckmann 1917, Tafel 43.

Abb. 2: Helmberger / Kockel: *Rom über die Alpen* (Anm. 27), S. 123.

Abb. 3: © Architekturmuseum der TU München.

Abb. 4: © Henning von Brandis.

Abb. 5: © ETH Bibliothek Zürich, Bildarchiv, Ans_05068.

Sammlung, Ausstellung und Forschung am Darwin-Museum in Moskau

Margarete Vöhringer

Kurz vor seinem Tod 1926 berichtete in den deutschen *Monistischen Monatsheften* Paul Kammerer – der Biologe, der so umstritten war für seine Experimente mit Salamandern, die die Vererbung erworbener Eigenschaften beweisen sollten – über einen Ort, den er in Moskau entdeckt hatte: das so genannte »Museum Darwinianum«, das »auf der ganzen Welt nur noch in Jena seinesgleichen findet: eine Sammlung von Belegen jener Lehre, die da behauptet, dass die Lebewesen nicht ›am Anfange der Welt‹ erschaffen worden seien, sondern sich aus einander entwickelten und von einander abstammen«.[1] Kammerer fiel zuallererst der Umfang der Sammlung ins Auge, die Größe der Ausstellungsobjekte und die Vielfalt der Abstammungslehren. Sogar seine Versuche, das Salamanderkleid durch farbige Umgebungen zu bestimmen, wurden vorgestellt. Nicht minder wichtig als die dargestellten Forschungsergebnisse fand Kammerer die Experimente, die ebenfalls im Darwin-Museum stattfanden, aber auf den ersten Blick wenig mit der Evolutionslehre zu tun hatten: Man versuchte »durch seelische Beeinflussung [von Tieren, d. Verf.], durch Dressur eine Brücke zwischen menschlichem und tierischem Instinkt«[2] zu schlagen. Was genau in diesen psychologischen Tierexperimenten geschah, lässt Kammerer offen. Allein schon die Tatsache, dass er sie erwähnte, zeigt aber, dass sie für die Sammlung, die er hier besuchte, wichtig gewesen sein mussten. Dies ist nicht zuletzt deshalb bemerkenswert, da in Labor und Sammlung zwei je entgegengesetzte Zugriffe auf die Welt der Lebewesen angesiedelt waren: Während sich die Labor-Experimente mit lebenden Objekten auseinandersetzten, hatte sich das Museum der Aufbewahrung toter Objekte verpflichtet.

Im Folgenden soll es darum gehen, unter welchen Umständen zwei so verschiedene Umgangsweisen mit wissenschaftlichen Objekten in einem gemeinsamen Museumsraum aufeinander treffen konnten: die der Sammlung und die der Erforschung des Artenwandels. In welchem

[1] Paul Kammerer: »Das Darwinmuseum zu Moskau«, in: *Monistische Monatshefte* 11 (1926), S. 377–382, S. 377.

[2] Ebd., S. 380.

Verhältnis standen Forschungspraxis, Museumsausstellung und Evolutionstheorie? Oder genauer: Welche Rolle spielte das psychologische Tierexperiment für die sowjetische Auffassung von Entwicklung und wie war es mit der ausgestellten Darwin-Rezeption kompatibel?[3]

Aleksandr Kohts und das Darwin-Museum

Über den Gründer des Moskauer Darwin-Museums Aleksandr Fjodorowitsch Kohts ist wenig bekannt. Geboren 1880 in einer russlanddeutschen Familie wurde er zunächst als Präparator ausgebildet. 1899 und 1902 unternahm er zwei Expeditionen nach Südsibirien und sammelte dort zahlreiche Tier- und Pflanzenarten. Gleichzeitig baute er eine Bibliothek auf mit einigen Erstausgaben von Darwins Werken in verschiedenen Sprachen. Die Naturaliensammlung aus Südsibirien und die Bibliothek bildeten den Grundstock für das Darwin-Museum, das er 1907 eröffnete. In demselben Jahr begann er außerdem Kurse für Frauen an der Moskauer Universität zu geben, wo er Darwins Lehren mithilfe von Anschauungsmaterial aus der eigenen Sammlung vermittelte. Zur besseren Darstellung der Evolutionstheorie ließ Kohts kontinuierlich neue Exponate anschaffen. 1913 schließlich unternahm er zusammen mit seiner Frau Ladygina-Kohts eine Reise nach England, um Down House zu besichtigen, Darwins ehemaligen Wohnsitz in der Grafschaft Kent. Im gleichen Jahr spendete Kohts sein Museum den Moskauer »Fortgeschrittenen Kursen für Frauen«, wobei er die Bedingung stellte, dass dafür begabte Studentinnen in seiner Sammlung arbeiten sollten (Abb. 1).

Nach der Russischen Oktoberrevolution 1917 unterrichtete Kohts nicht mehr nur Frauen, sondern auch Bauern und Soldaten (Abb. 2). Die politischen Umwälzungen überstand er unbeschadet, sie dienten sogar seiner Sache: Kurz nach dem 10-jährigen Jubiläum wurde das Darwin-Museum verstaatlicht und damit offiziell anerkannt, was Kohts nicht nur zusätzliche Geldmittel einbrachte, sondern vor allem bis dahin private und in verschiedenen Museen zerstreute Sammlungsbestände. So erhielt er beispielsweise Teile des ehemaligen Polytechnischen Museums, dazu Präparate aus den Beständen der Leningrader Universität und des Ekaterinburger Regionalmuseums. 1922 wurde dem Darwin-Museum der Status einer unabhängigen, kulturellen und pädagogischen Institution

[3] Dieser Aufsatz entstand auf der Grundlage eines Manuskripts, das 2007 zusammen mit Julia Voss verfasst wurde und noch seiner Veröffentlichung harrt.

Abb. 1: Kohts mit weiblichen Studenten, 1913.

Abb. 2: Kohts mit Soldaten, 1929.

zugewiesen mit eigenem Mitarbeiterstab und selbständiger Finanzierung. Endlich konnte Kohts den jahrelang in seinem Dienst stehenden Künstler V. A. Vatagin fest anstellen und Präparatoren beschäftigen, was die Naturaliensammlung durch ausgestopfte Tiere, Zeichnungen, Gemälde, Grafiken und vor allem durch Skulpturen ergänzte, die Szenen aus der Frühgeschichte der Evolution und damit auch ausgestorbene Arten darstellten.[4]

Die Arbeit der Künstler schien für den Gründer des Museums wichtig genug, um sie ausführlich zu dokumentieren. Gerne präsentierte er sich auf Fotografien als Mitarbeiter seiner Bildhauer oder hielt ihre Arbeit in Etappen fest und stellte diese aus. Darüber hinaus spezialisierte sich das Museum auf die Sammlung von Darstellungen verschiedener Arten in einer gemeinsamen natürlichen Umwelt. So zeigt ein Gemälde Vatagins zugleich Bär, Hirsch, Luchs, Elch und andere Tiere in der winterlichen Taiga (Abb. 3). Von 1920–1923 war Kohts zudem Direktor des Zoologischen Gartens in Moskau, was seinen Präparatoren die Arbeit vor

Abb. 3: Vatagin, Malerei der Fauna in der Taiga, 1939.

[4] Zur Biographie Aleksandr Kohts und zur Geschichte des Museums vgl. P. V. Bogdanow: *Kollektsii Gosudarstwennogo Darwinowskogo Museja* (Sammlung des Staatlichen Darwinmuseums), Katalog des Staatlichen Darwin-Museums (Hg.), Moskau 2002, S. 5–10, in englischer Übersetzung ebd. S. 11–16; ders.: *Stranitsy Istorii. Osnowateli Museja* (Etappen der Geschichte. Die Gründer des Museums), hg. vom Staatlichen Darwin-Museum, Moskau 1993.

lebenden Modellen erleichterte. F. E. Fedulow gelang es beispielsweise, das Präparat eines lebensgroßen Elefanten zu konstruieren (Abb. 4). Obwohl das Museum nach wie vor kein eigens errichtetes Gebäude besaß, sondern in improvisierten Räumen der Moskauer Universität untergebracht war,[5] schien es Kohts wichtig, große Tiere wie Zebras, Orang-Utans, Wölfe und Elefanten präparieren zu lassen und er hatte offensichtlich die Mittel dafür.

Abb. 4: Der Taxidermist Fedulov arbeitet am Modell eines Elefanten, 1920er Jahre.

Doch trotz der finanziellen Aufrüstung und internationalen Kenntnisnahme behielt Kohts' Sammlung auch nach der Revolution den Charakter eines Privatmuseums. Offizielle Öffnungszeiten gab es ebenso wenig wie eine klare Ausstellungsarchitektur, Erklärungstafeln oder Namensschilder. Wer das Museum besichtigen wollte, musste an einer Führung von Direktor Kohts teilnehmen. Die wachsende Sammlung blieb außerdem in den alten Räumen: In einem Seitenflügel der Moskauer Universität verteilte sie sich auf drei Stockwerke, mit einem Hauptsaal in jeder Etage und mehreren Nebenräumen. Der Gesamteindruck, der

[5] Kammerer schreibt, das Museum sei an der »Zweiten Staatsuniversität« untergebracht, Kammerer: »Das Darwinmuseum« (Anm. 1), S. 377; bei Bogdanow ist vom »Moscow Higher Women's College« die Rede, Bogdanow: *Die Sammlung des Staatlichen Darwinmuseums* (Anm. 4).

sich beim Besucher einstellte, war geprägt von der Fülle des Ausgestellten – der Überfülle (Abb. 5). »Der Platz«, urteilte Paul Kammerer, als er das Darwin-Museum im Jahr 1926 besuchte, »ist für die Fülle des Aufgestapelten zu knapp.«[6] Das Konzept der Ausstellung schien auf Häufung, Vielfalt und Dichte zu beruhen, so dass sie sich kaum von der Sammlung trennen ließ, sondern vielmehr in dieser aufging. Für Kohts verkörperte die Sammlung von Objekten zur Evolutionstheorie zugleich ihre Ausstellung. Aus dem Sammeln ging keine verstaubte Anhäufung und Ordnung von historischen Dingen hervor, sondern eine jederzeit zugängliche und im Bezug auf ihren aktuellen Wert dargebotene Ausstellung.

Abb. 5: Der überfüllte Ausstellungssaal.

Dass nun ausgerechnet die Russischen Revolutionäre das Privatmuseum zum Staatsmuseum erklärten, überrascht. Darwins Evolutionstheorie bietet auf den ersten Blick nur wenig Anknüpfungspunkte für einen sozialistischen Staat. Die auf den Lehren des Sozialökonomen Malthus fußende Selektionstheorie hielt man seit 1864, als Darwins »Entstehung

6 Kammerer: »Das Darwinmuseum« (Anm. 1), S. 377.

der Arten« in russischer Übersetzung erschien, für eine bedeutende Schwäche der Theorie – wie Daniel Todes in seiner Darstellung des Darwinismus in Russland herausarbeitet, die den vielsagenden Titel »Darwin without Malthus« trägt.[7] Gleichwohl fand die Theorie von sowohl gemeinsamem Ursprung als auch Wandlungsfähigkeit der Arten viele Anhänger unter russischen Biologen, ein Zuspruch, der offensichtlich in den Revolutionsjahren nicht verebbte und sich auch in der Ausstellung zeigte.

Der Ausstellungsrundgang begann mit den zoologischen Präparaten und mündete, nachdem der Besucher über die Inhalte der Theorie aufgeklärt wurde, in künstlerischen Darstellungen, in jenen Gemälden also, die verschiedene Arten in einer gemeinsamen Umwelt präsentierten. Fast durchgängig entschied sich Kohts in den zoologischen Sammlungen dafür, mit den Präparaten Darwins Prinzip der Variation vorzustellen. Die Überfülle war demnach Programm, so Julia Voss, denn Variation definierte Darwin im zweiten Kapitel von *Die Entstehung der Arten* als »die vielen geringen Verschiedenheiten, welche oft unter den Abkömmlingen von einerlei Eltern vorkommen«[8] und die, falls sie erblich sind, durch Häufung über mehrere Generationen zur Ausbildung einer neuen Art führen können. Im Grunde gab Kohts damit in der Ausstellung und mit Tieren die Vielfalt des Vielvölkerstaats wieder, den die Sowjetunion zur gleichen Zeit mit Menschen aufzubauen versuchte.

Ladygina-Kohts' Verhaltensforschung

Kohts' Einsatz für Darwins Evolutionstheorie schloss neben der musealen Popularisierung und Lehre auch die Forschung ein. Dieser nahm sich seine Frau Nadeschda Ladygina-Kohts an, indem sie im Darwin-Museum mit Hunden, Papageien, Affen und – einzigartigerweise – mit ihrem Sohn Rudi experimentierte. Und auch sie knüpfte in ihren Untersuchungen direkt an Darwins Evolutionstheorie an.

---

7 Daniel Todes: »Darwins malthusische Metapher und russische Evolutionsvorstellungen«, in: Eve-Marie Engels (Hg.): *Die Rezeption von Evolutionstheorien im 19. Jahrhundert*, Frankfurt a. M.: Suhrkamp 1995, S. 281–303 und Daniel Todes: *Darwin without Malthus: The Struggle for Existence in Russian Evolutionary Thought*, Oxford / New York: Oxford University Press 1989.

8 Charles Darwin: *On the Origin of Species by Means of Natural Selection, or the Preservation of Favoured Races in the Struggle for Life*, London: John Murray 1859, S. 64. Julia Voss zitiert nach dem Manuskript Julia Voss / Margarete Vöhringer: »Revolution der Affen: Taxidermie und Psychologie am Darwin Museum in Moskau«, in: Helmut Höge / Cord Riechelmann / Peter Berz (Hg.): *Anti-Darwin. Von Lamarck bis Mandelstam*, Berlin (in Vorbereitung).

Nach einem Zoologiestudium an den Höheren Kursen für Frauen der Moskauer Universität hatte sie 1913 ein zoopsychologisches Labor am Darwin-Museum gegründet, zu dessen Mitarbeiterstab sie gehörte. Hier beobachtete die Psychologin drei Jahre lang ein kleines Äffchen, Joni, im Alter von etwa zwei bis vier Jahren und protokollierte sein Verhalten, zeichnete und fotografierte das Tier, spielte mit ihm und führte Verhaltenstests durch. Die Ergebnisse zu diesen Versuchen erschienen schon in den frühen 20er Jahren auf Deutsch und Französisch und wurden von Kollegen wie Wolfgang Köhler und Robert Yerkes im Ausland interessiert wahrgenommen. In Russland wurden ihre Schriften zunächst nicht veröffentlicht. Fast ein Jahrzehnt später setzte Ladygina-Kohts ihre Studien fort, als sie 1925 Mutter eines kleinen Jungen wurde, Rudi, dessen Entwicklung sie fortan aufs Genaueste verfolgte und dem Verhalten des Schimpansen gegenüberstellte.[9] Die Frage war nun nicht mehr, wie sich das Verhalten des Tieres beeinflussen ließe, sondern wie sich das Verhalten von Tier und Mensch zueinander verhielt.

Dass sich die Wesensverwandtschaft von Mensch und Tier mit den gleichen Mitteln Ausdruck verschaffte, hatte schon Darwin 1872 in seiner Schrift *Über den Ausdruck der Gemütsbewegungen bei dem Menschen und den Tieren* belegt. Menschliches und tierisches Antlitz schienen hier zu einem untrennbaren Ganzen zu verschmelzen, was einige wenige Fotografien und Holzschnitte in seinem Buch belegen. Als 1935 Ladygina-Kohts' Hauptwerk *Die Kinder der Schimpansen und die Kinder der Menschen in ihren Instinkten, Emotionen, Spielen, Gewohnheiten und Ausdrucksbewegungen* erschien, enthielt es 145 fotografische Tafeln, auf denen sich häufig bis zu sechs verschiedene Aufnahmen befanden, die ebenfalls genau das zeigten: Kind und Affe waren zu denselben Gefühlsäußerungen imstande (Abb. 6).[10] Auf vierhundert Seiten behandelt Ladygina-Kohts fast ausschließlich Joni und Rudi. Im ersten Teil wird das Verhalten des kleinen Schimpansenmännchens Joni beschrieben. Im zweiten Teil vergleichend das ihres Sohnes Rudi. Im dritten Teil zieht Ladygina-Kohts die Schlussfolgerungen der einen Ausgangsfrage: Wie ähnlich oder unähnlich sind sich Mensch und Affe?

Die Ähnlichkeiten zwischen dem Tier- und Menschenkind sind in den Fotografien augenfällig, ihre Gegenüberstellung lässt ihre Reakti-

---

9 Zu Ladygina-Kohts' Biografie siehe N. N. Ladygina-Kohts: »Awtobiografija« (Autobiographie), in: Bogdanow: *Stranitsy Istorii* (Anm. 4), S. 73–84.

10 Der russische Originaltitel lautete: *Ditja schimpanze is ditja celoweka w ich instinktach, emotsijach, igrach, priwitschkach i wyrazhitel'nych dwischenijach*, erschienen 1935 und 2002 im Englischen wieder aufgelegt von Frans B. M. de Waal. (Hg.): N. N. Ladygina-Kohts: *Infant Chimpanzee and Human Child. A Classic 1935 Comparative Study of Ape Emotions and Intelligence*, Oxford / New York: Oxford University Press 2002.

Abb. 6: Ladygina-Kohts zeigt die Ähnlichkeit der Umarmungen von Affe und Kind.

onen gleichzeitig erscheinen (Abb. 7). Und genau das ist der entscheidende Aspekt nicht nur dieser Bildpraxis, sondern dieser Forschung. Ladygina-Kohts hat Joni nur scheinbar direkt mit Rudi verglichen, hat nur scheinbar den Affen neben den Menschen gestellt, sie gemeinsam heranwachsen lassen und bei denselben Handlungen beobachtet – das zumindest suggerieren die fotografischen Parallelen. Denn das Gegenteil war der Fall. Zwischen der Beobachtung des Äffchens und der ihres Sohnes liegen etwa zehn Jahre. Nachdem Ladygina-Kohts »mehrere hundert Fotos«[11] von ihrem Äffchen gemacht hatte, starb Joni 1916 nach nur zweieinhalb Jahren Verhaltensforschung. Als sie 1925 begann, ihren Sohn Rudi zu beobachten, lagen ihr neben den schriftlichen Aufzeichnungen natürlich auch die vielen Fotografien von Joni vor, all die mühevoll inszenierten Momentaufnahmen aus der Experimentierstube. Die Ähnlichkeiten der Bilder verblüffen nun, da man um ihre zeitliche Distanz weiß, umso mehr.

Abb. 7: Der Affe Joni und das Kind Roody wurden gekitzelt.

Denn sie verraten Entscheidendes nicht nur über diese so offensichtlich konstruierende Verhaltensforschung, sondern auch über den sowjetischen Darwinismus. Ladygina-Kohts stellte die Ähnlichkeit von Affe und Mensch nicht durch vergleichende Beobachtungen in Echtzeit fest, sondern nachträglich – durch den Vergleich von Fotografien (Abb. 8). Zunächst hatte sie Jonis Verhalten dokumentiert, dann das ihres Sohnes

[11] Ladygina-Kohts: *Infant Chimpanzee and Human Child* (Anm. 10), S. 6.

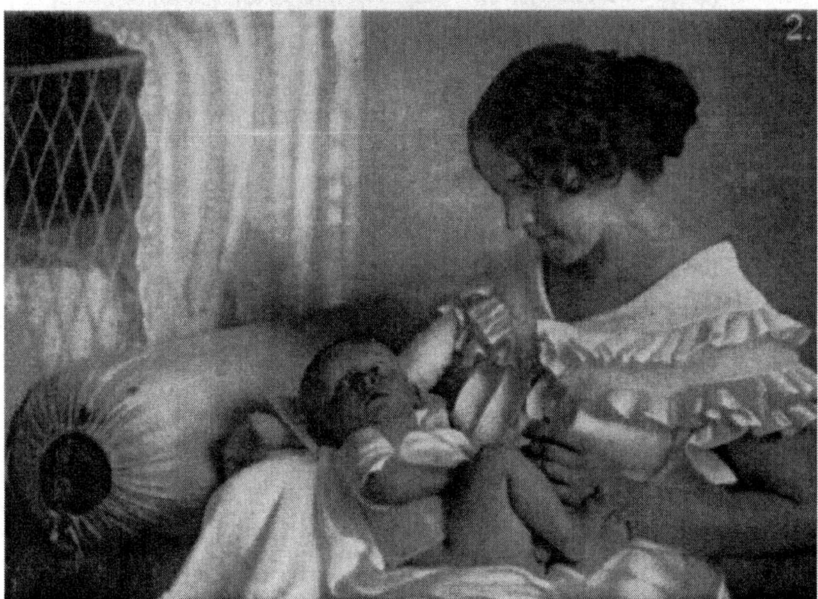

Abb. 8: Ähnlichkeiten in der Betreuung von Joni und Roody.

und zum Schluss stellte sie beide einander gegenüber – oder vielmehr, sie legte die Fotografien der beiden nebeneinander. Dabei hatte sie die Aufnahmen des Äffchens bereits vor Augen, als sie begann, ihren Sohn in Szene zu setzen. Die Bilder des Affen dienten gewissermaßen als Vorlagen für die Darstellungen des Jungen. Zu gleichartig sind die Situationen, in die sich die beiden Heranwachsenden bringen, als dass sie hätten zufällig so ähnlich zustande kommen können. Ladygina-Kohts hat nicht blind dieselben Versuche ein zweites Mal unternommen, sie hat sie wiederholt aufgeführt, um die Gemeinsamkeiten und Unterschiede von Affen- und Menschenkind möglichst deutlich hervorzuheben – manchmal bemerkte sie dann, dass »die Fotografien nicht nur Ereignisse dokumentierten, die ihre Augen gesehen hatten, sondern auch flüchtige und kleine Details erkennbar machten, die sie nicht wahrgenommen hatte.«[12] Der Zusammenhang dieser Details zeigte sich also oft erst beim Betrachten der Fotografien. So entstand die vergleichende Verhaltensforschung Ladygina-Kohts' nicht allein während der Beobachtungen von Affe und Mensch, sondern vor allem in einem zweiten Schritt: beim Nebeneinanderlegen und Vergleichen von Bildern, bei der Fotomontage.

Dass dabei die Aufnahmen des Äffchens Joni zuerst vorlagen und zu Schablonen für das Verhalten des Jungen Rudi wurden, nimmt das Ergebnis von Ladygina-Kohts' Versuchsanordnung geradezu visuell vorweg: Der Mensch stammt vom Affen ab. Doch was war an dieser nicht gerade neuen Einsicht so interessant für die neuen Machthaber in der Sowjetunion? Auf Seiten der Geldgeber musste ein Interesse an dieser vergleichenden Verhaltensforschung von Affen- und Menschenkindern existiert haben, das weit über den reinen Erkenntnisgewinn hinausging. Nur so war es möglich, dass Ladygina-Kohts' Arbeit dem Machtwechsel von 1924 standhalten konnte und auch unter Stalin toleriert wurde.

Kontext: Evolutionstheorie und Ideologie

In demselben Jahr, in dem Kammerer Russland bereist hat, 1926, wurde Ladygina-Kohts' Arbeit in der Presse propagiert. Ein populärwissenschaftliches Blatt mit dem Titel *Bote des Wissens* widmete gleich mehrere reich bebilderte Artikel der Evolutionstheorie. Einer dieser Beiträge

12 Ebd., S. 6.

befasste sich mit der Entwicklung »Vom Affen zum Menschen« und stellte die Forschungen Ladyginas-Kohts' vor.[13]

Die Zeitschrift erschien in Leningrad (Sankt Petersburg) und wurde von dem Neurophysiologen Wladimir Bechterew herausgegeben. Schon vor der Russischen Oktoberrevolution galt er als Koryphäe auf dem Gebiet der Behandlung schwieriger Geisteskrankheiten und Verhaltensstörungen wie Alkoholismus, Debilität, Paranoia, Nervosität und Kriminalität. An seinem *Psychoneurologischen Institut* setzte er sich mit der Psychologie von Kindern ebenso auseinander wie mit den Ermüdungserscheinungen von Industriearbeitern. Sein Interesse auch für das Wohlbefinden des Menschen in seinem Arbeitsalltag brachte Bechterew im Zusammenhang mit der Konjunktur der Arbeitswissenschaften in Sowjetrussland einige politische Relevanz ein, so dass er bis Mitte der 20er Jahre mehrere Zeitschriften mitverantwortete, die gesellschaftliche Probleme der sozialen Hygiene, Arbeitsorganisation und Kommunikation popularisierten.[14] All diese Beschäftigungsfelder waren nun nicht nur der Heilung von Krankheiten, sondern einer ganzheitlichen Verbesserung des menschlichen Befindens und Betragens gewidmet – und richteten sich auf nicht weniger als die Zukunft des Sowjetischen Menschen.

Dass die Evolutionstheorie und ihre Erklärungsansätze für die Entstehung der Arten in dieser Forschungsausrichtung eine Rolle gespielt haben, erstaunt erneut, warf sie doch den Blick zurück auf die Anfänge der Menschheitsgeschichte, während Bechterew wie die meisten seiner Zeitgenossen den Blick auf die Zukunft richtete, auf den ›Neuen Menschen‹ und nicht auf seine Herkunft. Dennoch verhandelte der Artikel genau das: die Abstammung des Menschen vom Affen oder vielmehr, wie der Untertitel besagt, die Verwandtschaft beider. Der Affe war »fast – Mensch.«[15] Bedeutete das zugleich so viel wie: der revolutionierte, sozialistische Mensch war kaum mehr als ein Affe?

Die Frage wäre Mitte der 20er Jahre, in einer Zeit, die schon langsam auf die forcierte Industrialisierung zusteuerte und in der man zunehmend begann, stählerne Arbeitsoptimisten zu propagieren, sicherlich

---

13 Prof. N. A. Gredeskyl: »Ot obez'jany k tscheloweku« (Vom Affen zum Menschen), in: *Westnik Znanija* (Bote des Wissens) 23 (1926), S. 1493–1502 (Zeichensetzung entspricht dem Originaltext; wenn nicht anders vermerkt, wurden die russischen Zitate durch M. Vöhringer ins Deutsche übersetzt).

14 Wladimir Bechterew: *Zadatschi psicho-newrologitscheskago instituta* (Aufgaben des Psycho-Neurologischen Instituts), Sankt-Petersburg 1908. Zu Bechterews Laboren vgl. Franziska Baumgarten: *Arbeitswissenschaft und Psychotechnik in Russland*, München/Berlin: R. Oldenbourg 1924, S. 71–75, und Ute Holl: *Kino, Trance und Kybernetik*, Berlin: Brinkmann u. Bose 2002, S. 291 f.

15 Gredeskyl: »Vom Affen zum Menschen« (Anm. 13), S. 1494.

nicht so ausdrücklich gestellt worden.[16] Die Ausführungen des Artikels beginnen entsprechend vorsichtig mit der Feststellung, dass Mensch und Affe sich nicht etwa äußerlich ähneln, sondern hinsichtlich ihres Verhaltens. Während die phänotypischen Unterschiede wie Fellbehaarung, gebückter Gang und lange Arme kaum größer sein könnten, sei die Vergleichbarkeit auf der Ebene innerer Gegebenheiten geradezu zwingend: Eine Ähnlichkeit, die nicht vom anatomischen Aufbau des Körpers und der Organe abhänge, sondern von der Übereinstimmung des Mechanismus des Verhaltens, jenem Mechanismus, welcher sich objektiv ausdrücke in den harmonischen Reflexen, in ihren Kombinationen und Abläufen, in jenen Gehirnstrukturen, welche diese Kombinationen und Abläufe bedingen.[17]

Die Rede vom objektiven Studium des Verhaltens und den harmonischen Reflexen verweist auf die Erforschung der Gehirnfunktionen, der sich in jener Zeit sowohl Wladimir Bechterew als auch der Nobelpreisträger Iwan Pawlow annahmen. Beide gingen von einer äußerlich sichtbaren und beeinflussbaren Psyche aus und mithin davon, dass sich phänotypische Eigenschaften auf innere Gegebenheiten zurückführen ließen. Pawlows Konditionierung aber begnügte sich damit, die minimalen Variationen im Verhalten zwischen seinen Experimentalobjekten, den Pawlowschen Hunden, herauszustellen, wohingegen es Bechterew um mehr ging. Er bemühte sich um die Feststellung ihrer Persönlichkeit »im Sinne ihres besonderen Temperaments und Charakters.«[18] Denn des Menschen »Entwicklung jener am tiefsten organischen und psychischen Besonderheiten, die zur Ausbildung der ›Persönlichkeit‹ und des ›Charakters‹ führen, hat sich in beträchtlichem Ausmaß bereits beim Affen vervollkommnet«.[19] Das Ziel des Herausgebers dieses Artikels war es also, den Affen als evolutionäre Vorstufe des Menschen zu untersuchen, um des Menschen Psyche in ihrer gesamten Entwicklung erfassbar zu machen und so die Unberechenbarkeiten der menschlichen Psyche auf Rudimente des tierischen Vorfahrens zurückführen zu können – gewiss auch, um die Notwendigkeit und Möglichkeit zur Weiterentwicklung herauszustellen.

Eben dieser Untersuchungen nahm sich Nadeschda Ladygina-Kohts an und sie müssen wichtig und seriös genug gewesen sein, um ihre Arbeit in Bechterews renommierter Zeitschrift kund zu tun. Das Inter-

---

16 Hierzu äußerte sich besonders prominent Lev Trotzkij: *Literatur und Revolution,* Wien: Verlag für Literatur und Politik 1924, neu aufgelegt München: dtv 1972.

17 Gredeskyl: »Vom Affen zum Menschen« (Anm. 13), S. 1494.

18 Ebd., S. 1495.

19 Ebd., S. 1496.

esse beruhte auf Gegenseitigkeit. In ihrer Autobiographie bezeichnete Ladygina-Kohts die Lektüre von Bechterews *Psyche und Leben* als den »entscheidenden Moment«, der sie dazu veranlasste, das Verhalten der Tiere zu erforschen.[20]

In vergleichenden Verhaltensstudien zwischen ihrem Sohn Rudi und dem Äffchen Joni schließlich, so fasst der Artikel Ladygina-Kohts Arbeit in bewunderndem Ton zusammen, erkundet sie die »in der tiefen Schicht der Psyche« verborgenen Gefühle und Emotionen beider. Der Text kommt zu dem Schluss, dass »das emotionale Leben der Schimpansen vielfältig, überzeugend, intensiv und zudem veränderlich und lebhaft geäußert« würde.[21] Der ausgewachsene Affe ähnelte in seinem Verhalten aber nicht nur dem kleinen Jungen, sondern auch dem »›empfänglichen‹, ›unbefangenen‹ Menschen«.[22] Bei allen nicht weiter spezifizierten Unterschieden im Verhalten ließen sich selbst die Prozesse der Übereinstimmung, Verallgemeinerung, Ablenkung und Identifizierung beim Affen antreffen, wenn auch nicht in gänzlich vollkommener Form.

Ladygina-Kohts gab dem Artikel zufolge zu bedenken, dass sich Affen häufig unberechenbar und unkontrollierbar verhielten, dass sie trotz zahlreicher Wiederholungen von Situationen plötzlich ihr Verhalten änderten oder gänzlich das Interesse verloren. Doch selbst dies genügte dem Autor für eine Parallele, denn: »Gibt es etwa bei den mittelmäßigen, gewöhnlichen und sogar bei den heutigen, kulturvollen Leuten – nicht Prozesse der Ablenkung und Verallgemeinerung, die ebenso hartnäckig wie makellos sind? – Geschieht es etwa nicht, und noch dazu sehr häufig, dass sie ebenso ›zurückbleiben‹ wie der Affe, der von Ladygina-Kohts beobachtet wurde?«[23]

Als dieser Artikel gedruckt wurde, war der kleine Sohn von Ladygina-Kohts erst ein Jahr alt und die Mutter hatte weder einen Vergleich zwischen dem Jungen und dem Äffchen angestellt, noch Auswertungen formuliert. Diese erschienen erst 1935, nachträglich und nicht zeitgleich mit den Verhaltensstudien. Bechterews Blatt greift den Ergebnissen der gerade begonnenen Forschung also vor, mehr noch, die populärwissenschaftlichen Aufklärer im Russland der 1920er Jahre hatten ganz bestimmte Resultate im Sinn, wenn sie Ladygina-Kohts' Arbeit hoch lobten. Die Engführung des Verhaltens von Affe und Mensch sollte sich bestätigen, nicht etwa in Frage stehen.

---

20 Ladygina-Kohts: »Autobiographie« (Anm. 9), S. 76. Das von ihr zitierte Buch Bechterews erschien auf deutsch als: *Psyche und Leben*, Wiesbaden: J. F. Bergmann [2]1908.
21 Gredeskyl: »Vom Affen zum Menschen« (Anm. 13), S. 1496.
22 Ebd.
23 Ebd., S. 1497.

Doch soweit kam es nicht. Ladygina-Kohts gestand im Vorwort zu ihrer 1935 erschienenen Studie ihr Scheitern hinsichtlich des Ziels ein, welches sie zu ihrer Studie bewogen und das ihr so viel Lob in Bechterews Zeitschrift eingebracht hatte, das Scheitern in der Erklärung der Affenpsyche:

> Das letzte Kapitel dieser Arbeit sollte einen Vergleich zwischen der Psyche eines Schimpansen und der eines Menschenkindes gleichen Alters einschließen. Doch der Vergleich und die Analyse der Notizen zu Joni und Rudi haben mir überraschenderweise solch eine große Menge widersprüchlicher Analogien gezeigt, dass ich gezwungen war, mit einer umfassenden, breiten und gründlichen Betrachtung aller Mitschriften anzufangen [...]. Das Ende des Themas, das so nah bei der Hand zu sein scheint, hat sich in die ungewisse Zukunft ausgedehnt.[24]

Resümee

Vielleicht hat Ladygina-Kohts diese Zurückhaltung bei der Vergleichbarkeit von Mensch und Affe formuliert, weil sie die Unsicherheiten ihrer Gegenwart und die Gefahren der Zukunft erspürte, die 1936 mit den Moskauer Schauprozessen ihren Anfang nahmen und die neben Politikern auch Wissenschaftler gefährdeten. Doch darüber lässt sich nur spekulieren. Um zu verstehen, wie eine Institution wie das Darwin-Museum in Moskau ausgerechnet in Zeiten des Aufbaus einer neuen, unbekannten sozialistischen Gesellschaft aufblühen konnte, müssen die Ereignisse dort im Zusammenhang gesehen werden.

Aleksandr Kohts' Ausstellungskonzept der Wiedergabe von Vielfalt entsprach ja zum einen Darwins Prinzip der Variation, zeigte zum anderen aber auch die spezifisch russische Rezeption von Darwins Lehre: Statt des »Kampfes ums Dasein« stellte Kohts das Nebeneinander der Arten auf engstem Raum aus. Es ging ihm eben nicht um die Darstellung von Konkurrenzkämpfen, die zu Selektionsprozessen führten, sondern um die gleichzeitige Existenz von Vielfalt. Entsprechend war unter den russischen Biologen und Physiologen schon seit der zweiten Hälfte des 19. Jahrhunderts die Annahme verbreitet, dass der entscheidende Aspekt

---

[24] Ladygina-Kohts: *Infant Chimpanzee and Human Child,* (Anm. 10), S. 5: »The last chapter of this work was planned to include the comparison between a chimpanzee's psyche and that of a human child of the same age. But, the comparison and analysis of the notes on Joni and Roody presented me, quite unexpectedly, with such an enormous amount of extremely diverging analogies that I was forced to embark on a more comprehensive, broad, and profound consideration of all the notes, numbering thousands of pages. The end of the theme, which seemed to be so close at hand, was extending into the uncertain future.«

des Kampfes ums Dasein ein Kampf des Organismus mit seiner natürlichen Umwelt war. Auch Bechterew vertrat diese Haltung: »Es sollte jedem offensichtlich sein, dass das, was universell ist, nicht der Kampf ums Dasein unter Individuen derselben Art oder verschiedener Arten ist, sondern eher der Kampf um das Recht auf Leben im allgemeinen, um den Erwerb der notwendigen Existenzbedingungen von der umgebenden Natur«.[25] Die Verschiedenheiten solcher Existenzbedingungen stellte Kohts' Darwin-Museum in ihrer Geschichtlichkeit vor.

Die fotografischen Dokumente der Psychologin hingegen vergegenwärtigten Details der Situationen und damit auch der Umgebungen, in denen sie das Äffchen und das Kleinkind beobachtete. So konnte Ladygina-Kohts genauer festmachen, welche Veränderungen der Umgebung sich in Jonis oder Rudis Reaktionen widerspiegelten. Reagierten beide gleichermaßen auf Einsamkeit? Welche Farben waren in welchem Alter besonders eindrücklich für die beiden Zöglinge? Die Parallelkonstruktionen der Fotos verdeutlichten, unter welchen Bedingungen sich die Reaktionen der Versuchsobjekte ähnlich und wann sie sich verschieden gestalteten – oder vielmehr, unter welchen Bedingungen die Reaktionen sich durch Ladygina-Kohts' gestalten ließen. Denn sie war es schließlich, die die Umgebung von Joni und Rudi veränderte, die darüber entschied, wann ihre Zöglinge alleine waren, ob ihre Ernährung einer Routine folgte, ob sie Geräuschen ausgesetzt wurden und in welcher Farbe ihr Zimmer gestrichen war. Damit lieferte ihre vergleichende Verhaltensforschung die diversen Existenzbedingungen nicht entwicklungsgeschichtlich, wie dies in Kohts' Ausstellung der Fall war. Stattdessen barg Ladygina-Kohts' Forschung für die Geldgeber der 1930er Jahren das Versprechen, die untersuchten Lebensbedingungen für die aktuelle Situation und damit für den neuen, sozialistischen Menschen auf die Zukunft hin planbar zu machen. Die beiden Eheleute arbeiteten in ihren Institutionen – Ausstellung und Labor – also jeweils komplementär: Kohts sammelte und präsentierte die historische Zeitlichkeit von Evolution; Ladygina-Kohts erforschte die in Echtzeit greifbaren Entwicklungsbedingungen von Lebewesen. Bechterews Propaganda-Einsatz für die Arbeiten des Ehepaars Kohts stellt diesen Zusammenhang 1926 besonders deutlich heraus: Erst die Möglichkeit einer Manipulation der menschlichen Psyche durch ihre Umwelt verlieh dem Wissen von der menschlichen Evolution Zukunft. Einem Wissen, das 1. in der Ausstellung durch die Betrachtung der Evolution vom Affen zum Menschen bereitgestellt wurde und 2. im Labor

---

25 Wladimir M. Bechterew: »Sotsial'nyi otbor i ego biologitscheskoe snacenie« (Die soziale Auswahl und ihre biologische Bedeutung), zitiert nach Todes: *Darwins malthusische Metapher* (Anm. 7), S. 293.

durch den Vergleich von Affe und Mensch in fotografisch festgehaltenen Umgebungen handhabbar wurde.[26] Und diese Einsicht schien wichtig genug, um die Arbeit der Kohts in den 40er Jahren in Krankenhäusern gegenüber Kriegsverletzten vorzustellen (Abb. 9).

Aleksandr Kohts überlebte seine Frau nur um ein Jahr, sein Darwin-Museum aber überlebte ihn auf unabsehbare Zeit. 1964 starb Kohts, nachdem der Neubau seines Museum nach jahrelanger Planung wieder gestoppt wurde. 1994 endlich ist das Museum das letzte Mal umgezogen, in den Neubau in der Wawilowa Straße unweit der Akademie der Wissenschaften. Seit Anfang 2000 ist ein zusätzliches Haus im Bau. Das Darwin-Museum entwickelt sich rund 100 Jahre nach seiner Gründung immer noch weiter.[27]

Abbildungsnachweise

Abb. 1: *Darwinowskii Muzei. 100 let so dnia osnowania. 1907–2007* (Das Darwin-Museum. 100 Jahre nach seiner Gründung. 1907–2007), Izdat. Programma Interrosa Moskau 2007, S. 9.
Abb. 2: Ebd., S. 11.
Abb. 3: Ebd., S. 84.
Abb. 4: Ebd., S. 78.
Abb. 5: Ebd., S. 11.
Abb. 6: Ladygina-Kohts: *Infant Chimpanzee and Human Child* (Anm. 10), Plate 52.
Abb. 7: Ebd., Plate 86.
Abb. 8: Ebd., Plate 38.
Abb. 9: *Darwinowskii Muzei* (Abb. 1), S. 41.

---

[26] Diese These wurde inspiriert durch Kyrill Rossijanows Aufsatz über experimentelle Biologie in Russland: »Gefährliche Beziehungen: Experimentelle Biologie und ihre Protektoren«, in: Dietrich Beyrau (Hg.): *Im Dschungel der Macht. Intellektuelle Professionen unter Stalin und Hitler*, Göttingen: Vandenhoeck & Ruprecht 2000, S. 340–359.

[27] Zur Geschichte des Darwin-Museums siehe *Gosudarstwennyj Darwinowskii Musei. Putewoditel'* (Staatliches Darwin-Museum. Museumswegweiser), Moskau 2002.

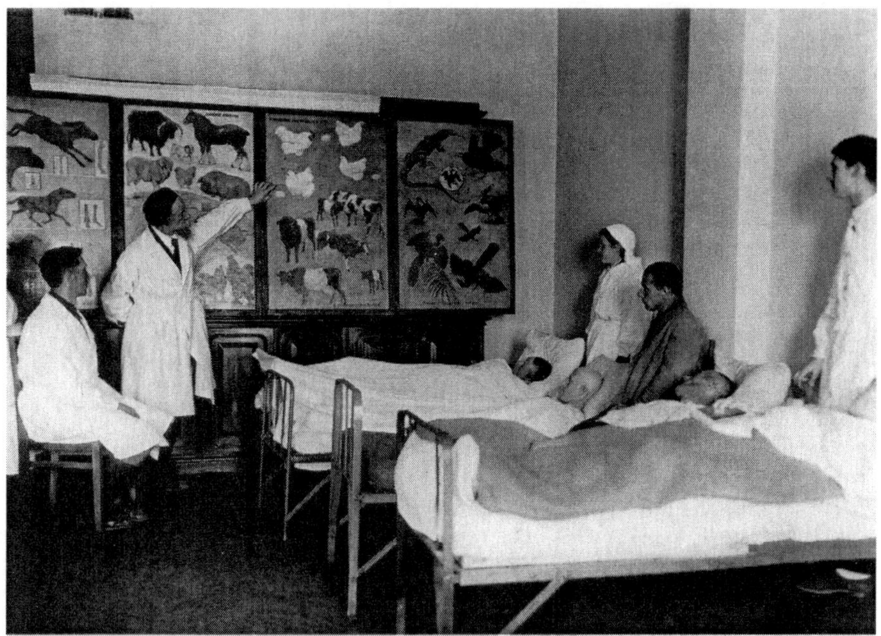

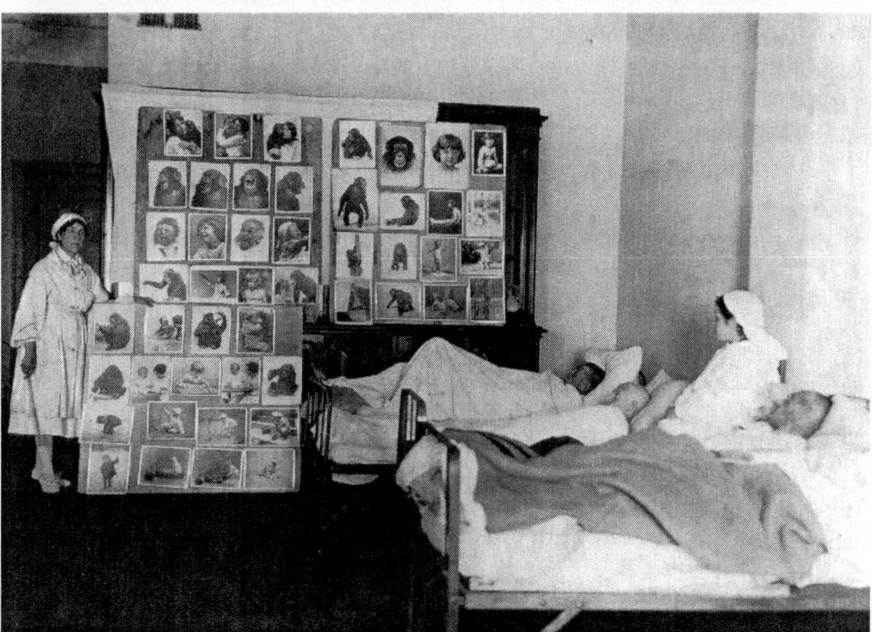

Abb. 9: Ladygina-Kohts und Kohts in einem Krankenhaus 1941 / 42.

Die Exposition und Ordnung der Welt in Comtes *Templo da Humanidade*

John Tresch

Mit einem Wort, jedes Phänomen setzt einen Zuschauer voraus, da es immer in einer determinierten Beziehung zwischen einem Objekt und einem Subjekt besteht.
Auguste Comte[1]

Auguste Comte stellte sich seine Erfindung, den Positivismus, als Ziel eines langen historischen Prozesses vor. Die Bemühungen des französischen Wissenschaftsphilosophen um eine Systematisierung der wissenschaftlichen Anschauung erlaubten es, die »leeren Fiktionen« von Religion und Metaphysik endlich zu überwinden. So erschienen zwischen 1830 und 1842 die *Cours de philosophie positive*, eine Reihe von Bänden, in der er seine erste große Entdeckung, das »Gesetz der drei Stadien«, beschreibt: »Jeder Bereich unseres Wissens«, so Comte, »durchläuft nach und nach drei unterschiedliche theoretische Stadien: das theologische oder fiktive, das metaphysische oder abstrakte und das wissenschaftliche oder positive Stadium.«[2] Im Laufe der menschlichen Entwicklung würden religiöse Überzeugungen wie der frühe Fetischismus, Polytheismus oder Monotheismus durch die metaphysischen Abstraktionen der Naturphilosophie ersetzt. Im positiven Stadium, dessen Konturen sich im frühen 19. Jahrhundert abzuzeichnen begännen, ersetzten die positiven Wissenschaften die spekulativen Systeme. Sie beschränkten sich darauf, die regelmäßigen Beziehungen bzw. Gesetze beobachtbarer Phänomene festzustellen. Nach dem intellektuellen Chaos und den politischen Wirren der vorhergehenden Jahrhunderte, die zumindest seit der protestantischen Reformation herrschten, sollte der Positivismus zu

---

1 Auguste Comte: *Système de politique positive ou Traité de sociologie, instituant la religion de l'humanité* (4 Bd.), 2. Halbband, Osnabrück: O. Zeller 1967 (Reprint der Ausgabe von 1851–1881), S. 40 [Deutsche Übersetzung: *System der positiven Politik*, 4 Bd., Wien: Turia & Kant 2004]; vgl. auch Mary Pickering: *Auguste Comte: An Intellectual Biography* (3 Bd.), Bd. 3, Cambridge: Cambridge University Press 1993–2009, S. 181.

2 Auguste Comte: *Cours de philosophie positive* (2 Bd.), Paris: Hermann 1975, (Leçon 1), S. 21 [Deutsche Übersetzung in Auszügen: Friedrich Blaschke (Hg.): *Die Soziologie. Die positive Philosophie im Auszug*, Stuttgart: Kröner 1974; hier Übersetzung durch Christian Breuer].

einer stabilen sozialen und intellektuellen Ordnung führen sowie einen umfassenden Rahmen zur Lenkung des Fortschritts abgeben.

Dank der wissenschaftlichen Reformer und Vertreter des Wiener Kreises, die zu Anfang des 20. Jahrhunderts in Comte einen ihrer Vorläufer sahen, wurde der »Positivismus« zum Synonym für den Glauben an die Einheit der Wissenschaften und das Misstrauen gegenüber sämtlichen nicht-empirischen Beobachtungen. »Positivismus« stand für das Vertrauen auf die Gesetze der Logik. Als »Positivist« wird heute jemand bezeichnet, der nur an die Wissenschaft glaubt und dem Intuition, Emotion und religiöser Glaube nicht ganz geheuer sind.[3]

Doch Comte selbst, der Begründer dieser vermeintlich antireligiösen Philosophie, wurde in den letzten 20 Jahren seines Lebens von religiösem Eifer erfasst. Seit den 1840er Jahren bis zu seinem Tod 1857 bestimmte er den Positivismus als »Religion der Humanität« neu. Nach dem *Cours de philosophie positive* stellte Comte in seinem *Système de politique positive* sowohl die vom Positivismus zu schaffende *intellektuelle* als auch *soziale* Organisation im Detail dar. Diese perfektionierte soziale Ordnung sollte durch ein gemeinsames Dogma zusammengehalten werden, nämlich den Inhalt der Natur- und Sozialwissenschaften, wie er durch Comte, den selbsternannten Hohepriester der Humanität, systematisiert wurde. Zudem sollte diese Ordnung über ein gemeinschaftliches System der Anbetung verfügen: eine Reihe von Riten, Symbolen und Sakramenten zur Lenkung der Gedanken, Gefühle und Tätigkeiten der Menschen.

Comte selbst entwarf die Pläne für das zentrale Anliegen seiner neuen Religion, nämlich einen positivistischen Tempel. Auf dieselbe Weise, wie die Kathedralen das Christentum im Hochmittelalter repräsentierten, sollte dieses Gebäude das Wissen, die Gewohnheiten des Denkens und Handelns sowie die Konzeption des Universums im positivistischen Zeitalter umfassen.[4] Obwohl er Paris als das Mekka dieser neuen Religion betrachtete, wurde hier nie ein positivistischer Tempel erbaut. Doch 1881, also 24 Jahre nach Comtes Tod, errichteten positivistische Reformer nach seinen Plänen einen Tempel der Humanität in Rio de Janeiro (Bra-

---

3 Über die positivistische Position im 20. Jahrhundert vgl. George Reisch: *How the Cold War Changed Philosophy of Science: To the Icy Slopes of Logic*, Cambridge: Cambridge University Press 2005; Peter Galison: »Aufbau / Bauhaus«, in: *Critical Inquiry* 16 (1990) 4, S. 709–52; Michael Friedman: »Remarks on the History of Science and the History of Philosophy«, in: Paul Horwich (Hg.): *World Changes: Thomas Kuhn and the Nature of Science*, Cambridge: MIT Press 1993, S. 37–54; Jordi Cat / Nancy Cartwright / Hasok Chang: »Otto Neurath: Politics and the Unity of Science«, in: Peter Galison / David J. Stump (Hg.): *The Disunity of Science: Boundaries, Contexts and Power*, Stanford: Stanford University Press 1996, S. 347–69. In *Comte after Positivism*, Cambridge: Cambridge University Press 2002, untersucht Robert Scharff Comte vor allem aus Sicht des logischen Positivismus.

4 Vgl. Erwin Panofsky: *Gothic Architecture and Scholasticism*, New York: Plume 1974.

silien). Dieses außergewöhnliche Bauwerk befindet sich heute in einer ruhigen Straße im staubigen Arbeiterviertel Gloria in der Rua Benjamin Constant, einer Straße, die nicht nach dem romantischen Liberalen aus der Schweiz, sondern nach dem brasilianischen Positivisten, Militärangehörigen und Mitbegründer Brasiliens benannt wurde. Das Fries des Tempels ziert Comtes Motto: »Liebe als Prinzip, Ordnung als Basis, Fortschritt als Ziel.« Die Steine und die verrostete Umzäunung zeigen Spuren des Alters, doch die dem Pantheon in Paris nachempfundenen Säulen und die Fassade stehen bis heute unverändert (Abb. 1).

Abb. 1: Tempel der Humanität, Rio de Janeiro (Brasilien), Außenansicht.

Dieser Tempel verkörpert das System Comtes in Stein, Glas, Marmor, grüner Farbe und poliertem Holz. In die Eingangsstufe ist ein Kompass eingraviert, dessen Nadel nach Paris zeigt, während die übrigen Stufen die Besucher an das zweite große Gesetz Comtes erinnern, die »Hierarchie der Wissenschaften«: In jede Stufe ist der Name einer Wissenschaft eingraviert, in der Reihenfolge ihrer Stellung zum Positivismus, beginnend mit dem »Fundament« der Mathematik, und weiter über die Physik, Chemie, Biologie und Soziologie bis zur Moral, also jenem Feld von Wissen und Praxis, das in den Mittelpunkt der späteren Lehrtätigkeit Comtes rücken sollte.[5] Vor dem Tempel ist die wehende

5 Vgl. Annie Petit: »Conflits et renouveau de la psychologie comtienne«, in: Michel Bourdeau / François Chazel (Hg.): *Auguste Comte et l'idée de science de l'homme*, Paris: L'Harmattan 2002, S. 85–110.

Fahne der Humanität dargestellt – eine weiße Kugel auf grünem Hintergrund – flankiert von den Fahnen Frankreichs und Brasiliens.

Zahlreiche Anhänger Comtes, darunter auch sein wichtigster Förderer in Frankreich, Emile Littré, trugen seine Hinwendung zum Religiösen innerhalb seiner »zweiten Karriere« nicht mit. Dennoch zeigt sein Werk eine bemerkenswerte Kontinuität, zumal bereits seine frühen Schriften die Wende zum Glauben vorwegnahmen: In einem programmatischen Essay von 1822 schrieb er: »Jedes wie auch immer geartete Gesellschaftssystem, ob es nur für wenige oder mehrere Millionen Menschen gemacht ist, hat es sich zur Aufgabe gesetzt, alle Teilkräfte auf ein gemeinsames Ziel von Tätigkeiten hin auszurichten, zumal keine *Gesellschaft* ohne allgemeines und gemeinschaftliches Handeln bestehen kann.«[6] Jede Gesellschaft, die diesen Namen verdient, müsse ihre Mitglieder vereinen und in Richtung eines gemeinsamen Ziels orientieren. In der Vergangenheit waren es die Offenbarungsreligionen, die für dieses Vorhaben standen, in Zukunft müsse die »bewiesene Religion« des Positivismus diese Rolle übernehmen, so Comte.

Bevor wir uns ins Innere des Tempels begeben und dessen sorgfältig gestalteten Bau erkunden, sollten wir die Grundzüge von Comtes Positivismus verstehen, die es erlaubten, diesen zu einer Religion zu machen. Die Religion der Humanität kann als die technische Anwendung der Wissenschaft der Soziologie und der Tempel der Humanität als eines der wichtigsten Werkzeuge dieser angewandten Wissenschaft gelten. Der Tempel ist daher nicht bloß eine Zeitmaschine, die uns in eine vergessene und im 19. Jahrhundert erdachte Zukunft zurückführt, sondern eine »soziologische Maschine« – eine Vorrichtung sowohl zur Exposition als auch zur *Konstitution* und zum *Erhalt* der Geschichte und der jeweiligen Gesellschaftsordnung wie des gesamten Kosmos. Wie die Museen, die in jener Zeit ihr modernes Erscheinungsbild erhielten, bildete Comtes Tempel einen Schrein des Wissens. Er war aber auch Werkstätte, ein Laboratorium zur Schaffung einer bestimmten Zukunft und deren Bewohner.

Philosophien der Exposition

Der Positivismus beharrte darauf, dass wir nur wissen, was wir sehen und zeigen können. Diese Epistemologie hatte eine moralische Dimension: Einer der Wahlsprüche Comtes lautete »Vivre au grand jour« – lebe

---

[6] Auguste Comte: »Plan des travaux scientifiques nécessaires pour reorganizer la société«, in: ders.: *Ecrits de jeunesse (1816–1828), suivis du mémoire sur la cosmogonie de Laplace, 1835,* Paris: Mouton 1970, S. 255 [Übersetzung durch CB].

vor aller Augen. Zudem schrieb er offen über seine persönlichen Erfahrungen und inneren Kämpfe. Wenn die Erfahrungen des Hohepriesters ein relevantes Vorbild für alle möglichen Leser abgeben sollten, dann daher, weil der Positivismus jene philosophische Einstellung präsentiert, die »im Grunde nur der verallgemeinerte und systematisierte Mutterwitz (bon sens) sein kann.«[7] Der »Mutterwitz«, im Verständnis von ›gesundem Menschenverstand‹, bedeutete, das Gesehene zu glauben und keine imaginären oder spekulativen Ursachen jenseits der Beobachtung anzunehmen. So schrieb Comte:

> Da der menschliche Verstand um die Unmöglichkeit der Erlangung absoluter Begriffe weiß, verzichtet er auf die Suche nach Ursprung und Bestimmung des Universums sowie auf das Wissen um die eigentlichen Ursachen der Erscheinungen [...]. Die Erklärung der nunmehr auf ihre wahren Begriffe reduzierten Tatsachen lässt sich ausschließlich in der Verbindung zwischen den verschiedenen Einzelerscheinungen und einigen wenigen allgemeinen Tatsachen finden, deren Zahl sich durch den Fortschritt der Wissenschaften zusehends verringert.[8]

Die Welt musste erst mittels beobachteter und experimentell erzeugter Phänomene nach und nach geschaffen werden. Mit der Feststellung der regelmäßigen Verbindungen zwischen den Phänomenen konnten die Wissenschaftler unter Anleitung der Philosophen ein ausreichend verlässliches »Schauspiel« der Welt zusammensetzen.[9]

Comtes Betonung der eigenständigen und beobachtbaren Phänomene als Grundlage des Wissens entsprach den Annahmen vieler seiner Zeitgenossen. Die Betonung der visuellen Erfahrung war sowohl für die Produktion als auch Übertragung von Wissen von zentraler Bedeutung.[10] Jene, die im frühen 19. Jahrhundert die Wissenschaft populär machen wollten, versuchten sich an der Konstruktion dreidimensionaler Räume, in welchen die Zuschauer die Ordnung des Wissens direkt erfahren konnten. Dass dieser Fokus auf das Lernen nicht nur durch Lesen und Zuhören, sondern auch durch Sehen und Beobachten gewährleistet sein

---

7 Comte: *Système* (Anm. 1), 1. Halbband, S. 124.

8 Comte: *Cours* (Anm. 2), Leçon 1, S. 21–22.

9 Comte schrieb, dass unsere wissenschaftlichen Gesetze »die universelle Ordnung repräsentieren, soweit wir sie kennen müssen« (Comte: *Système* [Anm. 1], Bd. 4, S. 174). Vgl. Pickering: *Comte* (Anm. 1), Bd. 2, S. 175–181.

10 Zum Empirismus der Naturwissenschaften in Frankreich jener Zeit vgl. Robert Marc Friedman: »The Creation of a New Science: Joseph Fourier's Analytical Theory of Heat«, in: *Historical Studies in the Physical Sciences* 8 (1977), S. 73–99; zur post-kantianischen Bedeutung des Konzepts der *Anschauung* [dt. im Original], das zwischen »visueller Wahrnehmung« und »Intuition« schwankte vgl. Henning Schmidgen: »1900 – The Spectatorium: On Biology's Audiovisual Archive«, in: *Grey Room* (2011) 43, S. 42–65, hier S. 44.

sollte, zeigt das Erscheinen umfassender sinnesübergreifender Inszenierungen. Diese Periode begann mit den Panoramen der 1790er Jahre und setzte sich mit den aufwändigen *Expositions Nationales des Produits de l'Industrie* fort und kulminierte im Kristallpalast der Weltausstellung von 1851. Bahnbrechende Experimente mit audiovisuellen Spektakeln wurden in fantastischen theatralischen Bühnenbildern inszeniert, zudem entstanden sowohl neuartige Klanglandschaften in der Oper (Comte verfügte über ein Abonnement am *Théâtre National de l'Odéon*) als auch unheimliche Transformationen in Daguerres Dioramen.[11]

Viele moderne Einrichtungen für die Begegnung der Massen mit wissenschaftlichem Wissen entstanden zu dieser Zeit. Redner und Experimentatoren wie Humphrey Davy, Michael Faraday, Alexander von Humboldt und François Arago erhoben die Lektionen in populärer Wissenschaft zu einer hohen Kunst. Zusammen mit den neuen Bauten für öffentliche Vorträge wie der *Royal Institution*, dem *Athenée Royale* und dem Vortragssaal des *Observatoire de Paris* entstanden weitere Einrichtungen für eine öffentliche Wissenschaft wie Tierschauen, Zoos und Museen für Naturgeschichte. Diese neuen Begegnungsorte gaben im wahrsten Sinne des Wortes den Tabellen und Diagrammen, die das Wissen des 18. Jahrhunderts versammelten, eine gewisse Tiefe.[12] Wissen sollte nunmehr eigenständig als Teil einer neugierigen Menge im Rahmen einer strukturierten und sinnübergreifenden Erfahrung erworben werden.

Comte selbst hielt fast sein gesamtes Leben hindurch regelmäßig Vorträge über populäre Astronomie. Zudem schuf er eine Fülle an visuellen Materialien – Tabellen, Diagramme und Schautafeln – und partizipierte damit an den neuen visuellen Sprachen der Werbung und Reklame, welche die Erfahrung der Städtebewohner neu ordneten.[13] Die erkenntnistheoretische Kraft der visuellen Exposition war ein wichtiges Thema in den Vorlesungen Comtes an der *École Polytechnique*, wo die beschreibende und projektive Geometrie die Grundlage des Lehrange-

---

11 Vgl. John Tresch: »The Prophet and the Pendulum: Sensational Science and Audiovisual Phantasmagoria around 1848«, in: *Grey Room* (2011) 43, S. 16–41; Vanessa Schwartz: *Spectacular Realities: Early Mass Culture in fin-de-siècle Paris*, Berkeley: University of California Press 1998.

12 Foucault argumentiert in *Die Ordnung der Dinge*, dass sich die diskursiven Formen des frühen 19. Jahrhunderts durch eine neuartige Tiefe ihrer Konzeptionen der Geschichte, des Lebens und der Produktion definierten (Michel Foucault: *Die Ordnung der Dinge. Eine Archäologie der Humanwissenschaften*, Frankfurt/M.: Suhrkamp 1971). Vgl. Dorinda Outram: »New Spaces in Natural History«, in: N. Jardine/J. A. Secord/E. C. Spary (Hg.): *Cultures of Natural History*, Cambridge: Cambridge University Press 1996; Iwan Morus: »Seeing and Believing«, in: *Isis* 97 (2006), S. 101–110.

13 Vgl. Mary Pickering: *Comte et la culture visuelle* (unveröffentlichtes Manuskript); Wolf Lepenies: *Auguste Comte. Die Macht der Zeichen*, München: Hanser 2010.

bots bildete. Noch bevor er die Rolle als Architekt für seinen Tempel übernahm, reflektierte Comte in seinen Schriften seine Ausbildung in Militärtechnik. Im *Cours* steckte er zunächst sein Feld wie ein Landvermesser ab: »eine allgemeine Eingrenzung des Felds«, ein Überblick über »die stufenweise Entwicklung des menschlichen Verstands in seiner Gesamtheit«.[14]

Was aus diesem Feld hervorstach, war das Gesetz der drei Stadien, das dieselben Entwicklungsstufen für jede Wissenschaft (und jedes Individuum sowie für die Gesellschaft insgesamt) vorsah: von einer theologischen Kindheit über eine metaphysische Adoleszenz bis zum positivistischen Erwachsenenalter. Aufgrund dieses Gesetzes glaubten viele der Kommentatoren Comtes, er rede einer einzelnen, monolithischen »wissenschaftlichen Methode« oder Logik der Entdeckung das Wort.[15] Doch lieferte Comtes »zweites großes Gesetz« eine pluralistische und differenzierte Theorie der Wissenschaften.[16] Hiernach habe jede Wissenschaft ihren Platz in einer Hierarchie (auch als Reihe, Kette oder Leiter bezeichnet): von der Mathematik, Astronomie, Physik, Chemie und Biologie bis zur letzten Wissenschaft, der Soziologie, zu der später noch die Moral hinzukam.[17] Zudem verfügten diese Wissenschaften über ihre jeweils eigenen Objekte, Konzepte und Methoden (etwa die Physik und Chemie über das Experiment, die Chemie und Biologie über die Klassifizierung oder die Biologie und Soziologie über die Geschichte), so dass es unmöglich sei, eine Wissenschaft auf eine andere zu »reduzieren«. Die Anwendung der Methoden der Mechanik auf die Biologie oder jene der Astronomie auf die Soziologie war daher ein kategorischer Fehler, der es unmöglich machen würde, die besondere Logik jedes Existenzniveaus zu erfassen (aus diesem Grund war auch Xavier Bichat für Comte der exemplarische Denker der modernen Wissenschaften, zumal er die Unreduzierbarkeit der Biologie auf die Mechanik erkannte). Dennoch implizierte die Hierarchie der Wissenschaften eine Entwicklung von einer Wissenschaft zur nächsten, die in vier Stufen gereiht und vorgestellt wurde: Allgemeingültigkeit, Menschennähe, Komplexität

---

14 Comte: *Cours* (Anm. 2), Leçon 1, S. 21.

15 Vgl. die Diskussionen bei Larry Laudan: »Towards a Reassessment of Comte's ›Méthode Positive‹«, in: *Philosophy of Science* 38 (1971) 1, S. 35–53 und Carol Armstrong: *Scenes in a Library: Reading the Photograph in the Book, 1843–1875*, Cambridge: MIT Press 1998.

16 John Heilbron: »Auguste Comte and Modern Epistemology«, in: *Sociological Theory* 8 (1990) 2, S. 153–162. Comtes pluralistische Konzeption der Wissenschaften lässt sich mit Ian Hackings *Styles of Reasoning* (Hacking beruft sich explizit auf Comte) und John Pickstones *Ways of Knowing* vergleichen.

17 Comte verwendete den Begriff *Sozialphysik* bis 1839, um ihn fortan durch *Soziologie* zu ersetzen. Quételet verwendete den früheren Begriff für seine Anwendung der quantitativen und statistischen Methoden auf die Untersuchung sozialer Phänomene.

und Veränderbarkeit. In der Rangordnung von der Astronomie bis zur Soziologie beschäftige sich jede der nachfolgenden Wissenschaften mit Phänomenen, die weniger allgemein, dem Menschen näher und komplexer seien. So erschienen ihm z. B. die Phänomene der Astronomie als die allgemeinsten, da sie sämtliche Entitäten auf der Erde betreffen; zudem seien sie dem Menschen sehr fern. Darüber hinaus gründen die Himmelsbewegungen auf den am wenigsten komplexen Gesetzen und sind auch am schwersten zu beeinflussen. Die astronomischen Phänomene können vom Menschen nicht verändert werden, da sie seinem Zugriff entzogen sind. Am anderen Ende der Reihe befindet sich die Soziologie, also jene Wissenschaft, die Comte benannt und erfunden hat. Die Soziologie beschäftigt sich mit sehr spezifischen Phänomenen, die dem Menschen sehr nahe (deren Gegenstand ist die Humanität selbst), wenngleich sehr komplex sind. Dies bedeutet, dass den Menschen ein beträchtlicher Spielraum zur Veränderung dieser Phänomene bleibt.[18]

Als Comtes »Exposition« der Wissenschaften bei der Soziologie angelangt war, konnte er endlich die historischen Grundlagen für jene Reise aufdecken, die er gemeinsam mit seinen Lesern unternommen hatte: Comtes »zwei große Gesetze« zählten zu den Entdeckungen, welche dieses neue Feld begründeten. Sie erlaubten es, den Fortschritt menschlichen Wissens neu zu erzählen, die Fakten der früheren Wissenschaften neu zu ordnen, deren wesentliche Beziehung untereinander festzustellen und die menschliche Macht zur Veränderung der jeweiligen Phänomene zu begrenzen. Der *Cours* lieferte eine Vorlage für die Organisation unseres Wissens über das Reich der Natur und die Eingriffe in diese. Comtes Entdeckung der Soziologie und seine spätere Ausarbeitung der »Gesetze der positiven Moralität« gaben zudem das Muster für Eingriffe in die Gesellschaftsordnung vor, der komplexesten und zugleich am leichtesten zu verändernden Stufe der Wirklichkeit.[19]

---

18 Comte: *Cours* (Anm. 2), Leçon 2, S. 54 f.

19 Über die Zirkulariät von Comtes Präsentation vgl. Michel Serres: »Le Speculatif«, einführender Essay in Comte: *Cours* (Anm. 2), S. 1–19; Bernadette Bensaude-Vincent: »L'astronomie populaire: priorité philosophique et projet politique«, in: *Revue de synthèse* 4 (1991) 1, S. 49–60. Über die Methoden von Comtes Soziologie vgl. Mike Gane: *Auguste Comte*, Basingstoke: Routledge 2006, insbesondere S. 71: »Sie ist eine wissenschaftliche, rationale und normale Geschichte, die auf der Exposition homogener Sequenzen oder Abfolgen aus dem gesamten Bereich menschlicher Tätigkeiten beruht« [Übersetzung durch CB]. Eine sympathetische Sicht auf Comtes Verständnis der Soziologie als Analyse und Intervention innerhalb der öffentlichen Meinung liefert Bruno Karsenti: *Politiques de l'esprit: Auguste Comte et la naissance de la science sociale*, Paris: Hermann 2006.

Religiöse Technologien

Die technischen Details zur Veränderung physischer, chemischer und biologischer Phänomene überließ Comte den dafür zuständigen zeitgenössischen Spezialisten und Industriellen. In den 1840er Jahren erfuhr sein Werk eine erneute Wende: vom *Cours de philosophie positive* zum *Système de politique positive* mit dem Untertitel *Traité de sociologie, instituant la religion de l'humanité* lässt sich eine Wendung hin zur Anwendbarkeit seiner Theorien beobachten. Das *Système* lieferte praktische Leitlinien zur technologischen Veränderung des sozialen Organismus. Die Religion der Humanität umfasste die Gesamtheit dieser Techniken.

Damit war der logische Gipfelpunkt der Hierarchie der Wissenschaften erreicht. Comtes Vorstellung der *Physik* zeigte die Grenzen und Möglichkeiten der menschlichen Veränderung von Körpern im Raum auf, während er hinsichtlich der *Chemie* feststellte, was mit Materie unterschiedlicher Art machbar und nicht machbar sei. Seine Einführung der *Biologie* zeigte die Funktionen lebender Organismen und deren komplexe Abhängigkeiten von ihrem Milieu. Damit wurden der Veränderung der Arten und ihrer Umgebungen bestimmte Grenzen gesetzt. Auf dieselbe Weise beschrieb die *Soziologie* die Gesetze der menschlichen Interaktion und definierte jenen Punkt, an dem ein Eingriff nötig ist, um die soziale Organisation zu verändern und zu verbessern. Die Soziologie liefere die Mittel, mit welchen der kollektive Organismus der Menschheit seine Umgebung erforsche, nach Einigung strebe und lerne, mit steigender Kraft und Konzentration auf dieses *milieu* zu reagieren.[20] Sie erzähle die Geschichte des menschlichen Lebens auf der Erde neu, wobei sie eine Tendenz zeige, »die einzelnen Arten in zunehmendem Maße in ein einzelnes, gewaltiges und ewiges Wesen zu verwandeln, das einen andauernden und kontinuierlichen Einfluss auf die äußere Natur ausübt.«[21] Für Comte war die Soziologie eine Geschichte der Wissenschaft, der sozialen Ordnung und technischen Möglichkeiten. Sie lieferte die Theorie und damit die intellektuelle, technologische und organisatorische Basis für die Einheit und Macht des menschlichen Kollektivs, das gemeinsam mit seinen Technologien und Umgebungen geformt wurde.

Nach der Abfassung des *Cours* stieß Comte auf unüberwindbare Hindernisse für eine Karriere in den klassischen wissenschaftlichen Institutionen. Jedoch verdankte er der intensiven und platonischen Beziehung mit Clotilde de Vaux, einer jungen Witwe und Autorin, die

---

20 Comte: *Système* (Anm. 1), 2. Halbband, S. 38. Vgl. Pickering: *Comte* (Anm. 1), S. 175–181.
21 Comte: *Cours* (Anm. 2), Leçon 40, S. 681.

1846 verstarb, ein religiöses Erweckungserlebnis.[22] Über den Austausch mit ihr wurde er auf zwei fundamentale Versehen im *Cours* aufmerksam: die übermäßige Betonung des Intellekts auf Kosten von Emotion und Aktivität und die Tatsache, dass das Buch entgegen den Intentionen des Autors nur von Wissenschaftlern und Industriellen und nicht etwa von Frauen und Arbeitern rezipiert wurde, die er mit dem Herz und den Muskeln der Gesellschaft verglich.[23] Er definierte die Religion neu als Möglichkeit, eine Verbindung zu schaffen (*lier*), die von maßgeblicher Bedeutung für den sozialen Zusammenhalt war.

> »An und für sich bezeichnet er [der Ausdruck Religion] den Zustand vollkommener Einheit, welche unser sowohl persönliches als auch soziales Dasein kennzeichnet, wenn dessen sämtliche Teile – die moralischen wie die physischen – ständig einer gemeinsamen Bestimmung zustreben … Die Religion besteht somit darin, jede Einzelnatur zu regeln (régler) und alle Individuen zu sammeln (rallier).«[24]

Die Religion der Humanität sollte eine kontinuierliche »Verbindung« sowohl zwischen den Menschen als auch zwischen den momentanen Zuständen und beschränkten Möglichkeiten jedes einzelnen Individuums herstellen, um ein vereintes Ich zu schaffen. Zudem lieferte die Religion das Rüstzeug zur Übung der Teile des Ich, um diese »aneinander anzugleichen«. Comte verdeutlichte die »normalen Funktionen« jedes der vier Organe der Humanität: die des Proletariats, des »Patriziats« (der Inhaber der »weltlichen Macht« wie Bankiers und Industrielle), der Frauen und Priester sowie der Rolle, die jeder spielte, um einen »Konsens« innerhalb des sozialen Organismus zu wahren. Das *Système* würde die Fülle der menschlichen Zeit in die unterschiedlichen, voneinander abhängigen zeitlichen Abläufe der Natur integrieren: vom Vergehen der

---

22 Über Clotildes literarische Ambitionen, ihre Beziehung zu Comte und dessen tyrannische Obsession ihr gegenüber samt einer schrecklichen Szene am Totenbett vgl. Pickering: *Comte* (Anm. 1), Band 2.

23 Clotilde war eine der drei »Schutzengel« der Humanität, zusammen mit Comtes Mutter und seiner Dienerin »einer hervorragenden Proletarierin […], die die Güte hatte, sich meinem materiellen Dienst zu widmen, ohne zu ahnen, dass sie mir auch einen bewundernswürdigen moralischen Typ darbot.« Die drei repräsentierten die »drei sympathischen Instinkte: die Anhänglichkeit zu den Gleichgestellten, die Verehrung für die Höheren und die Güte zu den Niedrigeren.« (Comte: *Système* [Anm. 1], 1. Halbband, S. 29).

24 Auguste Comte: *Catéchisme Positiviste, ou sommaire exposition de la religion universelle, en onze entretiens systématiques entre une femme et un prêtre de l'humanité*, Paris: Thunot 1852, S. 44 [Deutsche Übersetzung: *Katechismus der positiven Religion*, Leipzig: Wigand 1891]. Auch der Saint-Simonist Michel Chevalier bezog sich auf die Etymologie des Wortes »Religion« als »lier« (franz. für »verbinden«), um die Eisenbahn in seinem *System of the Mediterranean* (1832) als Instrument religiöser Einigung zu beschreiben.

Wochen, Monate und Jahre zu den alltäglichen und gewohnheitsmäßigen Rhythmen bewusst gepflegter Angewohnheiten.

Für Comte bestand (wie für Saint-Simon vor ihm) die menschliche Existenz aus drei »wesentlichen Modi«: dem intellektuellen oder spekulativen Leben, dem Leben der Aktivität und dem Leben der Emotionen.[25] Das *Système* und die damit begründete Religion, die in allgemein verständlicher Weise in seinem *Positivistischen Katechismus*, einem Dialog zwischen einem positivistischen Priester und einer weiblichen nach dem Vorbild von Abelard und Heloïse gestalteten Anhängerin, beschrieben wird, zielten auf eine »perfekte Koordination« dieser drei Modi über ihre drei Bestandteile: die *Doktrin*, welche die Ordnung der Gesellschaft als die Vollendung der Ordnung der Natur (wie im *Cours*) beschreibt; das *Regime* oder die »weltliche Ordnung« unter Führung der Industriellen, die die Produktionsbeziehungen und Aufteilung der Ressourcen kontrollieren; und die *Anbetung* (*le Culte*), die Kunst und Ritual zur Förderung des »Altruismus« einsetzte – dieser Begriff wurde von Comte als Ausgleich zum Egoismus geprägt, den er in der zeitgenössischen Gesellschaft vorherrschen sah.

Die positivistische *Doktrin* präsentierte eine systematische Übersicht über die Ergebnisse der Wissenschaften hinsichtlich des menschlichen Lebens auf der Erde: »Gesetze sind notwendigerweise pluralistisch« schrieb Comte.[26] »Inmitten dieser zunehmenden Vielfalt verleiht das Dogma der Humanität der Gesamtheit unserer realen Konzeptionen die einzig zulässige Einheit und die einzige Verbindung, die wir benötigen.«[27] Oder anders gesagt: Die Einheit der Wissenschaft leitet sich von ihrer Relevanz für die Ansprüche der Menschen ab. Im Gegensatz zur »objektiven Methode«, die sich in Bezug auf ihre Objekte definierte, wandte Comte in seinen späteren Werken die so genannte »subjektive Methode« an: Die Wissenschaften sollten den menschlichen Bedürfnissen dienen, um die menschliche Einheit zu fördern.

In der Folge umfasste dieses subjektive Prinzip den Kult (oder die Anbetung) und damit eine Neuinterpretation des Gesetzes der drei Stadien. In den 1840er Jahren erklärte Comte, dass der Positivismus auf seiner höchsten Stufe zum ursprünglichen Zustand der Humanität zurückkehren werde: zum Fetischismus und damit zum Glauben an die Intelligenz und Gutwilligkeit der nichtmenschlichen Natur. Im Fetischis-

---

25 Comte: *Système* (Anm. 1). 2. Halbband, S. 9. Trotz seiner Verachtung für Victor Cousin, stellten diese Modi eine Neuformulierung von Cousins Prinzipien der Wahrheit, des Guten und des Schönen dar.

26 Comte: *Catéchisme Positiviste* (Anm. 24), S. 36 [Übersetzung durch CB].

27 Ebd., S. 38.

mus erkannte Comte die zur populären Verbreitung der Wissenschaften am besten geeignete Denkweise. Damit sollten auch einfachen Menschen die harmonischen Beziehungen der verschiedenen Phänomene der Welt untereinander und der Platz des Menschen darin aufgezeigt, die Gefühle der Zuneigung und Abhängigkeit von den anderen und der Welt gestärkt werden. Die Anbetung hatte demnach individuell und kollektiv positive moralische Auswirkungen. Dafür wurde ein Objekt benötigt, das in den Blickpunkt der Aufmerksamkeit treten sollte: Es war die Humanität, jenes »große Wesen«, die nun anstatt eines unsichtbaren metaphysischen Wesens im Zentrum seiner Religion stand.

In seinem letzten Buch, *Synthèse subjective*, führte er zwei neue Objekte der Anbetung ein: Zum »Großen Wesen« der Humanität gesellte sich der »Große Fetisch«, also die Erde selbst, oder das Ensemble nichtmenschlicher Entitäten, von denen die Menschen in all ihren Funktionen abhängen. Etwas mystischer gestaltete sich die Einführung des »Großen Milieus«. Damit war der Raum oder das »universelle Fluidum« oder Äther gemeint, die er als leeres, jedoch notwendiges Fundament für alle Phänomene betrachtete: »Das Theater, das ebenso passiv wie blind und doch stets wohltätig ist [...] dessen sympathetische Beweglichkeit das abstrakte Verständnis für Herz und Verstand erleichtert.«[28] Die Gegenstände der Anbetung waren ganz bewusst Fiktionen, wenn auch nützliche Fiktionen, welche die Humanität, die äußere Welt und den Nährboden für Phänomene und Gedanken vereinten.

Der Fetischismus stellte nicht nur ein Modell zur Wahrnehmung der natürlichen Umgebung in personalisierten, humanisierten Begriffen zur Verfügung, sondern lieferte auch die Mittel zur Pflege sozialer Gefühle von Liebe, Anbetung und Unterwerfung. Äußerliche Riten und innerliche Meditationen über das Große Wesen, den Großen Fetisch und das Große Milieu führten die Gläubigen zu Liebe und Dankbarkeit und ließen sie zugleich ihre unentrinnbare Abhängigkeit von allem erkennen, das über die bloße Individualität hinausgeht. Ihre Handlungen sollten sich zugleich an die anderen und die Welt richten.

Für Comte hatte das Gebet physische und organische Kraft. Die »Psychologie« oder das introspektive Studium der Seele, das von Victor Cousin vorgestellt worden war, lehnte er jedoch strikt ab; stattdessen überarbeitete er die Phrenologie Franz Galls, wobei er zehn »affektive Antriebe« im Hirn feststellte. Sieben davon waren persönlich (eine neue Version der Sieben Todsünden) und drei waren sozial, entsprechend den

---

[28] Auguste Comte: *Synthèse Subjective, ou système universelle des conceptions propres à l'état normal de l'humanité*, Paris: Dalmont 1856, S. 22–26 [Übersetzung durch CB].

drei unterschiedlichen Arten der Liebe: Verehrung von Vorgesetzten, Zuneigung zu den Gleichgestellten und Güte gegenüber Untergebenen (Abb. 2). Nur durch Übung konnten die schwächeren und weniger zahlreich ausgebildeten altruistischen Antriebe gestärkt werden. Eine Stunde am Morgen sollte der Anrufung der Schutzengel gewidmet sein, in einer kurzen Sitzung untertags würde der Geist von allen Gedanken befreit werden und in einem abschließenden Gebet vor dem Schlafengehen sollte der Geist mit den Gefühlen von Dankbarkeit und Liebe »gesättigt« werden. Zur Stärkung der sozialen Emotionen beschrieb Comte eine auf dem Prinzip der Vergegenwärtigung basierende Meditation, gleichsam als Echo auf die spirituellen Übungen des Ignatius von Loyola. Dabei sollten die Gesichter nahestehender Verstorbener in der Vorstellung lebendig und diese »subjektiven Lebewesen« ausgeschmückt werden, um ein »Ausströmen« oder einen »Erguss« von Liebe für die Betenden zu stimulieren.

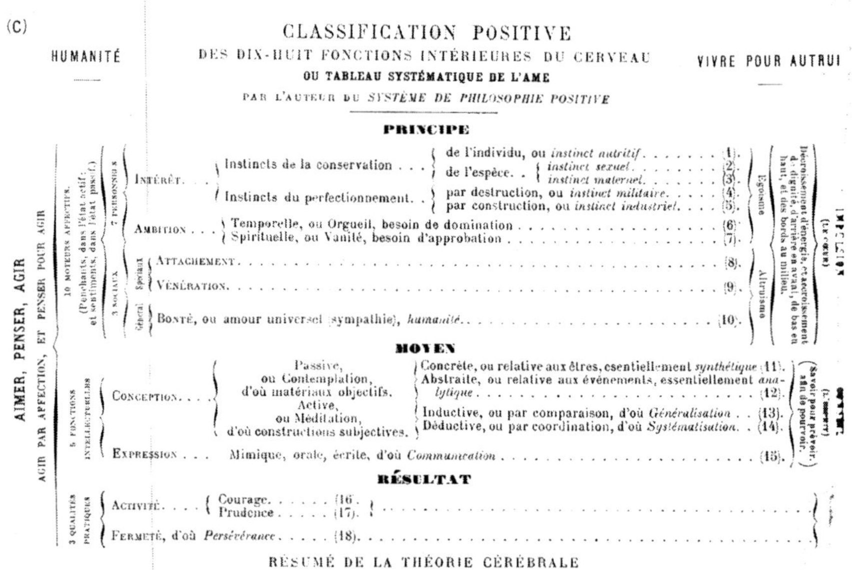

(C)

HUMANITÉ — VIVRE POUR AUTRUI

CLASSIFICATION POSITIVE
DES DIX-HUIT FONCTIONS INTÉRIEURES DU CERVEAU
OU TABLEAU SYSTÉMATIQUE DE L'AME
PAR L'AUTEUR DU *SYSTÈME DE PHILOSOPHIE POSITIVE*

AIMER, PENSER, AGIR
AGIR PAR AFFECTION, ET PENSER POUR AGIR

PRINCIPE

10 MOTEURS AFFECTIFS (Penchants, dans l'état actif; et sentiments, dans l'état passif.)

7 PERSONNELS
- INTÉRÊT.
  - Instincts de la conservation
    - de l'individu, ou *instinct nutritif* (1).
    - de l'espèce. — *instinct sexuel* (2). — *instinct maternel* (3).
  - Instincts du perfectionnement.
    - par destruction, ou *instinct militaire* (4).
    - par construction, ou *instinct industriel* (5).
- AMBITION
  - Temporelle, ou Orgueil, besoin de domination (6).
  - Spirituelle, ou Vanité, besoin d'approbation (7).

Egoïsme

3 SOCIAUX
- Spéciaux
  - ATTACHEMENT (8).
  - VÉNÉRATION (9).
- Général
  - BONTÉ, ou amour universel (sympathie), *humanité* (10).

Altruisme

Décroissement d'énergie, et accroissement de dignité, d'arrière en avant, de bas en haut, et des bords au milieu.

MOYEN

5 FONCTIONS INTELLECTUELLES
- CONCEPTION.
  - Passive, ou Contemplation, d'où matériaux objectifs.
    - Concrète, ou relative aux êtres, esentiellement *synthétique* (11).
    - Abstraite, ou relative aux événements, essentiellement *analytique* (12).
  - Active, ou Méditation, d'où constructions subjectives.
    - Inductive, ou par comparaison, d'où *Généralisation* (13).
    - Déductive, ou par coordination, d'où *Systématisation* (14).
- EXPRESSION. Mimique, orale, écrite, d'où *Communication* (15).

(Savoir pour prévoir, afin de pourvoir.)

RÉSULTAT

3 QUALITÉS PRATIQUES
- ACTIVITÉ.
  - Courage (16).
  - Prudence (17).
- FERMETÉ, d'où *Persévérance* (18).

RÉSUMÉ DE LA THÉORIE CÉRÉBRALE

L'ensemble de ces dix-huit organes cérébraux constitue l'appareil nerveux central, qui, d'une part, stimule la vie de nutrition, et, d'une autre part, coordonne la de relation en liant ses deux sortes de fonctions extérieures. Sa région spéculative communique directement avec les nerfs sensitifs, et sa région active avec les moteurs. Mais sa région affective n'a de connexités nerveuses qu'avec les viscères végétatifs, sans aucune correspondance immédiate avec le monde extérieur, qui ne lie qu'à l'aide des deux autres régions. Ce centre essentiel de toute l'existence humaine fonctionne continuellement, d'après le repos alternatif des deux moitiés symétri de chacun de ses organes. Envers le reste du cerveau, l'intermittence périodique est aussi complète que celle des sens et des muscles. Ainsi, l'harmonie vitale dépe la principale région cérébrale, sous l'impulsion de laquelle les deux autres dirigent les relations, passives et actives, de l'animal avec le milieu.

AUGUSTE COMTE
(10, rue Monsieur-le-Prince).

(*Catéchisme positiviste*, 3e édition.)

Abb. 2: *Positive Einteilung der achtzehn internen Funktionen des Gehirns oder Systematische Tafel der Seele*. Die ersten zehn Funktionen betreffen die Emotionen: sieben egoistische und drei altruistische »affektive Antriebe«. Die übrigen acht Funktionen zählen zum Verstand (Gedanken) und Charakter (Aktion).

Abhängig von der jeweils imaginierten Person konnten es etwa Gefühle der Verehrung oder der Güte sein, die Liebe für jemanden Bestimmten oder für das Große Wesen der Humanität. Dieses wurde nach Comtes Vorstellung durch ein Kind personifiziert, das von einer Frau mit dem Antlitz der Clotilde de Vaux gehalten wird. Durch diese abwesenden Fürsprecher, deren »subjektive« Existenz dennoch sehr real und mächtig war, wie Comte argumentierte, konnte man die altruistischen Impulse trainieren, um die egoistischen Strebungen zu beherrschen. Positive Gebete waren eine Methode zur Neugestaltung der Menschheit – und funktionierten damit ähnlich wie die später von Hugo Münsterberg entwickelte *Psychotechnik*.[29]

Dieser Aspekt von Comtes *Culte* bezog menschliche Praktiken als Möglichkeit ein, der zeitlichen Organisation der Gesellschaft eine besondere Form zu verleihen. Der Positivistische Kalender benannte einzelne Tage, Wochen und Monate nach Helden und Heiligen, die zum intellektuellen und sozialen Fortschritt der Humanität beigetragen haben. Der 365. Tag war das »Universelle Fest der Toten« und ein Schaltjahr wurde als »Fest der Frauen« gefeiert. Ein »abstrakter Kalender« ergänzte den »vorläufigen Kalender«. Dieser benannte die Monate nach den wesentlichen Beziehungen, Funktionen und Stadien der Humanität neu: die Klassen der Priester, Arbeiter und Frauen, das »Patriziat« und die nachfolgenden religiösen Ordnungen des Fetischismus, Polytheismus und Monotheismus. Die Feiertage sollten mit wöchentlichen, jahreszeitlichen oder jährlichen Ritualen begangen werden (Abb. 3).

Comte beschrieb den Prunk und symbolischen Reichtum dieser Aufstellungen in lebhaften Details: Zu den jahreszeitlichen Festen sollten während der »feierlichen Prozessionen« Spruchbänder getragen werden, wie bei den religiösen Prozessionen und »défilés« des Mittelalters, um das kollektive Leben zu fördern. Er beschrieb grüne Banner – die Farbe der Erde und der Hoffnung –, die auf einer Seite mit einem Bild der Göttin verziert waren (mit den Zügen der Clotilde de Vaux als Repräsentantin der Humanität) und auf der anderen Seite über den »edlen Spruch« des Positivismus – Liebe, Ordnung und Fortschritt – verfügten. Die genannten Prozessionen begannen und endeten in den Tempeln der Humanität, die sich in den Zentren der Hauptstädte aller positiven »Intendanzen« befanden und zur heiligen Stadt Paris ausgerichtet waren. Diese Gebäude bildeten die Anker und Regulatoren für das positive

---

[29] Vgl. Laurent Clauzade: »Le statut épistémologique du tableau cérébral et la notion de type chez Auguste Comte«, in: Bourdeau / Chazel: *Comte* (Anm. 5), S. 111–151; Hugo Münsterberg: *Grundzüge der Psychotechnik*, Leipzig: Barth 1914.

CALENDRIER POSITIVISTE
POUR UNE ANNÉE QUELCONQUE
OU
TABLEAU CONCRET DE LA PRÉPARATION HUMAINE, dessiné surtout à la transition finale de la république occidentale formée, depuis Charlemagne, par la libre connexité des cinq populations avancées, française, italienne, espagnole, britannique et germanique.

		PREMIER MOIS. MOÏSE. LA THÉOCRATIE INITIALE.	DEUXIÈME MOIS. HOMÈRE. LA POÉSIE ANCIENNE.	TROISIÈME MOIS. ARISTOTE. LA PHILOSOPHIE ANCIENNE.	QUATRIÈME MOIS. ARCHIMÈDE. LA SCIENCE ANCIENNE.	CINQUIÈME MOIS. CÉSAR. LA CIVILISATION MILITAIRE.	SIXIÈME MOIS. SAINT-PAUL. LE CATHOLICISME.	SEPTIÈME MOIS. CHARLEMAGNE. LA CIVILISATION FÉODALE.
Lundi	1	Prométhée … *Cadmus.*	Hésiode.	Anaximandre.	Théophraste.	Miltiade.	Saint-Luc … *Saint-Jacques*	Théodoric-le-Grand.
Mardi	2	Hercule … *Thésée.*	Tyrtée … *Sapho.*	Anaximène.	Hérophile.	Léonidas.	Saint-Cyprien.	Pélage.
Mercredi	3	Orphée … *Tirésias.*	Anacréon.	Héraclite.	Erasistrate.	Aristide.	Saint-Athanase.	Othon-le-Grand … *Henri-l'Oiseleur*
Jeudi	4	Ulysse.	Pindare.	Anaxagore.	Celse.	Cimon.	Saint Jérôme.	Saint-Henri.
Vendredi	5	Lycurgue.	Sophocle … *Euripide.*	Démocrite … *Leucippe.*	Galien.	Xénophon.	Saint Ambroise.	Villiers … *La Valette.*
Samedi	6	Romulus.	Théocrite … *Longus.*	Hérodote.	Avicenne … *Averrhoès*	Phocion … *Epaminondas.*	Sainte-Monique.	Don Juan de Lépante. *Jean Sobieski.*
Dimanche	7	**NUMA.**	**ESCHYLE.**	**THALÈS.**	**HIPPOCRATE.**	**THÉMISTOCLE.**	**SAINT-AUGUSTIN.**	**ALFRED.**
	8	Bélus … *Sémiramis.*	Scopas.	Solon.	Euclide.	Périclès.	Constantin.	Charles-Martel.
	9	Sésostris.	Zeuxis.	Xénophane.	Aristée.	Philippe.	Théodose.	Le Cid … *Tancrède.*
	10	Manou.	Ictinus.	Empédocle.	Théodose-de-Bythinie.	Démosthènes.	Saint-Chrysostôme … *Saint-Basile.*	Richard … *Saladin.*
	11	Cyrus.	Praxitèle.	Thucydide.	Héron … *Ctésibius.*	Ptolémée Lagus.	Sainte-Pulchérie … *Marcien.*	Jeanne-d'Arc.
	12	Zoroastre.	Lysippe.	Archytas … *Philolaüs.*	Pappus.	Philopœmen.	Sainte-Geneviève-de-Paris.	Albuquerque … *Walter Raleigh.*
	13	Les Druides … *Ossian.*	Apelles.	Apollonius de Tyane.	Diophante.	Polybe.	Saint-Grégoire-le-Grand.	Bayard.
	14	**BOUDDHA.**	**PHIDIAS.**	**PYTHAGORE.**	**APOLLONIUS.**	**ALEXANDRE.**	**HILDEBRAND.**	**GODEFROI.**
	15	Fo-Hi.	Esope … *Pilpai.*	Aristippe.	Eudoxe … *Aratus.*	Junius-Brutus.	Saint-Benoît … *Saint-Antoine.*	Saint-Léon-le-Grand … *Léon IV.*
	16	Lao-Tseu.	Plaute.	Antisthènes.	Pythéas … *Néarque.*	Camille … *Cincinnatus.*	Saint-Boniface … *Saint-Austin.*	Gerbert … *Pierre Damien.*
	17	Meng-Tseu.	Térence … *Ménandre.*	Zénon.	Aristarque … *Bérose.*	Fabricius … *Régulus.*	Saint-Isidore-de-Séville. *St-Bruno.*	Pierre-l'Ermite.
	18	Les théocrates du Tibet.	Phèdre.	Cicéron … *Pline-le-Jeune.*	Eratosthène … *Sosigène.*	Annibal.	Lanfranc … *Saint-Anselme.*	Suger … *Saint-Eloi.*
	19	Les théocrates du Japon.	Juvénal.	Epictète … *Arrien.*	Ptolémée.	Paul-Emile.	Héloïse … *Béatrice.*	Alexandre III … *Thomas Becket.*
	20	Manco-Capac … *Tamehameha.*	Lucien.	Tacite.	Albategnius … *Nassir-Eddin.*	Marius … *Les Gracques.*	Les archit. du moyen âge. *S.-Benezet.*	St-François-d'Ass. … *St-Dominique.*
	21	**CONFUCIUS.**	**ARISTOPHANE.**	**SOCRATE.**	**HIPPARQUE.**	**SCIPION.**	**SAINT-BERNARD.**	**INNOCENT III.**
	22	Abraham … *Joseph.*	Ennius.	Xénocrate.	Varron.	Auguste … *Mécène.*	St-François-Xav. *Ignace de Loyola.*	Sainte-Clotilde.
	23	Samuel.	Lucrèce.	Philon d'Alexandrie.	Columelle.	Vespasien … *Titus.*	St-Charles-Borrom. … *Fréd.-Borrom.*	Ste Bathilde. *Ste-Math.-de-Toscane.*
	24	Salomon … *David.*	Horace.	Saint-Jean-l'Évangéliste.	Vitruve.	Adrien … *Nerva.*	Ste-Thérèse. *Ste-Cather.-de-Sienne.*	St-Etienne-de-Hong. … *Mat. Corvin.*
	25	Isaïe.	Tibulle.	Saint-Justin … *Saint-Irénée.*	Strabon.	Antonin … *Marc-Aurèle.*	St-Vinc.-de-Paule *l'abbé de l'Épée.*	Sainte-Elisabeth de Hongrie.
	26	Saint-Jean-Baptiste.	Ovide.	Saint-Clément-d'Alexandrie.	Frontin.	Papinien … *Ulpien.*	Bourdaloue … *Claude Fleury.*	Blanche de Castille.
	27	Haroun-al-Raschid. *Abdérame III.*	Lucain.	Origène … *Tertullien.*	Plutarque.	Alexandre-Sévère.	W. Penn … *G. Fox.*	Saint-Ferdinand III … *Alphonse X.*
	28	**MAHOMET.**	**VIRGILE.**	**PLATON.**	**PLINE-l'Ancien.**	**TRAJAN.**	**BOSSUET.**	**SAINT-LOUIS.**

		HUITIÈME MOIS. DANTE. L'ÉPOPÉE MODERNE.	NEUVIÈME MOIS. GUTTEMBERG. L'INDUSTRIE MODERNE.	DIXIÈME MOIS. SHAKESPEARE. LE DRAME MODERNE.	ONZIÈME MOIS. DESCARTES. LA PHILOSOPHIE MODERNE.	DOUZIÈME MOIS. FREDERIC. LA POLITIQUE MODERNE.	TREIZIÈME MOIS. BICHAT. LA SCIENCE MODERNE.
Lundi	1	Les Troubadours.	Marco Polo … *Chardin.*	Lope de Vega … *Montalvan.*	Albert-le-Grand. *Jean de Salisbury.*	Marie de Molina.	Copernic … *Tycho-Brahé.*
Mardi	2	Boccace … *Chaucer.*	Jacques Cœur … *Gresham.*	Moreto … *Guillen de Castro.*	Roger Bacon … *Raimond Lulle.*	Côme de Médicis l'Ancien.	Kepler … *Halley.*
Mercredi	3	Rabelais.	Gama … *Magellan.*	Rojas … *Guevara.*	Saint-Bonaventure … *Joachim.*	Philippe de Comines. *Guicciardini.*	Huyghens … *Varignon.*
Jeudi	4	Cervantes.	Neper … *Briggs.*	Otway.	Ramus … *Le cardinal de Cusa.*	Isabelle de Castille.	Jacques Bernoulli. *Jean Bernoulli.*
Vendredi	5	La Fontaine … *Robert Burns.*	Lacaille … *Delambre.*	Lessing.	Montaigne … *Érasme.*	Charles-Quint … *Sixte-Quint.*	Bradley … *Rœmer.*
Samedi	6	De Foë … *Goldsmith.*	Cook … *Tasman.*	Goethe.	Campanella … *Morus.*	Henri IV.	Volta … *Sauveur.*
Dimanche	7	**ARIOSTE.**	**COLOMB.**	**CALDERON.**	**SAINT-THOMAS-d'Aquin.**	**LOUIS XI.**	**GALILÉE.**
	8	Léonard de Vinci … *Le Titien.*	Benvenuto Cellini.	Tirso.	Hobbes … *Spinosa.*	Coligny … *L'Hôpital.*	Viète … *Harriott.*
	9	Michel-Ange … *Paul Véronèse.*	Amontons … *Wheatstone.*	Vondel.	Pascal … *Giordano Bruno.*	Barneveldt.	Wallis … *Fermat.*
	10	Holbein … *Rembrandt.*	Harrison … *Pierre Leroy.*	Racine.	Locke … *Malebranche.*	Gustave-Adolphe.	Clairaut … *Poinsot.*
	11	Poussin … *Lesueur.*	Dollond … *Graham.*	Voltaire.	Vauvenargues … *Mme de Lambert.*	De Witt.	Euler … *Monge.*
	12	Velasquez … *Murillo.*	Arkwright … *Jacquart.*	Metastase … Alfieri.	Diderot … *Duclos.*	Ruyter.	D'Alembert … *Daniel Bernoulli.*
	13	Téniers … *Rubens.*	Conté.	Schiller.	Cabanis … *Georges Leroy.*	Guillaume III.	Lagrange … *Joseph Fourier.*
	14	**RAPHAEL.**	**VAUCANSON.**	**CORNEILLE.**	**Le Chancelier BACON.**	**GUILLAUME-le-Taciturne.**	**NEWTON.**
	15	Froissart … *Joinville.*	Stevin … *Torricelli.*	Alarcon.	Grotius … *Cujas.*	Ximenès.	Bergmann … *Scheele.*
	16	Camoens … *Spenser.*	Mariotte … *Boyle.*	Mme de Motteville … *Mme Roland.*	Fontenelle … *Maupertuis.*	Sully … *Oxenstiern.*	Priestley … *Davy.*
	17	Les Romanciers espagnols.	Papin … *Worcester.*	Mme de Sévigné … *Lady Montague.*	Vico … *Herder.*	Colbert … *Louis XIV.*	Cavendish.
	18	Chateaubriand.	Black.	Lesage … *Sterne.*	Fréret … *Winckelmann.*	Walpole … *Mazarin.*	Guyton-Morveau … *Geoffroy.*
	19	Walter Scott … *Cooper.*	Jouffroy … *Fulton.*	Mme de Staal … *Miss Edgeworth.*	Montesquieu … *d'Aguesseau.*	D'Aranda … *Pombal.*	Berthollet.
	20	Manzoni.	Dalton … *Thilorier.*	Fielding … *Richardson.*	Buffon … *Oken.*	Turgot … *Campomanes.*	Berzelius … *Ritter.*
	21	**TASSE.**	**WATT.**	**MOLIERE.**	**LEIBNITZ.**	**RICHELIEU.**	**LAVOISIER.**
	22	Pétrarque.	Bernard de Palissy.	Pergolèse … *Palestrina.*	Robertson … *Gibbon.*	Sidney … *Lambert.*	Harvey … *Ch. Bell.*
	23	Thomas A'Kempis. *Louis de Grenade et Bunyan.*	Guglielmini … *Riquet.*	Sacchini … *Grétry.*	Adam Smith … *Dunoyer.*	Franklin … *Hampden.*	Boërhaave … *Stahl.*
	24	Mme de Lafayette … *Mme de Staël.*	Duhamel (du Monceau). *Bourgelat.*	Gluck … *Lully.*	Kant … *Fichte.*	Washington … *Kosciusko.*	Linné … *Bernard de Jussieu.*
	25	Fénelon … *Saint-François-de-Sales.*	Saussure … *Bouguer.*	Beethoven … *Handel.*	Condorcet … *Ferguson.*	Jefferson … *Madison.*	Haller … *Vicq-d'Azyr.*
	26	Klopstock … *Gessner.*	Coulomb … *Borda.*	Rossini … *Weber.*	Joseph de Maistre … *Bonald.*	Bolivar … *Toussaint-Louverture.*	Lamarck … *Blainville.*
	27	Byron … *Elisa Mercœur.*	Carnot … *Vauban.*	Bellini … *Donizetti.*	Hegel … *Sophie Germain.*	Francia.	Broussais … *Morgagni.*
	28	**MILTON.**	**MONTGOLFIER.**	**MOZART.**	**HUME.**	**CROMWELL.**	**GALL.**

Jour complémentaire … Fête universelle des **MORTS.**
Jour bissextile … Fête générale des **SAINTES FEMMES.**

Abb. 3: Positivistischer Kalender.

Leben, als Orte, in welchen sich die »spirituelle Kraft« des Positivismus konzentrieren, wiederaufladen und neu verteilen konnte.

Der Generalplan und die konkrete Realisierung eines grünen Wunders

Bei der Planung der Tempel zeigte Comte erneut ein beinah fanatisches Interesse für technische Details. Seine brasilianischen Anhänger, die den Tempel in Rio 1881 errichteten, folgten ihm diesbezüglich nach. In den Proportionen, rituellen Inhalten, architektonischen Details und der Farbgestaltung hielten sie sich eng an den »Generalplan für einen Positivistischen Tempel«, den Comte eigenhändig erstellt hatte und der derzeit in der »Maison Auguste Comte« aufbewahrt wird, also jenem Museum und Archiv, welches sich in den Räumlichkeiten der Rue Monsieur-le-Price in Paris befindet, die er in den letzten Jahrzehnten seines Lebens bewohnte (Abb. 4). Unter Comtes einflussreichsten

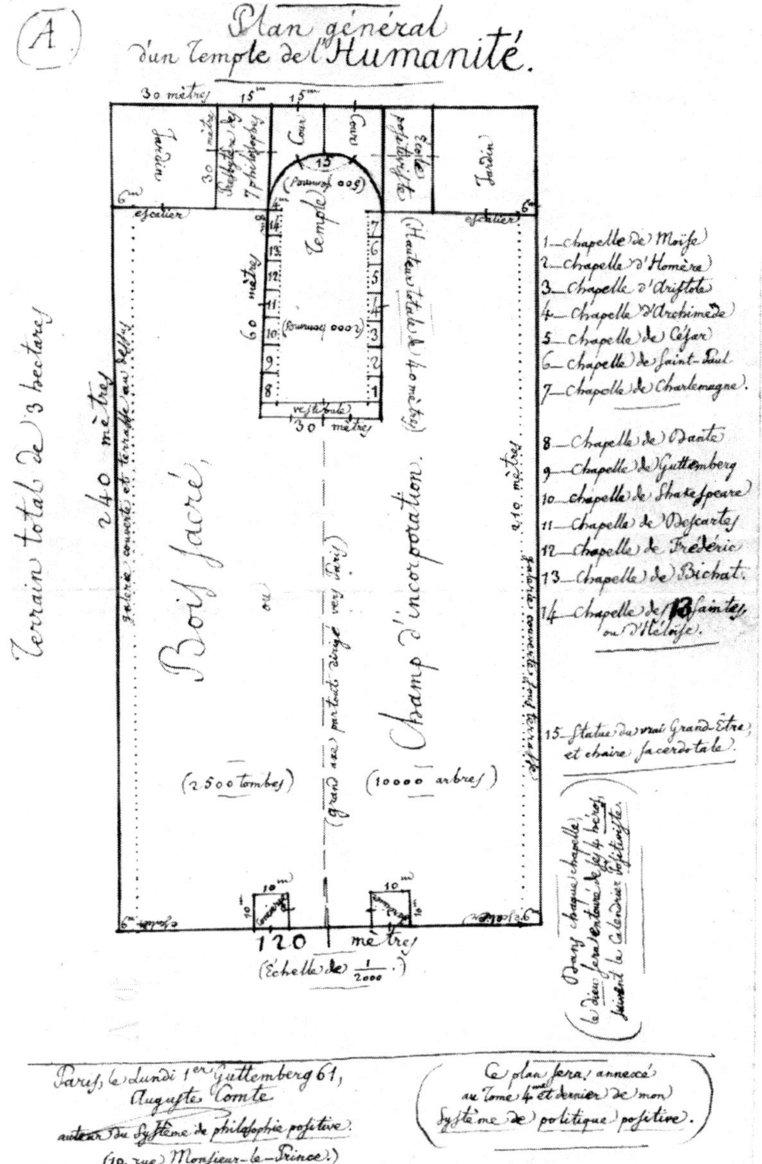

Abb. 4: Comtes »Generalplan für einen Tempel der Humanität«, eigenhändig gezeichnet.

Anhängern in Brasilien befand sich auch Benjamin Constant, späterer Kriegsminister, und Teixeira Mendes, Mathematiker und Sohn eines französischen Ingenieurs, Decio Villares, ein positivistischer Maler, und Miguel Lemos, der Brasiliens Hoherpriester werden sollte. Zusammen bildeten sie eine reformistische politische und religiöse Gruppe mit dem Namen »Apostolat«. Viele von ihnen stammten aus der Oberschicht, doch wurden ihre öffentlichen Ambitionen wie die von Comte selbst während der Restauration durch den Konservativismus und die Günstlingspolitik der Regierung blockiert. In Comtes Schriften über Rasse, die zwar Unterschiede anerkannten, aber keine Hierarchie behaupteten (darin unterschied er sich von Gobineau, der vom brasilianischen Kaiser Peter II., einem Enkel von Kaiser Franz I. von Österreich, hoch geschätzt wurde), fanden die brasilianischen Positivisten Argumente für die Abschaffung der Sklaverei, einen der wichtigsten Punkte in ihrem Drängen auf eine Republik. Im Unterschied zu vielen Anhängern Comtes in Frankreich interessierten sich die Brasilianer insbesondere für die religiösen und prophetischen Aspekte von Comtes System: Die von der Religion der Humanität proklamierten technischen Fortschritte und die geistige Einheit erschienen diesen vorwärtsgewandten Reformern als ein direkter Weg in Richtung einer lateinamerikanischen Moderne.[30]

Ein bedeutender Unterschied zwischen Comtes Plan und dem Tempel in Rio besteht in der Tatsache, dass sich dieser hinter einem einfachen Eisentor direkt an einer städtischen Straße befindet, während Comte ein weitläufiges und ummauertes Feld für den Tempel vorgesehen hatte: Gemäß dem Plan im Maßstab 1:2000 sollte dieses Gelände insgesamt 120 mal 240 Meter umfassen.[31] In Anlehnung an die Kathedralen und Moscheen des Mittelalters, die nach Jerusalem bzw. Mekka ausgerichtet waren, schrieb Comtes Plan vor, dass »die Zentralachse stets nach Paris auszurichten ist«, wo auch immer auf der Erde der Tempel errichtet werden würde. Zunächst zeichnete er eine Mauer, die in ihrer Ausrichtung nach Innen in Form einer überdachten Galerie (wie in einem Kloster oder im *Palais Royal* in Paris) mit darauf befindlichen Terrassen gestaltet werden sollte. Am Portal waren kleine Räumlichkeiten zu beiden Sei-

---

[30] Vgl. die Diskussion bei Marie-France Garcia-Parpet: »Les usages de la pensée française dans le Brésil du XIXe siècle: La question raciale, Auguste Comte et Arthur de Gobineau«, in: Boudeau / Chazel: *Comte* (Anm. 5), S. 221–237.

[31] Meine Kommentare beziehen sich auf den Plan »A«, der hier wiedergegeben ist. Die Maison bewahrt zudem einen Plan »B« auf, der beinahe identisch, jedoch fast doppelt so groß ist. Eine Diskussion über Comtes Plan für den Tempel, basierend auf der Korrespondenz zwischen Comte und seinen Anhängern sowie seinen französischen, englischen und brasilianischen Schülern, einschließlich Miguel Lemos, findet sich in den Anmerkungen zu Comte: *Catéchisme Positiviste* (Anm. 24), S. 394–398.

ten des Hauptweges für den Portier und den Gärtner vorgesehen. Der Hauptweg sollte zum Tempel am Ende des Felds führen. Zudem war geplant, innerhalb der Ummauerung einen »heiligen Wald« mit 10.000 Bäumen zu pflanzen und damit einen Friedhof für 2.500 Personen zu schaffen, dessen Gräber dieses »Feld der Eingliederung« ausfüllen sollten. Das Feld wurde nach dem von Comte erfundenen Sakrament organisiert: Nach Ablauf einer vorgeschriebenen Zeit nach dem Tod würden jene Menschen, die einen bedeutenden Beitrag zur Humanität geleistet hatten, als würdig erachtet werden, Teil der »lebenden Toten« und damit in den »Großen Organismus« der Gesellschaft durch ein Begräbnis »eingegliedert« zu werden. Die lebenden Menschen, die den Tempel zur Anbetung oder zu Studienzwecken besuchten, würden so einen schattigen Weg entlang schreiten, wobei sie an jenen Teil der Gesellschaft erinnert würden, dem sie am meisten schuldeten: an die Toten. Nach Comte verdanken wir die gesamte Wissenschaft, Kunst und sämtliche Institutionen, ja sogar die Sprache jenen Menschen, die nicht mehr am Leben sind. Einer der Wahlsprüche Comtes über dem Eingang des Tempels in Rio rechtfertigte diese Form der *Nekrokratie*: »Die Lebenden werden mit Naturnotwendigkeit stets und in immer wachsendem Maße von den Toten beherrscht.«[32] Damit ist der Tempel gewissermaßen ein Mausoleum, das die Überreste bedeutender Verstorbener einschließt. Denn er liegt inmitten des Bestattungsfeldes und diese Raumordnung rekapituliert und kommuniziert wiederum die weltliche Ordnung. Die Besucher nähern sich dem Tempeleingang also zwischen Bäumen, die in den toten Körpern derjenigen wurzeln, die ihren Beitrag zum sozialen Organismus geleistet haben.

Flankiert von der Positivistischen Schule und dem Presbyterium (der »sieben Philosophen«, die vermutlich für die Riten und Lehrtätigkeiten zuständig waren) ist der Tempel selbst 40 Meter hoch, 30 Meter breit und 60 Meter lang, mit einer halbkreisförmigen 15 Meter tiefen Apsis, die sich auf einen dahinterliegenden Hof öffnet. Laut Comtes Plan sollte er für 2000 Männer und 500 Frauen Platz bieten (ihr Beitrag zur Humanität wurde von Comte anerkannt, jedoch in deutlich geringerem Ausmaß als jener der Männer.) An den Längswänden im Inneren des Tempels befinden sich vierzehn, jeweils mit einer Votivstatue ausgestattete »Kapellen« als Nischen der Anbetung (vgl. Abb. 5). Der Tempel in Rio ist von einem unheimlichen Licht wie in einem Aquarium erfüllt, welches durch die Fenster rund um die Galerie einfällt (und heute durch elektrische Lampen verstärkt wird); das Licht wird von den Wänden reflek-

[32] Comte: *Catéchisme Positiviste* (Anm. 24), S. 72.

Abb. 5: Tempel der Humanität, Rio de Janeiro (Brasilien), Innenansicht.

tiert, die in Abstufungen von Minze und Chartreuse, Farben aus einem anderen Jahrhundert, bemalt sind. Unterhalb der Fahnen der Nationen der Welt befinden sich entlang der Wände Tafeln mit Inschriften zu den fundamentalen Aspekten des Wissens und der Gesellschaft: Raum, Logik, Erde und jede der Wissenschaften, zusammen mit Fetischismus, Polytheismus, Monotheismus und Metaphysik. Die in Primärfarben bemalten Büsten der großen Gestalter der Zivilisation schauen von den Wänden herab und die Betenden müssen dem Blick dieser »Götter« begegnen. Wie die ornamentale Innenraumgestaltung versetzen diese Ikonen das Tempelinnere in eine düstere Grabesstimmung – als hätten sich Diderot und d'Alembert mit Madame Tussaud zusammengetan.

Diese Statuen sind die »Götter«, die der Menschheit die größten Errungenschaften bescherten – gemeinsam mit der 14. Kapelle, die den »weiblichen Heiligen und Heloïse« gewidmet ist. Die dreizehn »Götter« entsprechen den dreizehn Monaten des Positivistischen Kalenders (der von Comte mit 13 Monaten zu je 28 Tagen neu berechnet wurde), die jeweils an eine fundamentale Entwicklungsstufe der Humanität erinnern: Moses repräsentiert die ursprüngliche Theokratie; Homer steht für die antike Dichtung; Aristoteles, einer der größten Helden Comtes, verkörpert die antike Philosophie; Archimedes vertritt die antike Wissenschaft; Caesar personifiziert die militärische Zivilisation; der Heilige Paulus (und nicht Jesus) repräsentiert die durch den Katholizismus etablierte soziale Ordnung; Karl der Große steht für die feudale Zivilisation, da er die geistliche Macht der Kirche mit der weltlichen Macht der Könige versöhnte; Dante begründet die moderne Epik; Gutenberg und seine Presse kündigen die moderne Industrie an; Shakespeare (der Liebling von Comtes romantischen Zeitgenossen) verkörpert das moderne Drama; Descartes begründet die moderne Philosophie; Friedrich II. ist der aufgeklärte Monarch, der die Idealform der modernen Politik repräsentiert; und schließlich Bichat, dessen Unterscheidung zwischen biologischen und mechanischen Erklärungen ihn zum wichtigsten Vertreter der modernen Wissenschaft macht (vgl. Abb. 6). Gemäß Comtes Plan, der jedoch im brasilianischen Tempel nicht verwirklicht wurde, sollte jeder dieser Helden von vier weiteren »Helden« begleitet werden, die jeder Woche ihren Namen gaben: damit wurden die Wochen der ursprünglichen Theokratie nach Numa, Buddha, Konfuzius und Mohammed benannt; für die moderne Industrie standen Kolumbus der Entdecker, Vaucanson der Erbauer von Automaten und Webstühlen, James Watt der Vater der Dampfindustrie, und Montgolfier der Erfinder der Heißluftballons; die Wochen der modernen Philosophie hießen nach Aquinas, Bacon, Leibniz und Hume, während die moderne Wissenschaft durch Galileo, Newton, Lavoisier und (dank seiner Beiträge zur positivistischen Wissenschaft) Franz Gall repräsentiert werden sollte.

Der *Templo da Humanidade* ist eine Zeitmaschine. Auf eben die Weise, wie der *Cours* die zeitliche Abfolge der Wissenschaften koordinierte, vereinte der Tempel mehrere zeitliche Reihen, welche den Organismus der Gesellschaft bestimmten: die Riten der Eingliederung für kürzlich verstorbene Mitglieder der lokalen Gemeinde, die linearen Entwicklungsstufen des menschlichen Denkens und der sozialen Ordnung, der zyklische Verlauf der Monate und Wochen sowie die Rhythmen des individuellen Geistes entsprechend der Harmonisierung durch persönliche Gebete, Lieder und Riten kollektiver Anbetung. Die sich dem

Abb. 6: Paulus (Katholizismus); Gutenberg (Moderne Industrie); Bichat (Moderne Wissenschaft).

Tempel nähernden und diesen schließlich betretenden Besucher sollten die weltlichen Ordnungen verinnerlichen und an die intellektuellen Harmonien des durch diese Ordnungen gebildeten und von Comte begründeten Systems erinnert werden. Dieses System war nichts anderes als die normalisierte Ordnung der Welt selbst und zwar in einer auf die menschlichen Bedürfnisse ausgerichteten Form.[33] Beim Betreten des Tempels sollte sich die Aufmerksamkeit direkt auf jene am Ende des Raumes stehende Figur richten: »Die Statue des wahren Großen Wesens«. Davor befand sich der »Priesterliche Stuhl« des Hohenpriesters.

Am Altar des brasilianischen Tempels befindet sich ein großes Portrait mit dem Titel *La Humanidade* mit einer Clotilde de Vaux nachempfundenen Frau. In einem bewegten Kleid schwebt sie, das Kind haltend, himmelwärts und repräsentiert die menschliche Rasse in Vergangenheit, Gegenwart und Zukunft. Gemeinsam mit den Götterbildern der positivistischen Heiligen nehmen Gemälde von Comte und Clotilde de Vaux den Altarraum ein: Sie weint als die »ewige Witwe«, sie liegt auf ihrem Totenbett, während Auguste neben ihr kniet, oder sie flüstert als ätherisches Wesen dem Hohenpriester ins Ohr, während er schreibt. Bunte Statuen dieser neuen Heiligen Familie befinden sich im Untergeschoss des Tempels (Abb. 7). Comtes Nachfolger in der Soziologie, Émile Durkheim, zeigte in *Die elementaren Formen des religiösen Lebens,*

---

33 In seinen zahlreichen Studien zu Comte verband Georges Canguilhem Comtes vielfach wiederholten Begriff der »Ordnung« mit einem weiteren, ebenso häufig in Gebrauch stehenden Begriff der »Regulation«. Nach Comte sollte Ordnung als ein Prozess, nicht als ein fixiertes Stadium verstanden werden; sowohl der individuelle wie der »soziale Organismus« halten das Gleichgewicht indem sie verschiedene selbstregulierende Mechanismen einsetzen. Canguilhem, der zum Zeitpunkt der beginnenden Informationstheorie und Analyse homöostatischer Systeme schreibt, begreift Comtes Philosophie als einen Vorläufer der Kybernetik.

Abb. 7: Statuen der Humanität (de Vaux) und der Hohepriester der Humanität (Comte).

dass hinter den Ursprungserzählungen und Göttern der Religionen vielmehr die Gesellschaft selbst und die von ihr produzierten Gefühle das wahre Objekt der Anbetung darstellten. Der Tempel der Humanität macht diese Logik augenscheinlich. Jeder Mensch, der diesen Gott betrachtet, wird selbst zu einem Teil eben jenes angebeteten Objekts.

Der universelle Anspruch von Comtes Religion entspricht der besonderen nationalen Bedeutung, die dem Positivismus in Brasilien zukam. Der Tempel wurde zu einer Anlaufstelle für eine ganze Generation von Reformern aus den Bereichen Politik und Bildung. Auf ihrem Weg zur Neugründung Brasiliens trafen sie sich einmal wöchentlich in diesem Tempel, um ihren Glauben zu stärken und zugleich ihre politischen Strategien auszuarbeiten. Die Prophezeiungen Comtes gaben die Richtung vor, um die Nation von einer theokratischen Aristokratie in eine säkulare Republik zu überführen. Diese Ingenieure engagierten sich in führender Position gegen die Sklaverei, entwarfen eine neue Verfassung und förderten landwirtschaftliche Reformen sowie die Entwicklung von Eisenbahn und Industrie.[34] Im Inneren des Tempels wird unweit des Altars etwas versteckt eine abgenutzte Rolle aufbewahrt, welche in ausgebreitetem Zustand einen handgemalten in Grün, Blau und Gelb gehaltenen Entwurf des positivistischen Malers Decio Villares auf Millimeterpapier zeigt. Einem Konzept von Teixeira Mendes folgend, bildet diese Skizze den ersten Entwurf für die moderne brasilianische Fahne.[35] Deren Motto »Ordem e Progresso« stammt von Comte und nimmt die Inschrift am Tempeleingang wieder auf: Ein blauer Kreis symbolisiert den Himmel von Rio am Abend der Erklärung der Republik, wobei jeder Stern einen der Staaten Brasiliens repräsentiert.

Abgesehen von seinen religiösen und politischen Implikationen ist der Tempel ein Ort des gemeinsamen Lernens und Erinnerns und soll an die Gründer und Grundprinzipien der Welt erinnern. In seinem Inneren werden die Phasen der sozialen und intellektuellen Entwicklung der Menschheit visuell vermittelt. Dieser Tempel ist zugleich Kirche, Museum und Labor für ein gewaltiges soziales Experiment sowie Maschine zur Kreation eines Volkes, das eins mit seiner Umgebung werden und auf dessen reiche Vergangenheit eine glorreiche Zukunft folgen sollte.

---

34 Vgl. das Interview mit Danton Voltaire Pereira de Souza, dem derzeitigen Vorsitzenden der Positivistischen Kirche von Rio, mit historischen Informationen. Bernardo Gutiérrez: »La Iglesia de los filósofos«, www.publico.es/73582/la-iglesia-de-los-filosofos (zuletzt gesehen: 23.04.2008). Vgl. zudem die Inhalte der Website der Positivistischen Kirche: www.igrejapositivistabrasil.org.br (zuletzt gesehen: April 2008).

35 Als Reflexion auf die Wertschätzung der nicht-europäischen Rassen in Brasilien durch das »Apostolat« schuf Villares zudem ein Wandgemälde über das »Afrikanische Epos«. Vgl. Garcia-Parpet: »Les usages« (Anm. 30).

Spekulative Maschinerie

In einer Reihe von Essays beschäftigt sich der französische Philosoph Michel Serres mit Comtes Herangehensweise an die Geschichte der Wissenschaft, wobei er nicht nur dessen besonderes Engagement für die zeitgenössische Wissenschaft, sondern ebenso sein vorausahnendes Bewusstsein hinsichtlich des politischen Einflusses und der kosmologischen Konsequenzen des positivistischen Wissens herausstreicht. Serres' eigenes Projekt einer »Anthropologie der Wissenschaft« orientiert sich an Comte, indem er sich mit den massiven historischen Auswirkungen und mythischen Dimensionen der Wissenschaften sowie mit dem natürlichen Wissen befasst, das in literarischen, künstlerischen und religiösen Werken zum Ausdruck kommt. In seiner Einführung zur Neuauflage von Comtes *Cours* im Jahr 1975 erkundet er die wiederkehrenden strukturellen Eigenschaften von Comtes System: Dieses oszilliere zwischen einer linearen Narration und einer enzyklopädischen Datenbank und führe die Verbindung von »Ordnung und Fortschritt« als Prinzip aller Wissenschaften ein. Dargestellt wird dies anhand eines Bildes des Mathematikers Poinsot: Dabei setzt ein aus entgegengesetzten Kräften gebildetes »Paar« an den gegenüberliegenden Enden eines Hebels an, dessen Bewegung einen Kreis um einen festen Drehpunkt zieht. In Übereinstimmung mit der Etymologie von »Theorie« (*theorein* bedeutet im Griechischen »sehen«) zeigt Serres einen hoch spekulativen Aspekt in Comtes System auf, nämlich die Überschneidung und Verstärkung der Harmonien zwischen dessen Abteilungen, die durch visuelle Beobachtungen und entsprechende Expositionen gewonnen wurden. Laut Serres ist Comtes »künstliches« System durch einen »imaginären« Aspekt geprägt:

> Entfernen wir alle Dinge, damit ich sehen kann. Dass ich *Harmonie* sehen kann: die Harmonie der Welt und der Astronomie etwa. Um ein vergegenständlichtes Schauspiel in und durch dessen Spiegelbilder zu sehen – eine Ausstattung, eine durch unsere Bedürfnisse begrenzte Nische: diese stets bereite menschliche Welt, jenseits derer es für uns nichts zu tun und nichts zu wissen gibt. Damit das Beobachtete nicht länger unbestimmt bleibt, sondern sich auf unsere beobachtbare oder zu beobachtende Umgebung bezieht, als Korrelat unserer Bedürfnisse und Entsprechung unserer theoretischen Ansprüche. In dieser Welt, die für all jene bestimmt ist, die nicht blind sind, ist alles Körperliche untersagt; es handelt sich um eine optische Welt, einen theoretischen Raum reiner Bilder, einen imaginären Raum. Im Gegensatz zu seinem Namen ist der Positivismus eine Theorie spekulativer Harmonie.[36]

---

[36] Serres: »Le Speculatif« (Anm. 19), S. 7 [Übersetzung durch CB].

Comte wird für Serres zu einem Erneuerer der spekulativen Philosophie. Dessen optisch orientierte Epistemologie geht weit über eine bloße Affirmation der wahrnehmbaren Fakten hinaus und entwickelt sich zur Vision einer mehrschichtigen, mehrfach reflektierten und gebrochenen sowie allumfassenden Harmonie des Ganzen. Dafür ist das Weiterbestehen eines visuellen Modus auch nach dem so genannten Tod der Metaphysik nötig, wie Comte gerade in einem seiner Werke forderte, in denen die Notwendigkeit nach einem Ende der Metaphysik am lautesten proklamiert wurde.[37]

Doch geht Serres möglicherweise zu weit mit seiner Behauptung, dass diese spekulative Vision alles Konkrete verbiete und ausschließe, dass es sich bei seiner um eine Welt handele, »in der alles Physische verboten ist«. Tatsächlich verzichtet der Positivist auf den Anspruch, über grundlegende Substanzen oder Ursachen Bescheid zu wissen und lehnt daher die philosophische Position des physikalistischen Reduktionismus ab. Doch Comtes Vision einer spekulativen Harmonie, die Serres in so schöner Weise formuliert, wurde nicht nur in gesprochenen Worten, sondern auch in gedruckten Texten und vor allem in konkreten Bildern kommuniziert – in Tabellen, Kalendern und im realen Ort des Tempels, ganz so, als hätte sich Comte die Frage gestellt: Wie muss ein auf einer Epistemologie des Zeigens beruhendes spekulatives System *aussehen*? Darauf gab er zur Antwort: Es muss sich um eine Galerie handeln, einen Versammlungsort, einen Schrein, einen dreidimensionalen Parcours durch die unterschiedlichen Phasen des historischen und intellektuellen Fortschritts der Humanität, dargestellt in einheitlicher physischer Form. Die klaren Linien und sich an klassischen Vorbildern orientierenden Proportionen des Tempels sind Ausdruck der Harmonien in Comtes Philosophie.

Gehen wir noch einen Schritt weiter: Der Tempel ist nicht nur eine Bühne der Symbole oder ein Theater der Repräsentationen. Er ist zudem ein Instrument, eine Maschine zur Gründung, Erhaltung und Verbrei-

---

[37] Comte realisierte in einem einzigen System, was Quentin Meillassoux unlängst als den Verlauf der anti-metaphysischen Philosophie nach Kant bezeichnet hat (Quentin Meillassoux: *After Finitude: An Essay on the Necessity of Contingency*, London: Continuum 2008). Um den metaphysischen Absolutismus zu zerstören, wird ein grundlegendes Niveau von »Faktizität« angenommen, das nicht unterschritten werden darf: alles Wissen erscheint als Teil einer Beziehung zwischen dem Bewusstsein und einer unerkennbaren »äußeren Welt«. Das ironische Ergebnis dieser Beschränkung der Forderungen des Wissens nach bloßer Faktizität lautet nach Meillassoux, dass absolute Forderungen, die nur durch Glauben (und nicht Vernunft) gegeben sind, vor jeder rationalen Kritik geschützt sind und damit eine neue, unbestreitbare Vormachtstellung gewinnen. Comte realisiert sowohl einen kompromisslosen »Korrelationismus«, als auch einen Fideismus, den Meillassoux denunziert.

tung einer besonderen natürlichen und sozialen Ordnung sowie der Emotionen, die zu deren Unterstützung beitragen. In diesem Gebäude werden die Beziehungen der Menschen und aller anderen Lebewesen dargestellt, gestärkt, stimuliert und reguliert. Innerhalb dieser allumfassenden Umarmung steht paradoxerweise gerade ein heiliger Raum für die theoretischen und berechnenden Wissenschaften, für die Werke und Maschinen der modernen Industrie und Technologie. Der *Templo da Humanidade* präsentiert eine Philosophie, die Wissen als eine Art der Exposition, der Darstellung und Ausstellung begreift. Das Gebäude selbst ist keine Kosmologie – also keine Theorie, kein konzeptioneller Rahmen, keine Reihe von Ideen oder Überzeugungen in den Köpfen der Gläubigen –, sondern vielmehr ein zur Aktivität bestimmtes *Kosmogramm*: ein konkretes Objekt, welches die Ordnung des Kosmos verkörpert, ausstellt und performativ umsetzt.[38] Damit wurden die Beziehungen alles Existierenden aufgezeigt, wobei diese Beziehungen zugleich dramatisiert und abgesichert wurden.

Comte wollte Geist und Körper formen, um eine neue organische Einheit der Menschen untereinander sowie zwischen den Menschen und ihrer Umgebung zu schaffen. Seine Kirche war eine soziale Technologie, eine Maschine zur Stabilisierung, oder (um einen zentralen Begriff seiner Philosophie zu verwenden) zur *Regulierung* der positivistischen Konzeption des Universums und der positivistischen Lebensweise.[39] Ein weiterer Bezugspunkt lässt sich in den Werken eines Kollegen Serres' finden: Auch Foucault unternahm den Versuch, die von Comte begründete Tradition der »epistémologie« neu zu fassen und zu stärken, die nachfolgend von Bachelard, Canguilhem und Henri Gouhier, dem Vorsitzenden der Promotionsjury Foucaults und Autor einer größeren Studie zu Comte, weiterentwickelt wurde.[40] Wenn wir den positivistischen Tempel als eine Maschine betrachten, so verdanken wir dies zu einem gewissen Teil Foucaults Kommentaren über jenen anderen berühmten Ort der Sichtbarkeit aus dem frühen 19. Jahrhundert, dem von dem utilitaristischen Philosophen Jeremy Bentham entwickelten Panoptikum. Bentham schuf das architektonische Prinzip eines Gefängnisses, in dem die Zellen der Insassen um einen zentralen Hof herum angeordnet sind, in dessen Mitte sich ein Wachturm befindet. Die Zellen

---

38 John Tresch: »Cosmogram«, in: Melik Ohanian/Jean-Christoph Royoux (Hg.): *Cosmograms*, New York: Sternberg Press 2005, S. 67–76.

39 Vgl. Georges Canguilhem: »The Problem of Regulation in the Organism and in Society«, in: ders.: *Writings on Medicine*, New York: Fordham University Press 2012, S. 67–77.

40 Jean François Braunstein: »Bachelard, Canguilhem, Foucault: Le style français en épistémologie«, in: Pierre Wagner (Hg.): *Les philosophes et la science*, Paris: Gallimard 2002.

sind erleuchtet, doch der Turm ist dunkel: die Gefangenen sollen sich dauernd beobachtet fühlen und sich dadurch selbst disziplinieren. Für Foucault stellte diese architektonische Form eine Verbindung zwischen modernen Einrichtungen wie Gefängnissen, Fabriken, Krankenhäusern und Schulen her:

> Aber das Panopticon ist nicht als Traumgebäude zu verstehen: es ist das Diagramm eines auf eine ideale Form reduzierten Machtmechanismus; sein Funktionieren, das von jedem Hemmnis, von jedem Widerstand und jeder Reibung abstrahiert, kann zwar als rein architektonisches und optisches System vorgestellt werden: tatsächlich ist es eine Gestalt politischer Technologie, die man von ihrer spezifischen Verwendung ablösen kann und muss.[41]

Das Prinzip der Sichtbarkeit des Panoptikums zielt mit dessen zumindest potentiell omnipräsenten Blick auf die Schaffung einer Subjektivität in den Gefangenen. Dieses Prinzip findet sich im Tempel gewissermaßen in umgekehrter Form wieder, in dem die Statuen, Worte und Tabellen von den Besuchern erblickt werden. Doch das Ziel bleibt unverändert – die Begründung einer neuen Subjektivität mit den Mitteln des Sehens. Diese »Exposition einer politischen Technologie« hat mit dem Panoptikum auch dessen Status als »Diagramm eines Machtmechanismus« gemeinsam.[42] Denn es entsprach Comtes Vorstellung, dass die selbstreferenziellen und sich gegenseitig verstärkenden Elemente, die im Tempel verkörpert sind – um das Gesehene und Gesagte zusammenzuführen, wie es Deleuze formulierte – sich auch in der Gesellschaft wiederfinden: in der standardisierten Pädagogik, den täglichen Gebeten, wöchentlichen Ritualen und wiederkehrenden jahreszeitlichen Festen. Der Tempel bildete den zentralen Knotenpunkt eines Diagramms der gesamten Gesellschaft zur Begründung einer neu erschaffenen »spirituellen Kraft«. Wie Tony Bennett mit seinem »Ausstellungs-Komplex« vorschlug, der Museen mit anderen öffentlichen Orten der Exposition in Beziehung setzte, übten die europäischen Gesellschaften des 19. Jahrhunderts ihre Macht nicht nur durch Überwachung, sondern durch Exposition aus.[43] Nirgends wurde diese moralische und politische Macht besser sichtbar als im Positivismus.

Für Comte richtete sich alles Wissen nach den menschlichen Bedürfnissen: Die Wissenschaften gaben der Natur eine Gestalt und stellten sie aus, um auf sie Einfluss zu nehmen. Doch mit der Erfindung seiner späteren Jahre, dem »Großen Fetisch« der Erde und mit seiner Vorstellung der »Biokratie« (einer Neugestaltung der Gesellschaft entsprechend den

---

41 Michel Foucault, *Überwachen und Strafen*, Frankfurt a.M.: Suhrkamp 1976, S. 264

42 Gilles Deleuze: *Foucault*, Minneapolis: University of Minnesota Press 1988.

43 Tony Bennett: *The Birth of the Museum*, London: Routledge 1995.

Abhängigkeitsbeziehungen zwischen den Menschen und den übrigen Lebewesen) wurde sein Anthropozentrismus etwas ungewöhnlicher und zugleich faszinierender. Das Zeitalter des »Anthropozän«, das heute von Geologen diskutiert wird und sich darum bemüht, die Auswirkungen menschlichen Handelns auf den Planeten selbst und dessen äußere geografische Schicht zu bezeichnen, drückt in neuen Begriffen das aus, was Comte immer schon betonte: dass die natürliche Ordnung untrennbar mit dem Handeln des Menschen und dessen Bestreben verbunden ist, diese Ordnung zu verändern.[44] Zudem zeigen die Diskussionen über das Anthropozän die Konsequenzen der Ignoranz dieser gegenseitigen Abhängigkeit: während Comtes Religion die von der nicht-menschlichen Natur gesetzten Grenzen zu respektieren und damit das Handeln des Menschen mit dem natürlichen Gleichgewicht der Erde in Einklang zu bringen suchte, waren die Wissenschaften in den hundert Jahren seit Comtes Tod dagegen stolz auf ihre Unabhängigkeit von Moral, Politik und Religion.

Wie Comte vorausahnte, öffnete diese Unabhängigkeit Pathologien aller Art Tür und Tor. Heute sollten wir möglicherweise den »Gesellschaftsvertrag« hinter uns lassen, der als Fundament der modernen Gesellschaften angenommen wird und stattdessen einen »Vertrag mit der Natur« formulieren, wie ihn Michel Serres bezeichnete, um friedliche und für alle vorteilhafte Beziehungen zwischen den Menschen und ihrer Umwelt zu schaffen. Vor mehr als einem Jahrhundert präsentierte Comtes Positivismus einen solchen Vertrag aus Papier, Glas und Stein.[45]

Übersetzt von Christian Breuer

Abbildungsnachweise

Abb. 1: Foto: Margarete Vöhringer.
Abb. 2: Comte: *Système* (Anm. 1), unpaginiert (zwischen S. 726 und 727).
Abb. 3 Auguste Comte: *Calendrier Positiviste, ou Système générale de commémoration publique, destiné surtout à la transition finale de la grande république occidentale formée des cinq populations avancées, française, italienne, espagnole, germanique, et britannique, toujours solidaires depuis Charlemagne*, 4ème ed., Paris: Mathias 1852, unpaginiert (zwischen S. 8 und 9).
Abb. 4: Archives de la Maison Auguste Comte, mit Dank an Aurélia Giusti.
Abb. 5: Foto: Birgit Schneider.
Abb. 6: Fotos: Margarete Vöhringer.
Abb. 7: Fotos: Margarete Vöhringer.

---

44 Vgl. Jan Zalasiewicz et al.: »Are we now living in the Anthropocene?«, in: *GSA Today* 18 (2008), S. 4–8.

45 Erstmalig erschienen unter: John Tresch: »Cosmic Things, Cosmograms: Technological World-Pictures«, in: *ISIS* 98 (2007) 1, S. 84–99.

Ist Wissen ein Existenzmodus?

Bruno Latour

»Können wir denn nicht überhaupt ohne ein ›Fixum‹ auskommen? Beide sind veränderlich: Denken und Tatsachen. Schon darum, weil Denkveränderungen in veränderten Tatsachen sich offenbaren.«[1]

»Erkenntnis oder Wissenschaft als Kunstwerk überträgt, wie jedes andere Kunstwerk, Eigenschaften und Potentialitäten auf Dinge, zu denen sie *vorher* nicht gehörten. Die Einwände von seiten des angeblichen Realismus gegen diese Behauptung entstehen aus einer Konfusion der Zeiten. Erkenntnis ist keine Verdrehung oder Verkehrung, die auf *ihren* Gegenstand Eigenschaften überträgt, die ihm nicht an*gehören*, sondern ist ein Akt, der auf nicht-kognitives Material Eigenschaften überträgt, die ihm nicht ange*hörten*.«[2]

Mir fiel ein riesiges Schild auf: »Wieder aufgenommener Lehrbuchfall«. Jedes Mal, wenn ich New York besuche, verbringe ich einige Zeit im Museum für Naturgeschichte, um die Fossilienabteilung im obersten Stockwerk zu sehen. Diesmal jedoch waren es nicht die Dinosaurier, die meine Aufmerksamkeit erregten, sondern die neue Ausstellung zur Geschichte der Pferdefossilien (Abb. 1). Warum sollte jemand sich Lehrbücher noch einmal vornehmen? In dieser wunderbaren Präsentation hatten die Kuratoren zwei sukzessive Versionen unseres *Wissens* über Pferdefossilien in zwei parallelen Reihen präsentiert. Man konnte in dieser Anordnung nicht nur die Evolution des heutigen Pferdes anhand zeitlich aufeinander folgender Fossilien nachvollziehen, sondern auch die zeitlich aufeinander folgenden Versionen unseres *Wissens* über diese Evolution. Nicht nur eine, sondern zwei Reihen von parallelen Abstammungslinien wurden so geschickt überlagert: die fortschreitende Transformation der Pferde und die fortschreitende Transformation unserer Interpretationen ihrer Transformation. Der sich verzweigenden Geschichte vom Leben

1 Ludwik Fleck: *Entwicklung und Entstehung einer wissenschaftlichen Tatsache. Einführung in die Lehre vom Denkstil und vom Denkkollektiv*, Frankfurt a. M.: Suhrkamp 1980 [1935], S. 69 f.

2 John Dewey: *Erfahrung und Natur*, Frankfurt a. M.: Suhrkamp 1995 [1929], S. 358.

Abb. 1: Blick in die Ausstellung.

wurde so die sich verzweigende Geschichte der Wissenschaft vom Leben hinzugefügt – eine ausgezeichnete Gelegenheit, sich einen anderen Lehrbuchfall wieder vorzunehmen: Was ist in unserem Forschungsfeld genau mit der Behauptung gemeint, dass »wissenschaftliche Objekte eine Geschichte haben«?

Im Folgenden will ich drei verschiedene Aufgaben bearbeiten: (1) Ich werde anhand des Beispiels der Fossilienausstellung die doppelte Geschichtlichkeit der Wissenschaft und ihres Gegenstands neu formulieren; (2) ich werde den Leser an eine alternative Tradition in Philosophie und Wissenschaftsforschung erinnern, die dabei helfen könnte, die Frage neu zu fassen; (3) ich werde etwas anbieten, was ich als eine neue Lösung für die Definition der Pfade der Wissensgewinnung (»*knowledge aquisition pathways*«)[*] ansehe.

* *Knowledge* wurde in der Regel als »Wissen«, manchmal auch mit »Erkenntnis«, »Kenntnis« oder »Erkennen« übersetzt [Anm. d. Übers.].

Wissen ist ein Vektor. Ein interessantes Experiment, um den kollektiven Prozess der Wissenschaft darzustellen

Die Parallele zwischen der Evolution der Pferde und der Evolution der Wissenschaft eben dieser Pferdeevolution beeindruckte mich, weil ich eine bestimmte Asymmetrie in unseren Reaktionen auf die Wissenschaftsforschung stets merkwürdig fand. Wenn man bei einem Vortrag sagt, dass Wissenschaftler im Laufe der Zeit verschiedene Vorstellungen von der Welt gehegt haben, wird man vom Publikum nur ein müdes Gähnen als Antwort erhalten. Wenn man seiner Zuhörerschaft sagt, dass diese Transformationen nicht zwingend linear verlaufen und nicht notwendigerweise regelhaft auf eine richtige und definitive Tatsache hinauslaufen, mag man ein leichtes Unbehagen auslösen und womöglich gelegentlich die Befürchtung hören: »Könnte dies nicht in Relativismus münden?« Wenn man aber vorschlägt zu sagen, dass die Objekte der Wissenschaft *selbst* eine Geschichte haben, dass sie sich ebenfalls im Laufe der Zeit verändert haben, oder dass Newton der Schwerkraft »zugestoßen« ist, dass Pasteur den Mikroben »zugestoßen« ist, dann sind plötzlich alle in Aufruhr und die Anklage, der Philosophie zu frönen oder, schlimmer noch, der »Metaphysik«, wird nicht lange auf sich warten lassen. Es gilt als selbstverständlich, dass die Wissenschaftsgeschichte die Geschichte unseres Wissens von der Welt betrifft, *nicht* die Welt selbst.[3] Darin lag für mich die reizende Originalität dieser Exponate im naturgeschichtlichen Museum.

Doch zuerst wollen wir einige der Schrifttafeln lesen: »Diese Zusammenstellung stellt eine der berühmtesten Evolutionsgeschichten der Welt dar«. Warum ist sie so berühmt? Weil, wie die Beschriftung sagt, »Pferde einige der am besten erforschten und am häufigsten gefundenen Gruppen von Fossilien sind«. Aber warum sollte ihre Entwicklung

---

[3] Ich lasse in diesem Text beiseite, dass beinahe alle wissenschaftlichen Disziplinen in jüngster Zeit von einer parmenidischen zu einer heraklitischen Version übergegangen sind: Jede Wissenschaft wird nun auf eine Weise erzählt, die Zeit in Betracht zieht, vom Big Bang bis zur Geschichte der Erdgeologie oder des Klimas auf der Erde. In diesem Sinn hat der narrative Modus, mit dem wir durch die Historiker vertraut geworden sind, triumphiert, und auch Physiker erzählen uns über das »historische Auftauchen der Elementarteilchen« im selben Modus. Dies bedeutet jedoch nicht, dass diese neuen heraklitischen Versionen der Wissenschaft den Pfad der Wissenschaftsgeschichte öfters kreuzen werden als zu der Zeit, wo Erde, Himmel und Materie als unwandelbar galten. Mit anderen Worten, es ist genauso schwierig für Historiker der Kosmologie, ihre zeitlichen Erzählungen mit denen der Physiker zu verknüpfen, wie es zu Zeiten von Laplace gewesen war, als der Kosmos noch keinerlei intrinsische Geschichte hatte. Aus diesem Grund war diese Ausstellung so aussagekräftig – und das erklärt auch den fortgesetzten Erfolg des verstorbenen Stephen Jay Gould, der die beiden Geschichten so kunstvoll miteinander zu verbinden wusste.

»überdacht werden«, statt sie einfach entsprechend unserem »heutigen Wissensstand« zu präsentieren?

> Die Pferde in dieser Ausstellung sind so angeordnet, dass zwei Versionen der Evolution des Pferdes kontrastiert werden. Die in der vorderen Stufenfolge zeigen das klassische Konzept einer »geraden Linie«, wonach die Pferde mit der Zeit größer wurden und weniger Zehen sowie größere Zähne aufwiesen. Inzwischen wissen wir jedoch, dass die Evolution der Pferde sehr viel komplexer verlaufen ist und eher einem sich verzweigenden Busch ähnelt als einem Baum mit einem einzigen Hauptstamm. Die Pferde in der hinteren Reihe zeigen, wie unterschiedlich diese Säugetierfamilie tatsächlich gewesen ist.[4]

Selbstverständlich wissen praktizierende Wissenschaftler genau, dass ihre Forschung öfters die Form eines »sich verzweigenden Busches« annimmt, und nicht die einer »geraden Linie«. Die feine Innovation dieser Ausstellung liegt darin, dass diese verschlungenen Pfade, die dem Publikum selten gezeigt werden, nun auch noch so dargestellt werden, dass die stockende Bewegung der Forschungsobjekte selbst parallel verläuft. Jede der beiden Reihen wird weiterhin durch folgende Schrifttafeln kommentiert:

> Die Geschichte der Pferde, die klassische Version:
> Im neunzehnten und frühen zwanzigsten Jahrhundert ordneten die Wissenschaftler die ersten bekannten Pferdefossilien in einer chronologischen Reihenfolge an. Sie formten eine einfache evolutionäre Sequenz, die von kleinen zu großen Körpern, von vielen zu weniger Zehen und von kurzen zu langen Zähnen verlief. Dadurch erschien die Evolution wie ein einziger gerader linearer Fortschritt vom frühesten bekannten Pferd *Hyracotherium* bis zu *Equus*, dem Pferd, wie wir es heute kennen.[5]

Dies wird kontrastiert mit den Exponaten in der zweiten Reihe:

> Die Geschichte der Pferde, die revidierte Version:
> Im Verlauf des zwanzigsten Jahrhunderts wurden sehr viel mehr Fossilien entdeckt und die Evolutionsgeschichte wurde komplizierter. Einige spätere Pferde, wie *Calippus*, waren kleiner, nicht größer, als ihre Vorfahren. Viele andere, wie *Neohipparion*, hatten immer noch drei Zehen, nicht eine.
> In der hinteren Reihe dieser Präsentation sieht man Beispiele für Pferde, die nicht in die Version einer »geraden Linie« hineinpassen.[6]

Um den Museumsbesucher nicht ganz zu entmutigen, haben die Kuratoren zusätzlich das folgende feine Stück Wissenschaftsgeschichte und -philosophie hinzugefügt:

---

[4] Zitat aus der Ausstellung.
[5] Ebd.
[6] Ebd.

> In der Tat passten in jeder Epoche einige Pferde in die »gerade Abstammungslinie« hinein, und andere nicht. Daraus schlossen die Wissenschaftler, dass es nicht eine einzige Linie der Evolution gab, sondern viele, die in unterschiedlichen Gruppen von Tieren mündeten, von denen jede auf verschiedene Weise zu verschiedenen Zeiten »erfolgreich« war. Das heißt nicht, dass die ursprüngliche Geschichte vollkommen falsch war. Pferde hatten die Tendenz, größer zu werden, weniger Zehen und längere Zähne aufzuweisen. Allerdings ist dieser Gesamttrend nur Teil einer sehr viel komplexeren Evolutionsgeschichte.[7]

Man könnte natürlich einwenden, dass sich nicht viel geändert hat, da wir »inzwischen wissen«, dass man die Evolution als »buschförmigen« Weg betrachten soll, und nicht als zielorientierte Bahn. So könnte man sagen, dass zwar die Konzeption der Evolution von einer geraden Abstammungslinie übergeht zu einer gewundenen, aber die Wissenschaftsgeschichte sich immer noch entlang einer *geraden* Linie vorwärts bewegt. Doch die Kuratoren sind sehr viel kühner: sie treiben die Parallele sehr viel weiter, und auf dem gesamten Stockwerk finden sich immer wieder Videos von Wissenschaftlern bei der Arbeit, kurze Biografien berühmter, sich bekämpfender Fossil-Jäger, sogar unterschiedliche Rekonstruktionen von Skeletten, um dem Publikum zu beweisen, dass wir in unserem Wissen »nicht ganz sicher sind« – eine häufige Bezeichnung in der Ausstellung. Wenn die Evolution des Pferdes nicht länger teleologisch (*wiggish*) betrachtet wird, so wird auch die Geschichte der Wissenschaft von den Kuratoren nicht in dieser Weise dargestellt. Der einzige übrig gebliebene »Gesamttrend« besteht darin, dass diese aktuelle Wissenschaftskonzeption uns weg von einer starren Ausstellung der definitiven Tatsache der Paläontologie hin zu einer komplexeren, interessanteren und heterogeneren Ausstellung geführt hat. Von der »klassischen« Version sind wir übergegangen zur …, ja welcher? »romantischen«? postmodernen«? »reflexiven«? »konstruktivistischen« Version? Welches Wort wir auch wählen, wir sind weitergekommen, und dies ist es, was mich hier interessiert: Objekte und Wissen über die Objekte werden beide in den *gleichen* Heraklitischen Fluss geworfen. Zusätzlich zu dem Typ von Trajektorie, den sie beide jeweils auslösen, werden sie durch den zeitlichen Prozess vergleichbar, dem sie beide unterworfen sind.

Die Innovation der Kuratoren der Ausstellung im Obergeschoss des Museums besteht darin, es den Besuchern ermöglicht zu haben, eine Parallele, ein gemeinsames Muster zu erkennen zwischen der langsamen, stockenden und buschigen Bewegung der Evolution unterschiedlicher Pferdearten in ihrem Kampf ums Überleben und dem

---

7 Ebd.

ebenso langsamen, stockenden und buschig verlaufenden Prozess, in dem *Wissenschaftler* die Evolution der Pferde im Verlauf der *Geschichte* der Paläontologie rekonstruiert haben. Anstatt die zu großen Teilen kontroverse Geschichte der Paläontologie zu glätten und das gegenwärtige Wissen als unbestreitbaren Tatbestand darzubieten, haben sich die Kuratoren dafür entschieden, das Risiko einzugehen, die sukzessiven Interpretationen von der Evolution der Pferde als eine Reihe von plausiblen und revidierbaren Rekonstruktionen der Vergangenheit zu präsentieren. »Kontrast«, »Version«, »Erzählung« – so lauten die harten Wörter für unschuldige Besucher, ganz zu schweigen von den skeptischen Anführungszeichen, in die das Adjektiv »erfolgreich« gesetzt wird; damit wird die über-optimistische Auslegung erfolgreich attackiert, die der Neo-Darwinismus der Evolution überzustülpen versucht hat.

Jedes Mal, wenn ich diese wunderbare Ausstellung besichtige, fasziniert mich, dass sich alles parallel bewegt: die Pferde in ihrer Evolution und die Interpretationen der Pferde in der Zeit der Paläontologen, auch wenn Maßstab und Rhythmus verschieden sind – Millionen von Jahren in der einen Linie, hunderte von Jahren in der anderen. Würde man die sukzessiven, einander ersetzenden Versionen von der Evolution der Pferde ignorieren, so liefe das letztlich auf dasselbe hinaus als würde man, auf der Seite der Fossilien, alle Knochenfunde eliminieren, um nur noch ein Skelett übrig zu lassen, das willkürlich als Repräsentant des idealen und *finalen* Pferdes ausgewählt worden wäre. Doch am interessantesten als Besucher und – zugegeben voreingenommener – Wissenschaftsforscher finde ich, dass obwohl die Wissenschaft verschiedene »Versionen« durchlaufen musste, obwohl die Knochen auf verschiedene Weise ausgebreitet und rekonstruiert werden konnten, dies nicht den Respekt zu mindern scheint, den ich für die Wissenschaftler hege, genauso wenig, wie die Vielfalt der früheren Pferde mich davon abhalten würde, ein *heutiges* Pferd zu bewundern und zu besteigen. Trotz der Worte »Kontrast«, »Version« und »Revision« handelt es sich nicht um eine »revisionistische« Ausstellung, welche die Besucher zweifelnd und verächtlich gegenüber Wissenschaft und Wissenschaftlern machen würde, so als würden sie am Eingang der Schau gebeten, »alle Hoffnung fahren zu lassen«, irgendetwas objektiv zu erkennen. Ganz im Gegenteil.

Das ist der Ursprung dieses Textes. Obwohl wir die sukzessiven Skelette der Fossilienpferde nicht nur dankbar annehmen, sondern sie als wichtige Entdeckung akzeptieren – stellt doch die Evolution die wichtigste Entdeckung in der Geschichte der Biologie dar –, wieso finden wir dann die Darstellung der sukzessiven Versionen der Geschichte der Evolution störend, überflüssig, irrelevant? Wieso betrachten wir die Evolution der Tiere als ein *substantielles* Phänomen in seinem eigenen Recht, während wir die Geschichte der Wissenschaft nicht als ein gleichermaßen substantielles Phänomen verstehen, zumindest nicht als etwas, das die *Substanz* des Wissens definiert? Wenn ein Biologe die Evolution einer Spezies erforscht, hofft er (oder sie), die vitalen Merkmale zu finden, die ihre gegenwärtige Form in all ihren Details erklären, und die Untersuchung wird in den gleichen Gebäuden und Abteilungen durchgeführt wie die anderen Zweige der Wissenschaft. Wenn aber ein Historiker oder ein Wissenschaftsforscher die Evolution der Wissenschaft erklärt, so geschieht dies in einem anderen Gebäude, abseits der Wissenschaft, und wird als Luxus, als ein peripheres Unternehmen verstanden, bestenfalls als eine heilsame und amüsante Warnung für überhebliche Wissenschaftler, aber nicht als etwas, das die feingliedrigsten Details des *Erkannten* ausmacht. Mit anderen Worten, warum ist es so schwierig, eine Geschichte *von der Wissenschaft* zu haben? Nicht eine Geschichte von unseren Repräsentationen, sondern ebenso von den erkannten Dingen, von epistemischen Dingen? Während wir für die Existenz des heutigen Pferdes jeden der aufeinander folgenden Momente der Abstammungslinie als ungemein relevant ansehen, sind wir versucht, all die sukzessiven Versionen, welche die Geschichte und Rekonstruktion dieser Abstammungslinie durch Paläontologen angenommen hat, zu verwerfen und als irrelevant anzusehen. Warum ist es so schwierig, jede der aufeinander folgenden Interpretationen als einen *Organismus* mit eigenem Recht zu betrachten, mit seiner eigenen umfassenden Aktivität und seinen eigenen Fortpflanzungsrisiken? Weshalb ist es so schwierig, Wissen als einen Transformationsvektor zu verstehen, und nicht als eine sich verschiebende Reihe, die auf etwas abzielt, das unbeweglich bleibt und keine Geschichte »hat«? Mir geht es hier darum, die Erkenntnistätigkeit zu de-epistemologisieren und zu re-ontologisieren: Für beide Reihen, die der Pferdeevolution und die des Wissenspfads, ist Zeit wesentlich.

Ein Lehrbuchfall der Epistemologie wieder aufgegriffen

Besonders schön an den Beschriftungen des Museums ist, dass sie klar sind und von *common sense* zeugen. Sie verdanken sich nicht irgendeinem Entlarvungsdrang, einem bilderstürmerischen Trieb der Kuratoren, der das Prestige der Wissenschaft zerstören wollte. Sie zeigen vielmehr einen klaren, gesunden und unschuldigen *Relativismus* – worunter ich weder die Gleichgültigkeit gegenüber dem Gesichtspunkt von anderen verstehe, noch eine absolute Privilegierung des eigenen Gesichtspunkts, sondern die ehrenwerte wissenschaftliche, künstlerische und moralische Aktivität, die es möglich macht, den eigenen Blickwinkel durch Herstellung von Beziehungen zwischen Bezugsrahmen zu *verschieben*.[8] Und diese Klarheit macht viel Sinn, denn – so mein Argument in diesem ersten Teil meines Textes – im Prinzip hätte die Gewinnung und Berichtigung von Wissen die einfachste Sache der Welt sein können: wir versuchen etwas zu sagen, wir irren uns oft, wir berichtigen uns oder werden von anderen berichtigt. Wenn man zu einer ungewissen Behauptung *Zeit*, *Instrumente*, *Kollegen* und *Institutionen* hinzufügt, gelangt man zu Gewissheit. Nichts zeugt mehr von *common sense*. Nichts *sollte* einfacher zu begreifen sein, als anzuerkennen, dass der Prozess, durch den wir objektiv erkennen, jeder mysteriösen erkenntnistheoretischen Schwierigkeit entbehrt.

Sofern *wir nicht springen*. William James machte sich oft über jene lustig, die durch einen schwindelerregenden Salto mortale von mehreren sich bewegenden und fragilen Repräsentationen zu einer unveränderlichen und unhistorischen Realität springen wollen. Das Erkenntnisproblem auf diese Weise auszurichten, sagte James, sei der sicherste Weg, es schlichtweg zu verdunkeln. Er musste ohne Unterstützung durch Wissenschaftsforschung und -geschichte auskommen, und seine Lösung bestand darin, noch einmal den einfachen und klaren Weg zu betonen, auf dem wir unser Verständnis dessen berichtigen, was wir meinen, indem wir eine *kontinuierliche* Verbindung zwischen den verschiedenen Versionen dessen herstellen, was wir über irgendeinen Sachverhalt zu sagen haben. Seine Lösung ist so gut bekannt, dass ich sie sehr rasch wiedergeben kann, indem ich einfach einen Punkt hervorhebe, der selten in den Diskussionen um die sogenannte »pragmatistische Wahrheitstheorie« betont wird. Da James ein Philosoph war, stammten seine Beispiele nicht aus der Paläontologie, sondern, ziemlich einfach, von seinen Gängen über den Campus von Harvard! Wie wissen wir, fragt er, dass meine mentale Idee eines bestimmten Gebäudes – der Memorial Hall – mit einem Sachverhalt übereinstimmt?

> Um zu dem […] Beispiel der Memorial Hall zurückzukehren: Erst dann, wenn unsere Vorstellung von der Halle wirklich in deren Wahrnehmung mündet, wissen wir ›mit Sicherheit‹, daß sie von Beginn an in einem wahrhaft kognitiven Bezug zu dieser gestanden hat. Die Qualität, die Halle zu kennen, ja, überhaupt etwas zu kennen, kann so lange in Zweifel gezogen werden,

8 Im Zweifelsfall kann das Wort »Relationismus« an die Stelle des aufgeladenen Ausdrucks »Relativismus« treten, der zwei gegensätzliche Bedeutungen hat, je nachdem ob Papst Benedikt XVI. oder Gilles Deleuze ihn verwendet.

> bis sie am Ende des Prozesses vollständig hergestellt ist; und doch war die Kenntnis wirklich da, wie das Ergebnis nunmehr zeigt. Wir kannten die Halle *potentiell* [we were virtual knowers], lange bevor uns durch die rückwirkende, bestätigende Kraft der Wahrnehmung bescheinigt wurde, daß wir wirkliche Kenntnis von ihr gehabt haben.[9]

Alle wichtigen Eigenschaften dessen, was eine *common-sense*-Interpretation des Hervorbringens von Erkenntnis hätte sein sollen, stehen hier in einem einzigen Absatz. Und als erstes das entscheidende Element: Erkennen ist eine Trajektorie, oder, um einen anderen Terminus zu wählen, ein *Vektor*, der seine »bestätigende Kraft« »rückwirkend« projiziert. Mit anderen Worten, wir kennen bzw. wissen *noch* nicht, aber wir *werden* wissen oder vielmehr, wir werden wissen, ob wir früher *gewusst haben* oder nicht. Rückwirkende Zertifizierung, das, was Gaston Bachelard, der französische Wissenschaftsphilosoph, »Berichtigung« nannte, ist wesentlich für Wissen. Erkennen wird zu einem Mysterium, wenn man es als einen Sprung versteht zwischen etwas, das eine Geschichte hat, und etwas, das keine Geschichte hat und sich nicht bewegt; es wird vollständig zugänglich, wenn man ihm erlaubt, zu einem kontinuierlichen Vektor zu werden, bei dem *Zeit* wesentlich ist. Man nehme irgendein Wissen zu irgendeinem Zeitpunkt: man weiß nicht, ob es gut oder nicht gut ist, genau oder nicht genau, wirklich oder virtuell, wahr oder falsch. Man gestehe zu, dass ein sukzessiver, kontinuierlicher Verbindungspfad zwischen mehreren Versionen der Wissensansprüche gezogen wird, und man wird in der Lage sein, recht gut zu entscheiden. Zum Zeitpunkt t kann es nicht entschieden werden, zum Zeitpunkt t+1, t+2, t+n ist es entscheidbar *geworden*, selbstverständlich nur, sofern man sich entlang dem Pfad bewegt, der zu einer »Kette von Erfahrungen« führt. Woraus besteht diese Kette? Aus »Überleitungen« und aus »Substitutionen«, wie James anhand eines weiteren Beispiels verdeutlicht, und zwar nicht anhand von Pferden oder Gebäuden, sondern anhand seines Hundes. Die Fragestellung bleibt dieselbe: Wie können wir meine »Idee« von meinem Hund und jene »pelzige Kreatur« dort miteinander vergleichbar machen?

> Bringe ich beispielsweise meine gegenwärtige Idee meines Hundes in einen kognitiven Bezug zum wirklichen Hund, bedeutet das, dass die Idee, während das wirkliche Gewebe der Erfahrung sich bildet, in der Lage ist, auf meiner Seite zu einer Kette von Erfahrungen zu führen, die eine zur anderen überleiten

---

[9] William James: *Pragmatismus und radikaler Empirismus*, Frankfurt a. M.: Suhrkamp 2006, S. 43 f.

und schließlich zum Abschluss kommen in diesen intensiven Sinneserfahrungen eines springenden, bellenden, haarigen Körpers.[10]

Dieser klare, gesunde und *common-sense*-Relativismus erfordert eine gute Grundierung im »wirklichen Gewebe der Erfahrung«, ein Erfassen von »Ideen«, »Ketten von Erfahrungen«, die »eine zur anderen überleiten« und einen »Abschluss«, welcher definiert wird durch einen Wechsel im kognitiven Material von der »Idee meines Hundes« zum durch »intensive Sinneserfahrungen« erfassten »springenden, bellenden, haarigen Körper« eines Hundes.

> Demnach gibt es keinen Bruch in der humanistischen [ein Synonym für »radikal empiristischen«, Anm. d. A.] Erkenntnistheorie. Ob Erkenntnis als ideell vervollkommnet verstanden wird, oder nur als wahr genug, um für die Praxis zu taugen, sie hängt an einem kontinuierlichen Schema. Wirklichkeit, wie entfernt sie auch sei, wird immer definiert als ein Abschluss innerhalb der allgemeinen Möglichkeiten der Erfahrung, und was diese Wirklichkeit erkennt, wird als eine Erfahrung definiert, die sie insofern »repräsentiert«, als sie für sie substituierbar ist in unserem Denken, weil zu denselben Assoziierten überleitend, oder insofern sie »auf sie deutet« durch eine Kette anderer Erfahrungen, die entweder dazwischentreten oder dazwischentreten können.[11]

Im Unterschied zu Spinozas berühmtem Motto, wonach »das Wort ›Hund‹ nicht bellt«, bellt es *doch*, wenngleich erst *am Ende* eines Prozesses, der als Vektor ausgerichtet ist, kontinuierlich sein muss, eine Kette von Erfahrungen auslösen muss und als Resultat ein »erkanntes Ding« und eine genaue »Repräsentation des Dings« ergibt, allerdings erst rückwirkend. Der Punkt von James besteht darin, dass Erkenntnis nicht als dasjenige verstanden werden sollte, was die Idee eines Hundes und den wirklichen Hund durch irgendeine *Teleportation*, sondern durch eine Kette von Erfahrungen in Beziehung setzt, die derart in das Gewebe des Lebens verwoben sind, dass, wenn Zeit in Betracht gezogen wird und es keine Unterbrechung in der Kette gibt, man nicht nur (1) eine retrospektive Erklärung dafür liefern kann, was das Schema ausgelöst hat, sondern auch (2) ein erkennendes Subjekt – validiert als tatsächliches und nicht nur virtuelles – sowie (3) ein erkanntes Objekt – validiert als tatsächliches und nicht nur virtuelles.

Die entscheidende Entdeckung von James besteht darin, dass diese beiden Charaktere – Objekt und Subjekt – *nicht die angemessenen Ausgangspunkte* für irgendeine Diskussion über die Gewinnung von Erkenntnis sind; sie sind nicht der *Anker*, an dem man die schwindelerregende

---

10 William James: *Essays in Radical Empiricism*, London: University of Nebraska Press, 1996 [1907], S. 198.

11 Ebd., S. 201.

Brücke befestigen sollte, die über die Kluft von Worten und Welt führt, sondern sie werden *erzeugt* als ein Nebenprodukt – und noch dazu ein ziemlich belangloses – der Pfade der Wissensgenerierung. »Objekt« und »Subjekt« sind nicht Ingredienzien der Welt, sondern aufeinander folgende *Stationen* entlang von Wegen, durch die Wissen berichtigt wird. Wie James sagt: »es gibt keinen Bruch«, es handelt sich um ein »kontinuierliches Schema«. Unterbricht man jedoch die Kette, dann bleibt man unentschieden hinsichtlich der Qualität der Erkenntnisansprüche, so wie auch aufgrund fehlenden Nachwuchses die *Abstammungslinie* einer Pferdespezies unterbrochen würde. Die Schlüsselfrage für unsere Diskussion lautet nicht, bezogen auf irgendeine Aussage zu fragen: »Korrespondiert sie einem gegebenen Sachverhalt oder nicht?«, sondern: »Führt sie zu einer kontinuierlichen Erfahrungskette, in der die erste Frage rückwirkend beantwortet werden kann?«

Doch das Problem mit James ist, dass er Beispiele von Gebäuden und Hunden heranzog, um sein kontinuierliches Schema zu skizzieren, von Entitäten also, die zu banal waren, um sein *common-sense*-Argument zu beweisen. Bei den meisten klassischen Philosophen ist dies tatsächlich das Problem: als Beispiele nehmen sie vorzugsweise Tassen und Töpfe, Matten und Teppiche, ohne zu realisieren, dass dies die schlechtesten Beispiele sind, um irgendetwas hinsichtlich dessen zu beweisen, wie es uns gelingt, schließlich zu wissen. Bei solchen Beispielen fühlen wir nie die *Schwierigkeit* der Pfade der Verfertigung von Wissen, und wir machen aus dem Ergebnis eines Nebenprodukts des Pfades – ein erkennender Geist und ein erkanntes Objekt – die einzigen beiden wirklich wichtigen Komponenten eines gegebenen Sachverhalts. Mit diesen allzu vertrauten Termini scheint es leicht, sich eine Situation vorzustellen, in der ich frage: »Wo ist die Katze?«, um dann ohne jeglichen längeren, schwierigen, gewundenen Weg darauf zu zeigen: »Hier, auf der Matte«. Diese träge Art, die Sache anzugehen, wäre an sich harmlos. Sie ist es allerdings nicht mehr, wenn man, nachdem man seine Theorie der Wissenserzeugung auf solche alltäglichen, banalen und völlig vertrauten Objekte aufgebaut hat, sicher glaubt, das, was wirklich zähle, seien Subjekt und Objekt (der Name »Hund« auf der einen, und der »bellende Hund« auf der anderen Seite). Nun wird man nämlich dazu neigen zu denken, Erkenntnis bestehe im Allgemeinen aus einem großen Sprung von einer dieser Komponenten zur anderen. Selbstverständlich ist es vollkommen wahr, dass wir, sobald wir mit dem Pfad vertraut sind, meistens die Zwischenschritte unbeschadet ignorieren und die beiden Endpunkte als repräsentativ für das nehmen können, was Erkenntnis ist. Doch dies Vergessen ist ein Artefakt der Vertrautheit.

Schlimmer ist es, wenn wir versuchen, dieses an das banale, vertraute Objekt angepasste Modell der Wissensgewinnung zu verwenden, um »die Große Frage« der Wissensgewinnung hinsichtlich neuer, unbekannter, schwer fokussierbarer und komplizierter Objekte wie Planeten, Mikroben, Leptonen oder Pferdefossilien aufzuwerfen, für die es noch keinen Pfad gibt oder für die dieser noch nicht so vertraut geworden ist, um ihn durch seine beiden Endpunkte zu bezeichnen. Wir tendieren nämlich dazu, neue Entitäten, für die es absolut entscheidend ist, das kontinuierliche Schema beizubehalten, zu behandeln als wären sie bereits vertraute Objekte geworden. Und doch bricht das ganze Gerüst, das anhand banaler Gegenstände definiert worden ist, bei allen neuen Objekten in sich zusammen, wie es die letzten drei Jahrhunderte der Erkenntnistheorie gezeigt haben, denn mithilfe des Objekt/Subjekt-Werkzeugs lässt sich nicht irgendeine *neue* Entität erfassen. Dieses Schema, das auf banalen und vertrauten Sachverhalten basiert, gibt nicht den geringsten Hinweis, wie der kontinuierliche Pfad herzurichten sei, der für neue Sachverhalte Objektivität liefern kann.

Denkgewohnheiten brechen, die auf die Verwendung banaler Artefakte zurückgehen

Um zu realisieren, wie sehr James' grundsätzlicher Punkt mit dem *common sense* übereinstimmt, müssen wir uns gedanklich von ihm lösen und Fälle betrachten, wo die »Kette der Erfahrung« und die sukzessiven Versionen, die »eine zur anderen überleitend« zu Gewissheit führen, leicht dokumentierbar, sichtbar und erforschbar sind. Genau das haben die *science studies* und die Wissenschaftsgeschichte in den vergangenen dreißig Jahren gezeigt. An die Stelle des allzu vertrauten Hundebeispiels von James müssen wir etwa die Schwierigkeit von Paläontologen setzen, aus verstreuten und schwer zu interpretierenden Fossilien Sinn zu machen. Sobald wir das tun, wird offensichtlich, dass wir nie einen einsamen Geist vor uns haben, der mit »Ideen« von der Evolution des Pferdes versehen ist und nun versucht, in einem Schritt zur »Evolution des Pferdes« dort draußen zu springen. Nicht weil es kein »draußen« und kein »dort« gäbe, sondern weil »draußen« und »dort« nicht dem Geist *gegenüberstehen*: »draußen« und »dort« bezeichnen nicht mehr als Stationen entlang der Kette von Erfahrung, die durch sukzessive und kontinuierliche Berichtigungen zu anderen revidierten Versionen führt. Wenn etwas die Wissenschaftsphilosophie lahm gelegt hat, so die Tatsache, dass sie Matten und Katzen, Töpfe und Hunde verwendet hat, um die richtige Geistesverfassung zu entdecken, mit der entscheidbar wird, wie wir Objekte in der Art von schwarzen Löchern und Fossilien, Quarks und Neutrinos präzise erkennen. Nur wenn man kontroverse Tatsachen studiert, *ehe* sie als Tatsachen behandelt werden können, lässt sich das augenfällige Phänomen der Pfade – die ich Netzwerke nenne – der Wissensgewinnung in klarem Licht sehen, bevor sie verschwinden und die beiden Nebenprodukte Objekt und Subjekt ihre Rollen spielen lassen, als hätten diese die Erkenntnis *verursacht*, obgleich sie nur deren provisorische *Resultate* sind.

Niemand hat dies besser gesehen als Ludwik Fleck, dessen Interpretation des »Denkkollektivs« der von James skizzierten Kette von Erfahrungen sehr nahe ist. Trotz des Ausdrucks »Denken« in »Denkkollektiv« hat Fleck jene heterogenen Laborpraktiken im Sinn, mit denen die Laborstudien uns seitdem vertraut gemacht haben.

Wenn man nicht Hunde und Katzen als Beispiel nimmt, sondern etwa die bahnbrechenden Bemühungen von Syphilisspezialisten, den Wassermann-Test zu stabilisieren, das Hauptbeispiel in Flecks *Entstehung und Entwicklung einer wissenschaftlichen Tatsache*,[12] dann wird die gesamte Situation der Wissensgewinnung modifiziert. Mit Fleck, wie auch mit James, sind wir plötzlich in den heraklitischen Fluss der Zeit geworfen. Der Wortlaut mag noch zweideutig sein, doch nicht die eingeschlagene Richtung:

> Es ist sehr schwer, wenn überhaupt möglich, die Geschichte eines Wissensgebietes richtig zu beschreiben. [...] Es ist [...], als ob wir ein erregtes Gespräch, wo mehrere Personen gleichzeitig miteinander und durcheinander sprachen, und es doch einen gemeinsamen herauskristallisierenden Gedanken gab, dem natürlichen Verlaufe getreu, schriftlich wiedergeben wollten.[13]

Man beachte, dass die Metapher der Kristallisierung nicht als Gegensatz zu »erregtem Gespräch« verwendet wird, sondern sich aus dem Fluss der Erfahrung in einem solchen ergibt. Man hat oft übersehen, dass der Untertitel von Flecks Buchs sogar noch expliziter historisch war als James' Argument: die »Entstehung und Entwicklung einer wissenschaftlichen Tatsache«. Genauso wenig wie James spricht Fleck hier über die Entstehung unserer *Repräsentationen* eines Sachverhalts: es ist die *Tatsache selbst*, deren Entstehung er verfolgen will. Er interessiert sich für Tatsachen, so ähnlich wie Paläontologen den Pferdestammbaum rekonstruieren wollen, nicht die Ideen, die wir uns über diesen Stamm-

---

12 Fleck: *Entstehung und Entwicklung* (Anm. 1).
13 Ebd., S. 23.

baum gemacht haben. Nur ein Kantianer kann die Phantome der Ideen mit dem Fleisch der Tatsachen verwechseln:

> So entsteht die Tatsache: zuerst ein Widerstandsaviso im chaotischen anfänglichen Denken, dann ein bestimmter Denkzwang, schließlich eine unmittelbar wahrzunehmende Gestalt. Und sie ist immer ein Ereignis denkgeschichtlicher Zusammenhänge, immer ein Ergebnis bestimmten Denkstiles.[14]

Was ist der Unterschied, könnte man einwenden, zum Begriff eines Paradigmas, mit dem man seine Kategorien auf eine Welt projiziert, die einer Untersuchung unterzogen wird? Der Unterschied liegt in der philosophischen Haltung; er kommt von dem, was die Zeit mit all den Ingredienzien macht, die in einem »Denkstil« zusammenkommen, wie es hier genannt wird. Fleck sagt nicht, dass wir einen Geist haben, der ein festgelegtes – aber unzugängliches – Ziel heranzoomt. Es ist die Tatsache, die ein »Ereignis« bildet, die entsteht und die, sozusagen, einem ein (teilweise) neues Bewusstsein anbietet, ausgestattet mit einer (teilweise) neuen Objektivität. Davon zeugt die musikalische Metapher, die Fleck verwendet, um den Koordinationsprozess zu registrieren, der für die Stabilisierung des Phänomens verantwortlich sein wird:

> Es ist auch klar, daß Wassermann aus diesen verworrenen Tönen jene Melodie heraushörte, die in seinem Innern summte, für Unbeteiligte aber unhörbar war. Er und seine Mitarbeiter horchten und drehten an ihren Apparaten so lange, bis diese selektiv wurden und die Melodie auch den Unbeteiligten (Unvoreingenommenen) vernehmbar wurde.[15]

Fleck fügt hinzu, dass »unmittelbar aus ihnen [den ersten Versuchen] sich etwas sehr Richtiges entwickelte, ohne daß sie selbst richtig genannt werden könnten.«[16] Originell setzt er sich hier ab von der visuellen Metapher (die stets mit der Version der Brückenüberquerung verbunden ist) und ersetzt sie durch die fortschreitende Verlagerung von einer unkoordinierten zu einer koordinierten Bewegung. Ich wünschte, das gemeinsame Tanzen zu einer Melodie, auf die wir uns mehr und mehr einstimmen, könnte die ausgelaugte Metapher des »asymptotischen Zugangs« zur Wahrheit einer Sache ersetzen. Fleck spottet über die visuelle Metapher, indem er sie die *veni, vidi, vici*-Definition der Wissenschaft nennt.

> Wir wollen also das voraussetzungslose Beobachten – psychologisch ein Unding, logisch ein Spielzeug – beiseite lassen. Positiv untersuchungswürdig er-

---

14 Ebd., S. 124.
15 Ebd., S. 113.
16 Ebd., S. 114.

> scheint das Beobachten in zwei Typen, mit einer Skala der Übergänge: 1. *als das unklare anfängliche Schauen* und 2. *als das entwickelte unmittelbare Gestaltsehen.*[17]

Wir finden hier denselben Argumentationsgang wie bei James: Erkennen fließt in dieselbe Richtung wie das, was erkannt wird. Es ist eine »Skala der Übergänge«. Doch die Skala verläuft nicht vom Geist zum Objekt mit nur zwei möglichen Ankerpunkten, sie verläuft von unklarer Wahrnehmung zu direkter – das heißt gerichteter! – Wahrnehmung über eine unbestimmte Anzahl von Zwischenschritten, nicht nur über zwei. Das ist der große Unterschied in der Haltung. Man beachte die kühne und recht kontraintuitive Umkehrung der Metaphern: Erst wenn die Wahrnehmung »entwickelt« ist, d. h. ausgerüstet, gesammelt, abgestimmt, koordiniert, artifiziell, ist sie auch »unmittelbar«, direkt, während die anfängliche Wahrnehmung nachträglich als bloß »unklar« erscheint. Daher diese wunderbare Definition, was es heißt, geschickt und erfahren in der Wahrnehmung zu sein, was es heißt, für die Kohärenz der Tatsachen-Entwicklung ausgebildet zu werden:

> Das direkte Gestaltsehen verlangt ein Erfahrensein in dem bestimmten Denkgebiete: erst nach vielen Erlebnissen, eventuell nach einer Vorbildung erwirbt man die Fähigkeit, Sinn, Gestalt, geschlossene Einheit unmittelbar wahrzunehmen. Freilich verliert man zugleich die Fähigkeit, der Gestalt Widersprechendes zu sehen. Solche Bereitschaft für gerichtetes Wahrnehmen macht aber den Hauptbestandteil des Denkstils aus. Hiermit ist Gestaltsehen ausgesprochene Denkstilangelegenheit. Der Begriff des Erfahrenseins gewinnt, mit der in ihm versteckten Irrationalität, grundsätzliche erkenntnistheoretische Bedeutung […].[18]

Fleck sagt nicht, wie in der üblichen Kantianisch-Kuhnschen Metapher des Paradigmas, dass »wir nur sehen, was wir vorher schon kennen« oder dass wir durch die »Verzerrungen« unserer »Voranņahmen« die Wahrnehmung »filtern«. Eine solche Vorstellung der Überbrückung von Gegensätzen bekämpft er vielmehr, denn sonst könnte Zeit nicht zur Substanz der Tatsachen-Entwicklung gehören. Daher dreht er das Argument um und verschmilzt den Begriff der »unmittelbaren« Erfassung der Bedeutung damit, »gerichtet« und »erfahren« zu sein. Das ist keine übergenaue, subtile Nuance, sondern ein radikaler Neubeginn, genauso radikal für die Wissenschaftsforschung wie der von James für die Philosophie. Denn wenn »unmittelbar« und »gerichtet« zusammengehen, dann haben wir endlich all diesen Unsinn hinter uns, *uns entscheiden zu müssen* zwischen Kategorien (bzw. Paradigmen) und dem Erfassen der

---

17 Ebd., S. 121.

18 Ebd.

Tatsachen, »so wie sie sind«. Weil er die philosophische Haltung ändert, ist Fleck zum ersten Mal in der Lage, die sozialen, kollektiven, praktischen Bestandteile *positiv* zu verstehen, und nicht negativ oder kritisch.

> Jede Erkenntnistheorie, die diese soziologische Bedingtheit allen Erkennens nicht grundsätzlich und im Einzelnen ins Kalkül stellt, ist Spielerei. Wer aber die soziale Bedingtheit für ein malum necessarium, für eine leider existierende menschliche Unzulänglichkeit ansieht, die zu bekämpfen Pflicht ist, verkennt, daß ohne soziale Bedingtheit überhaupt kein Erkennen möglich sei, ja, daß das Wort ›Erkennen‹ nur im Zusammenhange mit einem Denkkollektiv Bedeutung erhalte.[19]

Ist dies nach dreißig Jahren Wissenschaftsforschung trivial? Nicht im Geringsten! Radikal, revolutionär, immer noch in ferner Zukunft. Wieso? Wenn man sehr sorgfältig die Art und Weise studiert, wie Fleck die sozialen Metaphern im Entdeckungsprozess einsetzt, sieht man, dass sie keinesfalls ein *Ersatz* für das Erkenntnissubjekt sind. Fleck, offenbar in einer Verbindung mit James oder zumindest dem Pragmatismus nahe stehend, hat den generellen Tenor des Pragmatismus auf einzigartige Weise aufgenommen.[20] Die Wörter »sozial« und »Kollektiv« dienen nicht dazu, Kants Erkenntnistheorie zu erweitern oder zu modifizieren. Sie werden mobilisiert, um die ganze Vorstellung zu zerstören, wonach es einen Geist gebe, der sich einem Objekt über den Abgrund von Worten und Welt gegenübersähe. Mit den kollektiven, sozialen und progressiven »Aspekten« der Wissenschaft befasst er sich nicht deshalb, weil er die Idee aufgegeben hätte, Wirklichkeit zu erfassen, sondern aus dem entgegengesetzten Grund: weil er endlich eine *soziale Ontologie* will, nicht eine soziale Erkenntnistheorie.

> [Wahrheit] ist nicht ›relativ‹ oder gar ›subjektiv‹ im populären Sinne des Wortes. […] Auch ist Wahrheit nicht Konvention, *sondern im historischen Längsschnitt: denkgeschichtliches Ereignis, in momentanem Zusammenhange: stilgemäßer Denkzwang.*[21]

›Wahrheit ist ein Ereignis‹, desgleichen die Entstehung des Pferdes in der Natur, desgleichen die Entstehung des Wissens von der Abstammung des Pferdes. Für Fleck wie für James sind die Schlüsselmerkmale, die herausgestellt werden müssen: (1) Erkennen ist ein Vektor; (2) Ideen gibt

---

19 Ebd., S. 59 f.

20 Laut Ilana Löwy gibt es tatsächlich eine mögliche direkte Verbindung zwischen dem Pragmatismus und Fleck durch die Lehre des polnischen pragmatistischen Philosophen Wladyslaw Bieganski (1857–1917) – siehe ihr Vorwort zur französischen Ausgabe (Ludwik Fleck: *Genèse et développement d'un fait scientifique* (mit einem Vorwort von Ilana Löwy und einem Nachwort von Bruno Latour), Paris: Les Belles Lettres 2005 [1935]).

21 Fleck: *Entstehung und Entwicklung* (Anm. 1), S. 131.

es und sie müssen ernst genommen werden, doch nur als Beginn einer »Kette von Erfahrungen« (von »Erfahrensein« für Fleck); (3) sukzessive Berichtigung und Revision sind nicht peripher, sondern substantieller Bestandteil der Pfade der Wissensgewinnung; (4) Berichtigung durch Kollegen ist wesentlich; (5) ebenso die Institutionalisierung – mit etwas vertraut werden, das »black-boxing« von Neuheit in Instrumenten, das Einstellen der Apparate, die Standardisierung, die Gewöhnung an eine Sachlage etc.; (6) unmittelbare Wahrnehmung steht am Ende, nicht am Anfang des Prozesses der Tatsachen-Entwicklung. Eine Tatsache ist das provisorische Ende des Vektors, und all die Fragen nach der Übereinstimmung zwischen Aussagen und Sachverhalten können in der Tat gestellt, aber nicht beantwortet werden, es sei denn retrospektiv, und sofern das *Denkkollektiv* ohne Unterbrechung aufrechterhalten wird.

Wissen wirft keine erkenntnistheoretischen Fragen auf. Zwei orthogonale Positionen für die Pfade der Wissensgewinnung

Diese Kommentare über James, Fleck und die Wissenschaftsforschung sollen uns einfach daran erinnern, dass, wie John Searle spöttelte, »Wissenschaft keine erkenntnistheoretische Frage aufwirft«.[22] Wenn wir mit »Erkenntnistheorie« jene Disziplin benennen, die zu verstehen versucht, wie wir es anstellen, die Kluft zwischen Repräsentationen und Realität zu überbrücken, so kann die einzige Schlussfolgerung nur lauten, dass es eine solche Disziplin nicht gibt, da sie keinerlei Gegenstand hat, denn *niemals* überbrücken wir eine solche Kluft – nicht, wohlgemerkt, weil wir nichts objektiv erkennen, sondern weil *es nie einen solchen Abgrund gibt.* Die Kluft ist ein Artefakt, das der falschen Ausrichtung des Pfades der Wissensgewinnung geschuldet ist. Wir stellen uns eine Brücke über einen Schlund vor, dabei besteht die ganze Aktivität in einer Drift durch eine Erfahrungskette mit vielen sukzessiven ereignisartigen Endpunkten und vielen Substitutionen heterogener Medien. Mit anderen Worten, die wissenschaftliche Aktivität wirft keine besonders rätselhaften erkenntnistheoretischen Fragen auf. Alle ihre interessanten Fragen betreffen das, *was* von der Wissenschaft erkannt wird und *wie* wir mit diesen Entitäten leben können, aber sicherlich nicht *ob* sie objektiv erkennt oder nicht – schade für jene, die sich über die letzte Frage so lange ihren Kopf

22 John Searle in einer persönlichen Mitteilung an den Autor, 2000.

zerbrochen haben. Der Skeptizismus erfordert, mit anderen Worten, gar keine großartige Antwort.

Wenn wir zusammenfassen müssten, was ich hier den gesunden *common-sense*-Relativismus genannt habe, wie er zum Ausdruck kommt in den Schildern der Evolutionsausstellung, in James' radikalem Empirismus, in Flecks Trajektorien oder in vielen anderen guten (d. h. nicht entlarvenden) Geschichten von Kontroversen in der Wissenschaft, könnte das Porträt eines Wissenspfades herauskommen, der von erkenntnistheoretischen Fragen befreit ist. Ja, wir irren uns oft, aber nicht immer, weil wir, glücklicherweise (1) *Zeit haben;* (2) *ausgerüstet sind;* (3) *viele sind;* (4) *Institutionen haben.* Zwei Diagramme sollen den Wechsel in der Betonung zusammenfassen, der nötig ist, um das nächste, sehr viel schwierigere Argument über die Ontologie zu verarbeiten, die mit einer solchen *common-sense*-Beschreibung einhergeht.

Im ersten Schema (Abb. 2) besteht das große Problem der Erkenntnis darin, die Kluft zwischen den beiden unterschiedlichen Bereichen zu überbrücken, die ohne irgendeine Beziehung untereinander sind, Geist und Natur. Dementsprechend zählt hier am meisten, den Cursor entlang des Gradienten zu platzieren, der von der einen Grenze – dem Erkenntnissubjekt – zur anderen – dem Erkenntnisobjekt – verläuft. In dieser Ausrichtung des Erkenntnisproblems besteht die Schlüsselfrage darin zu entscheiden, ob wir uns vorwärts bewegen – zum unbeweglichen Ziel des zu erkennenden Objekts – oder rückwärts, wobei wir zurückgeworfen werden in das Gefängnis unserer Vorurteile, Vorannahmen oder Paradigmen.

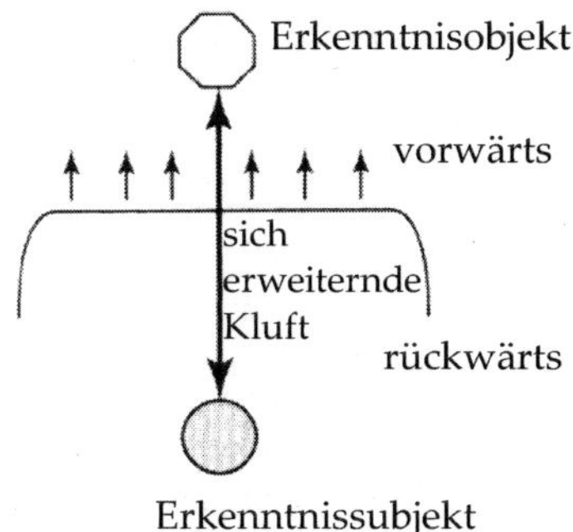

Abb. 2: Erstes Schema.

Doch die Situation ist vollständig anders im zweiten Schema (Abb. 3), auf das sich James, Fleck und viele andere in der Wissenschaftsforschung beziehen.[23] Hier besteht das Hauptproblem nicht darin zu entscheiden, ob eine Aussage sich entlang dem Subjekt/Objekt-Pfad vorwärts oder rückwärts bewegt (die vertikale Dimension im obigen Diagramm), sondern ob sie sich *in der Zeit* vorwärts oder rückwärts bewegt (horizontal im folgenden Diagramm).[24] Nun besteht das Hauptproblem des Erkennens darin, die kontinuierliche Kette der Erfahrung zu entfalten, um die Kreuzungspunkte zu vervielfältigen, an denen es möglich sein wird, *nachträglich* zu entscheiden, ob unser Wissen hinsichtlich eines gegebenen Sachverhalts wahr oder falsch *war*. Sich »vorwärts« zu bewegen bedeutet nun, dass wir mehr und mehr eingespielt, »kognitiv«, »erfahren« werden bezogen auf die Qualität des kollektiven, koordinierten, instituierten Wissens. Es gibt keinen Abgrund zu überbrücken, auch keine mysteriöse »Korrespondenz«, sondern einen großen Unterschied, wenn man von wenigen Kreuzungspunkten zu *vielen* übergeht.

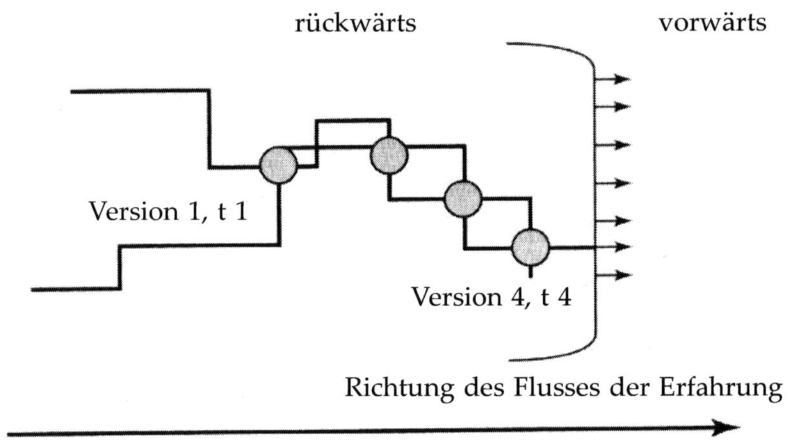

Abb. 3: Zweites Schema.

---

[23] Weitere Fälle für die Historisierung der Objekte der Wissenschaft und nicht nur unserer Repräsentationen finden sich in dem von Daston herausgegebenen Buch über die Biographie wissenschaftlicher Objekte, Lorraine Daston (Hg.): *Biographies of Scientific Objects, Chicago*: University of Chicago Press 2000.

[24] »In der Zeit« sollte hier bedeuten »im Prozess«, denn es gibt viele Philosophien, die sogar die Zeit tilgen. Zu dieser Tilgung siehe Stengers Werk, insbesondere Isabelle Stenger: *Penser avec Whitehead: Une libre et suvage création de concepts*, Paris: Gallimard 2002 sowie meine Besprechung davon, Bruno Latour: »What is given in Experience? A Review of Isabelle Stengers ›Penser avec Whitehead‹«, in: *Boundary* 32 (2005) 2, S. 222–237.

Es ist eher erheiternd, wenn man sich überlegt, wieviel Mühe darauf verwendet wurde, für oder gegen eine »Korrespondenztheorie der Wahrheit« zu argumentieren, unter der sowohl Befürworter als auch Kritiker stets einen Sprung zwischen Objekt und Subjekt verstanden haben, ohne dass man je genauer den *Typ der Korrespondenz* untersucht hat. Eine bessere Metapher, um zu definieren, was wir unter einer Korrespondenz verstehen, hätten Züge und U-Bahnen abgegeben:* Man steigt nicht von einer U-Bahn-Linie in die andere um, ohne einen kontinuierlichen Bahnsteig und Korridore, die so angelegt sind, dass man umsteigen und dem Fahrplan entsprechend korrespondieren kann. So sind James und Fleck gewiss Fürsprecher einer »Korrespondenztheorie der Wahrheit« – wenn man die Zugmetapher im Sinn behält –, obwohl sie einer »Salto-mortale-Theorie der Wahrheit« heftig widersprechen würden. Akzeptiert man diese Erneuerung der Metapher, dann bewegt man sich vorwärts, sofern man von einer einfachen, isolierten, dürftig ausgestatteten und schlecht gewarteten Linie übergeht zu einem komplexen Netz von gut gewarteten Stationen, das es erlaubt, viele Korrespondenzen, Anschlussmöglichkeiten herzustellen. Dementsprechend meint »vorwärts« hier, von einem schlechten zu einem guten Netz überzugehen. Jeder, der in einer Stadt mit einem guten öffentlichen Verkehrsnetz lebt (oder mit einem schlechten), wird den Unterschied begreifen.

Ich sagte vorhin, dass diese zeitabhängigen Pfade nur sichtbar werden können, wenn man, wie die Wissenschaftsforschung es getan hat, neuere und komplexere Objekte als Krüge und Matten in Betracht zieht. Nachdem wir versucht haben, Objekten zu folgen, die weniger vertraut sind, aber mittels derer es leichter ist, die Pfade zu dokumentieren, ist es gleichwohl interessant, kurz auf die banalen Fälle zurückzukommen, anhand derer das diskontinuierliche Schema verfeinert worden ist. Sehr viel Energie ist im Laufe der Zeit darauf verwandt worden, um die Fragen der Skeptiker nach »Sinnestäuschungen« zu beantworten. Der klassische Topos, der in der Philosophiegeschichte wieder und wieder hervorgekramt wurde, lautet, dass ich mir beispielsweise nicht sicher sein kann, ob ein Turm, den ich von weitem sehe, ein Zylinder oder Kubus ist. Doch wieso ist das ein Beweis gegen die Qualität unserer Erkenntnis? Es ist vollkommen richtig zu sagen, dass ich zunächst seine Gestalt missdeutet habe. Aber was besagt das? Ich brauche nur *näher* heranzugehen, und *dann* sehe ich, dass ich unrecht *hatte* – oder ich setze meine Brille auf oder jemand anderes, ein Freund, ein lokaler Bewohner,

* Im Französischen bedeutet »correspondance« auch Verbindung, Anschluss-, Umsteigemöglichkeit [Anm. d. Übers.].

jemand mit besseren Augen korrigiert mich. Was könnte einfacher sein als diese Entgegnung? Pferdefossilien schienen sich erst in einer geraden Linie anzuordnen, die immer in dieselbe Richtung lief. Dann wurden mehr Fossilien gesammelt, sehr viel mehr Paläontologen stießen zur Disziplin hinzu, die gerade Linie musste berichtigt und revidiert werden. Wie könnte das dem Skeptizismus Nahrung geben? Selbstverständlich werfen diese Berichtigungen interessante Fragen auf: warum irren wir uns zunächst – aber nicht immer? Wieso ist die Ausrüstung oft fehlerhaft – und doch rasch ausgebessert? Wieso funktioniert die gegenseitige Kontrolle anderer Kollegen oft – und manchmal nicht? Aber keine dieser interessanten Fragen der historischen und der kognitiven Wissenschaft sollte uns zum Skeptizismus ermuntern.

Die Behauptung, hier gebe es eine Große Erkenntnistheoretische Frage, so groß, dass sie, unbeantwortet, ein für allemal die Qualität unserer Wissenschaft und dann auch unserer Zivilisation bedroht, kommt einfach nur von einem Defekt im ersten Schema: *in ihm ist kein Platz für die Zeit*, noch für ein Instrument, noch für andere Menschen, noch für Berichtigung und Institutionalisierung. Oder anders gesagt, es gibt ein wenig Raum für sukzessive Versionen am *Subjekt*pol, doch keinen dafür, was mit *dem Objekt selbst* geschieht. Genauer gesagt, weil es keinen Raum für die parallele Bewegung der Tatsachen selbst in der Zeit gibt, wird das Objekt »an sich« und »für sich« isoliert. Um das erste Schema noch einmal heranzuziehen: Sobald man unseren Vorstellungen auf der Subjektseite die Geschichte hinzufügt, bemerkt man eine so große Verzerrung, dass die Kluft sich zu weiten scheint (Abb. 4). Im zweiten Schema gab es sie gar nicht. Dann, und nur dann, wenn man dieses erste Schema zugrunde legt, haben Skeptiker ihren großen Tag. Wenn wir unsere »Vorstellungen« vom Objekt so oft geändert haben, während das Ziel, die Zielscheibe sich überhaupt nicht verändert hat, so konnte das nur bedeuten, dass unser Geist schwach ist und »wir nie sicher erkennen werden«. Für immer werden wir in unseren Vorstellungen befangen bleiben.

Beweist dies, dass der Skeptizismus Recht hat? Nein, es beweist einfach nur, dass die Erkenntnistheorie töricht war, von einem solchen Erkenntnisziel auszugehen. Es ist, als hätte sie ihre Kehle zum Durchschneiden angeboten: die Versuchung, es zu tun, war einfach zu groß. Wenn man sich die Sache genau überlegt, ist nie irgendeine Aussage verifiziert worden, indem man in der vertikalen Richtung des Diagramms vorgegangen ist. Selbst wenn man nachprüft, ob sich eine Katze auf der Matte befindet, muss man sich in der zweiten Dimension bewegen – der horizontalen, und nur *nachträglich* kann man dann sagen: »Ich *hatte*

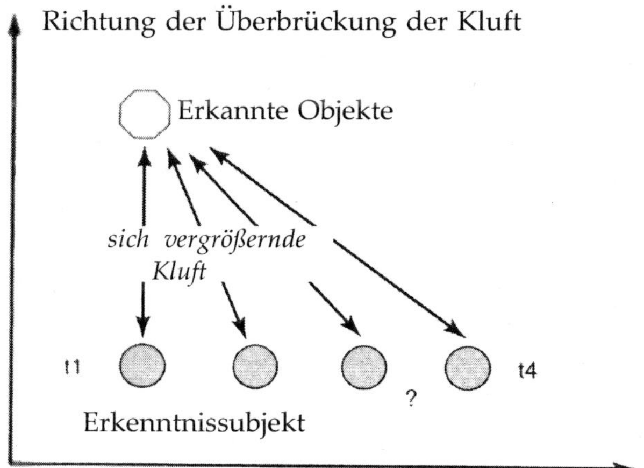

Abb. 4: Fluss der Erfahrung im ersten Schema.

recht, als ich sagte, dass mein Satz ›Die Katze sitzt auf der Matte‹ einem Sachverhalt entspricht«. Im Gegensatz zur schlechten Reputation, die der Pragmatismus oft seinem eigenen Argument verschafft hat, ist die von ihm in der Erkenntnisproduktion so deutlich aufgedeckte zeitliche Dimension kein *minderwertiger* Weg des Wissens, der den höherwertigen und absoluteren ersetzen müsste, »weil dieser, leider, nicht zur Verfügung steht«. Das zweite Schema ist kein Ersatz für den einzigen legitimen realistischen Weg, etwas zu erkennen; im Gegenteil, es ist das erste Schema, das ein völliges Artefakt darstellt. Der einzige Weg, um objektives Wissen zu gewinnen, besteht darin, sich horizontal auf eine dieser Trajektorien zu begeben, dem Fluss der Erfahrung zu folgen.[25] Seit Anbeginn der Zeiten ist niemand je in der Lage gewesen, von einer Aussage zu einem korrespondierenden Sachverhalt zu springen, ohne Zeit in Betracht zu ziehen und ohne eine Reihe von sukzessiven Versionen aufzustellen, die durch einen kontinuierlichen Weg verbunden sind. Selbstverständlich kann eine Aussage, wie James sagte, zu einer Kette von Erfahrungen geführt haben, die »eine nach der anderen« auf einen provisorischen Endpunkt zulaufen und so durch eine Substitution von Sinnesdaten ein retrospektives Urteil darüber zulassen, ob sie früher

[25] Es ist befremdlich, dass ein derart kühner Philosoph wie James hier sozusagen dem Feind nachgegeben und seine eigene Position geschwächt hat, wenn er sagt: »wahr genug, um für die Praxis zu taugen«. In diesem Sinne ist Pragmatismus sicherlich die falsche Bezeichnung für das, was ich hier zu präsentieren versuche.

»virtuell« war. Aber keine Aussage wurde je nach ihrem Wahrheitsgehalt beurteilt, »wenn und insofern als« irgendein Sachverhalt ihr entsprach.[26]

Somit besteht das Rätsel für mich nicht in der Frage: »Wie können wir entscheiden, ob eine Aussage über einen Sachverhalt wahr oder falsch ist«, sondern vielmehr in folgender Frage: »Wie kommt es, dass wir den Versuch ernst nehmen sollen, die Hervorbringung von Wissen in ein unmögliches Geheimnis, in einen Sprung über einen Abgrund zu verwandeln?« Der wahre Skandal liegt nicht darin zu fragen »Wie kommt es, dass einige verdammte Relativisten die Heiligkeit der Wissenschaft angreifen, indem sie bestreiten, dass der Abgrund zwischen Repräsentationen und Objektivität überbrückt werden kann«, sondern stattdessen zu fragen: »Wie kommt es, dass ein Graben ausgehoben wurde, um die Pfade zu unterbrechen, deren Kontinuität für jede Wissensgewinnung erforderlich ist?«

Wenn es keinen Sinn macht, Erkenntnis außerhalb der Zeit näher zu bestimmen, warum muss dann die Zeit herausgenommen werden? Wieso sollten wir davon ausgehen, dass die Hinzufügung von Zeit, Korrekturen, Instrumenten, Leuten und Institutionen eine Bedrohung für die Heiligkeit und die Wahrheitsbedingungen der Wissenschaft sein sollten, wenn sie *gerade ihren Rohstoff* ausmachen, wenn sie der einzige Weg sind, den es gibt, um den kontinuierlichen Pfad anzulegen, der es Ideen erlaubt, mit genügend Überschneidungen aufgeladen zu werden, damit wir nachträglich entscheiden können, ob sie richtig waren oder nicht? Im Falle des naturgeschichtlichen Museums: Verwirrt es Besucher, wenn sie wissen, dass es Paläontologen gab, die einander bekämpft haben? Dass Fossilien einen Marktwert hatten, dass Rekonstruktionen so oft modifiziert worden sind, dass wir »nicht ganz sicher sein können mit unserem Wissen«, oder, wie eine andere Beschriftung sagt: »Obwohl es faszinierend ist, über die Physiologie seit langem ausgestorbener Tiere zu spekulieren, lassen sich diese Ideen doch nicht abschließend entscheiden«? Je mehr Fossilien es gibt, desto interessanter, lebendiger, robuster, realistischer und beweisbarer empfinden wir unsere Repräsentationen von ihnen; wieso sollten wir weniger gewiss, weniger robust, weniger realistisch über diese selben Repräsentationen empfinden, wenn

---

[26] Dies war die Grundlage von Gabriel Tarde's alternativer Syllogistik (Gabriel Tarde: *La logique sociale*, Paris: Les Empêcheurs de penser en rond 1999). Tarde, wie James, wie Dewey, wie Bergson, gehörte ebenfalls zu jener riesigen Bewegung, um Philosophie, Wissenschaft und Gesellschaft zu erneuern und die Erschütterung des Darwinismus zu absorbieren, von der viel im Verlauf des 20. Jahrhunderts verloren gegangen ist und die wir mit so viel Mühe wiederzufinden versuchen.

sie sich vervielfältigen? Wenn ihre Ausstattung sichtbar ist? Wenn die Versammlung der Paläontologen sichtbar gemacht wird?

Das Rätsel, dem ich nun nachgehen will, lautet nicht: »Sind wir in der Lage, objektiv und mit Gewissheit zu erkennen?«, sondern: »Wie sind wir dahin gelangt, so sehr daran zu zweifeln, ob wir in der Lage sind, objektiv zu erkennen, dass wir als Beweise von Skeptizismus und Relativismus die offenkundigen Besonderheiten ansehen, welche es erlauben, dass Wahrheitsbedingungen eingehalten werden?« Ich drehe den Spieß um und bezichtige jene, die so oft die Wissenschaftsforschung der Immoralität bezichtigt haben! Nachdem wir auf diese Vorwürfe so lange demütig oder provokant geantwortet haben, ist es an der Zeit, zum Gegenangriff überzugehen und an der moralischen Überlegenheit jener Angreifer zu zweifeln, die diese ohne jeden Rechtstitel beansprucht haben.

Wissen ist ein Existenzmodus. Eine wirkliche Schwierigkeit bei den Pfaden der Wissensgewinnung

Eine mögliche Antwort lautet, dass wir von der objektiven Wissenschaft etwas verlangt haben, was diese gar nicht bieten konnte und nicht einmal zu bieten versuchen sollte. So haben wir eine große Bresche geschlagen, in die der Skezptizismus einfallen konnte. Und dass die Erkenntnistheoretiker, anstatt zu bekennen, »Es war falsch von uns, dies von der Wissenschaft zu verlangen«, weiterhin dachten, ihre Hauptpflicht bestünde darin, gegen den Skeptizismus zu *kämpfen,* anstatt ihre eigenen Aufgaben zu erfüllen: sich zu vergewissern, dass den Wahrheitsbedingungen der Wissenschaft entsprochen wird, indem zeitliche Korrekturen zugelassen werden, ebenso wie die Verbesserung von Instrumenten, die Vervielfältigung von gegenseitiger Kontrolle durch Kollegen und andere Menschen, und ganz allgemein, indem die Institutionen gestärkt werden, die nötig sind, um Gewissheit sicherzustellen.

Worin besteht diese zusätzliche Schwierigkeit? Warum wurde der Wissenschaftsproduktion diese zusätzliche Last aufgebürdet? Eine der Antworten lautet vermutlich, dass die formende Qualität der Zeit bestritten wurde. Genauso wie vor Darwin individuelle Pferde als bloße *Instanzen* des idealen Pferde*typs* betrachtet werden mussten, schien es schwer zu akzeptieren, dass man durch die schlichten Mittel der Berichtigung, Instrumentierung, durch Kollegen und Institutionen Gewissheit erlangen konnte. Tatsächlich geht die Parallele tiefer: so wie Darwins revolutionäre Einsichten nie wirklich von unseren intellektuellen Sitten verarbeitet worden sind und sofort durch ein Unternehmen ersetzt wurden, sie zu re-rationalisieren, hat die Erkenntnistheorie nie in Betracht gezogen, dass es ausreichte, die Aufeinanderfolge von Ideen, plus Instrumenten, plus Kollegen in ihrer eigenen Gangart voranschreiten zu lassen, um eine ausreichend robuste Gewissheit zu gewinnen. Den Abstammungslinien der *Instanzen* wollen sie immer noch den idealen *Typ* hinzufügen. Auch wenn es keinen Gott mehr gibt, der die Evolution der Pferde steuert, scheint es immer noch einen Gott zu geben, zumindest eine erkenntnistheoretische Vorsehung, die die Erkenntnis der Pferdeabstammung steuert.

Ein weiterer Grund könnte allerdings mit der schieren Schwierigkeit zu tun haben, Wissensgewinnung zu erklären. Es ist oft bemerkt worden, dass die Wissenschaft selbst als Aktivität zwar eine zeitabhängige, menschengemachte, niedere Praxis ist, das *Resultat* dieser Aktivität jedoch in einer zeitunabhängigen, nicht menschengemachten, ziemlich beglückenden Objektivität besteht. Letztlich werden Tatsachen hervorgebracht. Das ist die wichtigste Schlussfolgerung der konstruktivistischen Denkschulen in der Wissenschaftsforschung: Im Verlauf der Fabrikation tauchen an irgendeinem Punkt Tatsachen auf, die nicht länger erhellt werden von der Offenbarung, dass sie fabriziert worden sind oder sorgsam aufrechterhalten werden müssen. Die Doppelnatur der Tatsachen – als fabriziert und als unfabriziert – ist zu einem Klischee der Wissenschaftsgeschichte und Wissenschaftsforschung geworden. Die Grenze des Konstruktivismus liegt darin, dass wir *Mühe* haben, uns *auf beide Aspekte* gleich stark zu fokussieren: Entweder wir insistieren zu sehr auf den unordentlichen, banalen, menschlichen, praktischen, kontingenten Aspekten, oder zu sehr auf den finalen, außergewöhnlichen, nicht-menschlichen, notwendigen, unwiderlegbaren Elementen. Man sollte sich erinnern, dass das Rätsel, das ich zu verstehen suche, nicht lautet: »Wie gelingt es uns, irgendwelche entfernten Sachverhalte objektiv zu erkennen?«, sondern: »Wieso haben wir, trotz der offenkundigen Qualität unserer Pfade der Wissensgewinnung die Objektivitätsproduktion in eine Sackgasse manövriert, wo Erkenntnis zu einem Mysterium wird?« Die Reformulierung, die ich vorschlage, ist folgende: »Es muss eine merkwürdige Eigenschaft bei der Objektivitätsproduktion geben, welche die Versuchung hervorgebracht hat, diese unschuldige, gesunde und eher dem *common sense* nahe stehende Aktivität in eine Sackgasse zu manövrieren, die aus irgendwelchen Gründen produktiv schien, aber keinerlei Beziehung zur Objektivität per se hatte« (einer davon ist Politik, aber sie ist nicht Gegenstand dieses Textes). Was also ist diese befremdliche Eigenschaft?

Wir müssen zugeben, dass etwas mit einem Sachverhalt passiert, wenn er in Wissensgewinnung einbezogen wird. Der Hund aus dem Beispiel von James, die Pferdefossilien in der Paläontologie, die Mikroben Pasteurs, alle unterliegen einer Transformation; sie geraten auf einen neuen Pfad und zirkulieren entlang anderer »Ketten von Erfahrungen«, sobald sie gewusst werden. Diese Transformation wird in der Erkenntnistheorie – fälschlich, wie ich weiter oben dargelegt habe – als ein Erfassen durch ein Erkenntnissubjekt codiert. Und wir verstehen jetzt wieso: Die vertikale Dimension des ersten Schemas, das die Überbrückung eines Abgrunds zeigt, ist nicht in der Lage, irgendeine wichtige Transformation im Erkenntnisobjekt festzustellen. Stattdessen registriert es einfach nur nachträglich, was geschieht, *sobald* wir etwas sicher wissen; Objekt und Subjekt »korrespondieren« gut miteinander; sie sind, wie Fleck sagen würde, auf dieselbe Melodie abgestimmt und werden »unmittelbar wahrgenommen«. Inzwischen sind wir in der Lage, die Quelle des von einer solchen Sichtweise geschaffenen Artefakts auszumachen: Sie hält das Resultat der Erkenntnis, ein erkennendes Subjekt, für den Anker einer mysteriösen Brücke, die zu etwas führt, das *bereits* ein Objekt ist und darauf wartet, objektiv erkannt zu werden. Während so das Erkenntnissubjekt eine Geschichte, eine Bewegung, eine Reihe von Revisionen und Berichtigungen aufzuweisen scheint, bewegt das Objekt selbst – das künftige »Ding an sich« – sich überhaupt nicht (vgl. Abb. 4). Daher öffnet sich eine »Bresche«, die zahlreiche Bände zur Erkenntnistheorie zu schließen versucht haben: *Einer der Endpunkte bewegt sich, und der andere nicht*. Der Skeptizismus besetzt genau diesen freien Raum. Ist jedoch die Entstehung einer Tatsache ein Ereignis, dann sollte diese Ereignishaftigkeit von den Entdeckern und dem Entdeckten gleichermaßen geteilt werden.

Reparative Chirurgie: Pfade unterscheiden

Um diesen Unterschied zu erfassen, ohne denselben »Fehler« wie die Erkenntnistheorie zu begehen, ist es wichtig, zunächst zu überlegen, wie sich das Objekt bewegte, *bevor* es von Erkenntnispfaden erfasst wurde. Wie sprang und bellte der Hund, bevor James versuchte, seine »Idee des Hundes« mit dem Hund »in Übereinstimmung zu bringen«? Um es auf meine etwas infame Weise zu formulieren: »Was war die Lebensweise für Mikroben, *bevor* Pasteur sie in die Pfade der Mikrobiologie des 19. Jahrhunderts lenkte?«[27] Wenn wir antworten: »Nun, sie saßen da, *an sich*, und warteten darauf, erkannt zu werden«, so öffnen wir sofort den

[27] Ich habe diesen Punkt ausführlicher in Kapitel 4 und 5 von *Die Hoffnung der Pandora* (Bruno Latour: *Die Hoffnung der Pandora. Untersuchungen zur Wirklichkeit der Wissenschaft*, Frankfurt a. M.: Suhrkamp 2000) erörtert, ohne aber den Begriff des Existenzmodus voll begriffen zu haben, den ich hier entwickle.

Abgrund wieder, die Bresche, die Kluft, die keinerlei Einfallsreichtum je wird schließen können. Wenn wir hingegen antworten: »Sie datieren von dem Moment an, wo die Philosophen oder Wissenschaftler sie kennzeichnen«, so stechen wir in das Wespennest des Relativismus – Relativismus in der päpstlichen pejorativen Bedeutung – und riskieren bald, uns für eine der verschiedenen idealistischen Positionen entscheiden zu müssen, ganz gleich wie raffiniert wir zu sein versuchen. Und doch, in dem zweiten, kontinuierlichen Schema, muss etwas *mit* dem Stoff der Erfahrung *geschehen sein*, in dem die verschiedenen Entitäten, die wir betrachten, sich jetzt in derselben Richtung bewegen. Was absurd war in der Szenographie des ersten Diagramms (Erkennen und Erkanntes befanden sich auf zwei verschiedenen metaphysischen Seiten eines Abgrunds), wird beinahe *common sense* in der Szenographie des zweiten: Erkennen und Erkanntes teilen zumindest einen gemeinsamen »allgemeinen Trend« – und aus diesem Grund wissen wir schließlich objektiv.[28] Um James' Metapher noch einmal zu verwenden, sollten wir nun fragen: »Was ist der Stoff des gemeinsamen Gewebes?«

Es ist klar, dass zumindest ein Merkmal all den Fäden gemeinsam ist: Sie bestehen aus Vektoren, die sich alle sozusagen im gleichen Kampf um Existenz ausrichten. Alle Pferde kämpften zum Zeitpunkt, als sie lebten, darum, in einer empfindlichen und sich verändernden Ökologie weiter zu existieren und bewegten sich auf reproduktiven Pfaden. Auch für sie gab es zweifellos einen Unterschied dazwischen, sich vorwärts oder rückwärts zu bewegen! Es war der Unterschied zwischen Überleben und Aussterben. Dass ein solcher Pfad eine andere Neigung, eine andere Vorwärtsbewegung haben muss, dass er aus anderen Segmenten bestehen muss als aus dem, was mit den sehr wenigen fossilisierten Knochen geschieht, die ausgegraben, in Kisten gepackt, gereinigt, etikettiert, klassifiziert, rekonstruiert, aufgestellt, in Zeitschriften veröffentlicht werden und so weiter, sobald die Paläontologen die Bahn der alten Pferde gekreuzt haben, darauf können wir uns wahrscheinlich einigen, unabhängig von der jeweiligen Definition der Erkenntnis.

Welcher Metaphysik Sie auch anhängen, Sie werden zustimmen, dass es eine Nuance geben muss zwischen dem, ein Pferd zu sein, und

---

[28] Hier sollten wir der Versuchung widerstehen, der evolutionären Epistemologie zu folgen und vorzeitig alle Komponenten zu vereinheitlichen, indem wir sagen, dass sie »natürlich« alle »Teil der Natur« sind. Wie ich an anderer Stelle gezeigt habe, ist am Naturalismus nicht sein robuster Materialismus problematisch, sondern seine verfrühte Vereinigung (Bruno Latour: *Das Parlament der Dinge. Für eine politische Ökologie*, Frankfurt a. M.: Suhrkamp 2001). Dieses Argument wurde sogar noch energischer und mit größerer empirischer Genauigkeit von Descola in seinem bedeutenden Buch (Phillipe Descola: *Jenseits von Natur und Kultur*, Berlin: Suhrkamp 2011) entwickelt.

ein winziges Bruchstück der Pferdeexistenz zu haben, das im naturgeschichtlichen Museum sichtbar gemacht wird. Die am wenigsten provokante Version dieses Kreuzungspunkts besteht darin zu sagen, dass den Pferden ein *Existenzmodus* zugute kam, der darauf abzielte, sich zu reproduzieren und »sich zu erleben« [enjoy themselves] – »Freude« [enjoyment] ist der Ausdruck von Alfred North Whitehead – und dass, beim Kreuzungspunkt mit den Paläontologen, einige ihrer Knochen, hunderttausende Jahre später, in einen anderen Existenzmodus eintraten, als nämlich Fragmente ihrer früheren Existenzformen in paläontologische Pfade sozusagen hineinrangiert wurden. Nennen wir den ersten Modus *Subsistenz* und den zweiten *Referenz* (und vergessen wir nicht, dass es sehr viel mehr als zwei Modi geben könnte).[29]

Damit sage ich nichts Seltsames: Jeder wird akzeptieren, dass ein Organismus, der nach Leben strebt, nicht exakt auf dieselbe Weise weiter besteht, wie ein Knochen, der ausgegraben, gereinigt, kollektiv untersucht und über den publiziert wird. Und doch muss ich hier sorgfältig darauf achten, zwei missverständliche Interpretationen des Ausdrucks »nicht exakt dasselbe sein« zu vermeiden.

Erstens ist es hoffentlich klar, dass ich nicht das romantische Klischee wiederbeleben will, welches dem »toten Wissen« das »volle Leben« entgegensetzt – selbst wenn die Romantik einen Aspekt dieses Unterschieds möglicherweise richtig erfasst hat. Denn für einen Knochen, der entlang paläontologischer Netzwerke befördert wird, ist dies ein Leben, das genauso voll, interessant, komplex und riskant ist wie für ein Pferd, die Prärie zu durchstreifen. Ich sage nur, dass es nicht *exakt dieselbe* Art von Leben ist. Ich setze nicht Leben und Tod einander gegenüber oder Objekt und Erkenntnis des Objekts. Ich *kontrastiere* einfach *zwei Vektoren*, die entlang demselben Fluss der Zeit verlaufen, und ich versuche, beide durch ihren unterschiedlichen Existenzmodus zu charakterisieren. Ich weigere mich ganz einfach, nur dem Objekt Existenz zuzugestehen,

---

[29] Der Ausdruck »Existenzmodus« stammt von Etienne Souriau (Etienne Souriau: *Les différents modes d'existence*, Paris: Presses Universitaires de France 1943); siehe außerdem meinen Kommentar zu diesem Buch (Bruno Latour: »Pluralité des manières d'être«, in: *Agenda de la pensée contemporaine* 7 (2007), S. 171–194). Die Frage nach Anzahl und Definition der Existenzmodi ist Gegenstand meiner augenblicklichen Arbeit. Existenzmodus ist ein banaler Ausdruck, der deutlich mit der Erkundung alternativer Ontologien verknüpft ist. Davon zeugt seine Verwendung in einem neueren Roman von Coetzee (J. M. Coetzee: *Zeitlupe*, Frankfurt a. M. Fischer 2005), in dem Elizabeth Costello, die Schriftstellerin, und ihre Figur Paul aushandeln, was es ist, das sie einander antun (in einer auffallenden Parallele zu den in der Wissenschaftsforschung aufgeworfenen Fragen): Costello: »Ich weiß nicht, wie lange ich meine gegenwärtige Existenzweise noch ertragen kann.« Paul: »Welche Existenzweise meinen Sie?« »Das Leben in der Öffentlichkeit«. [Abgewandelt zitiert nach Coetzee: *Zeitlupe*, S. 181, wo »mode of existence« mit »Lebensweise«, statt »Existenzweise« wiedergegeben wird. Anm. d. Übers.].

während das Wissen herumschwebt, ohne irgendwo geerdet zu sein. Erkenntnis ist nicht die Stimme aus dem Off eines Naturfilms im Discovery Channel.

Das zweite Missverständnis würde darin bestehen zu vergessen, dass Wissensgewinnung ebenfalls ein Pfad ist und genauso wie die Subsistenz von Pferden aus einer kontinuierlichen Kette riskanter Transformationen besteht. Nur dass der eine Pfad von einem Pferd zum nächsten durch die *Reproduktion* von Abstammungslinien verläuft, während der andere von einer Sandgrube zum Naturgeschichtlichen Museum verläuft und aus vielen Segmenten und Transformationen besteht, um »immutable mobiles« aufrechtzuerhalten, die eine Kette »zirkulierender Referenz« bilden, wie ich es genannt habe.[30] Mit anderen Worten, mein Argument ergibt nur dann Sinn, wenn wir die Linie ausfüllen, die durch alle Transformationen verläuft, welche diesen zweiten Existenzmodus charakterisieren, ohne die Bewegung auf ihre beiden mutmaßlichen Endpunkte zu begrenzen. Wir wissen, was passiert, wenn wir diese lange Kette von Zwischengliedern vergessen: Wir verlieren die Referenz, und wir sind nicht länger fähig zu entscheiden, ob eine Aussage wahr oder falsch ist. Ähnlich verhält es sich mit dem Pferd: Wenn ihm das Kunststück der Reproduktion misslingt, stirbt sein Geschlecht ganz einfach aus. Das eine ist ein Vektor, der aufhören kann, wenn es eine Diskontinuität entlang des Weges gibt, aber *das andere ebenso*! Mit anderen Worten, der Unterschied liegt nicht an der Vektoreigenschaft der beiden Typen von Entitäten, sondern am *Stoff*, aus dem die sukzessiven Segmente der beiden Vektoren bestehen. Das Gewebe der Erfahrung ist dasselbe, aber nicht der Faden, aus dem es gewoben ist. Das ist der Unterschied, den ich durch den Begriff des Existenzmodus auszudrücken versuche.

Einige Philosophen haben von Whitehead gelernt, dass es nach James' Neubeschreibung der Erkenntnis wieder möglich werden könnte, diese beiden Existenzmodi zu unterscheiden, anstatt sie zu verwechseln. Whitehead hat die Verwechslung der Art, wie ein Pferd überlebt, und der Art, wie ein Knochen durch die paläontologischen Pfade der Wissensgewinnung transportiert wird, als »Bifurkation der Natur« bezeichnet. Sein Argument lautet, dass wir die Weise, wie wir etwas erkennen, verwechselt haben mit der Weise, wie dieses Etwas durch

30 Ich habe sogar versucht, diese Bewegung und die vielen Zwischenschritte in einem Fotoessay zu dokumentieren, siehe Latour: *Die Hoffnung* (Anm. 27), Kap. 2, »Zirkulierende Referenz«. Es geht dabei um alles, was die beiden entgegengesetzten Qualitäten von »Unveränderlichkeit« (Immutabilität) und »Beweglichkeit« (Mobilität) maximiert; siehe Bruno Latour: »Drawing Things Together«, in: M. Lynch/S. Woolgar (Hg.): *Representation on Scientific Practice*, Cambridge: MIT Press 1990, S. 19–68 und das gesamte hier genannte Buch von Lynch und Woolgar.

Zeit und Raum befördert wird. Daraus hat er den Schluss gezogen, dass es keine Frage gibt, die geklärt würde, indem man hinzufügte, dass sie von einem Subjekt erkannt wird – eine große Herausforderung für jene Wissenschaftsforscher, die stolz darauf sind, gerade das zu tun!

> In der Philosophie und in der Wissenschaft macht sich jetzt eine apathische Gleichgültigkeit in der Schlussfolgerung breit, die Natur, so wie sie uns im sinnlichen Bewußtsein offenbart wird, könne nicht zusammenhängend beschrieben werden, ohne daß man ihre Beziehungen zum Geist hineinzöge.[31]

Wogegen er sich wandte, war keineswegs, dass wir objektiv erkennen – wie Searle, wie James, wie ich selbst, wie alle praktizierenden Wissenschaftler hätte er sich nicht einmal eine Minute lang dafür interessiert, die Gewissheit-Gewinnungs-Netzwerke anzuzweifeln. Was Whitehead vertritt, ist eine sogar noch stärkere Version des Slogans »Wissenschaft wirft keine interessanten erkenntnistheoretischen Fragen auf«. Genau aus diesem Grund wollte er die Vorgehensweisen, die Pfade, die nötig sind für den Existenzmodus Wissen, *nicht verwechseln* mit den Existenzmodi, die er Organismen nennt.

> Was eigentlich *lediglich eine Geistesprozedur* bei der Übertragung des sinnlichen Bewusstseins in diskursives Wissen ist, hat man in einen grundlegenden Naturcharakter umgestaltet. Auf diese Weise ist Materie als das metaphysische Substrat ihrer Eigenschaften hervorgetreten, der Naturverlauf als die Geschichte der Materie interpretiert worden.[32]

Daher der berühmteste Satz:

> Somit stellt die Materie die Weigerung dar, räumliche und zeitliche Charakteristika fortzudenken, um beim schieren Begriff einer individuellen Entität anzulangen. Es ist diese Weigerung, die für den ›Mischmasch‹ des Hineintragens der bloßen Denkprozedur in das Faktum der Natur verantwortlich ist. Die Entität hat, aller Charakteristika außer denen von Raum und Zeit entblößt, einen physikalischen Status als elementares Naturgewebe angenommen, mit der Folge, daß der Naturverlauf als Schicksal der Materie auf ihrem Abenteuer durch den Raum aufgefasst wird.[33]

Raum und Zeit sind wichtige »Denkprozeduren« für den Existenzmodus der Wissensgewinnung entlang der Wege, die beispielsweise von Sandgruben zu Museen verlaufen, aber sie dürfen nicht damit verwechselt werden, wie »individuelle Entitäten« es anstellen, in Existenz zu bleiben. Whitehead hat im Alleingang aus der Sackgasse herausgefunden, in die die Erkenntnistheorie die Gewissheitsproduktion hineingeführt

---

31 Alfred North Whitehead: *Der Begriff der Natur*, Weinheim VCH 1990 [1920], S. 24.

32 Ebd., S. 16 [Herv. d. A.].

33 Ebd., S. 19.

hatte, indem er beiden erlaubte, *ihre eigenen Wege zu gehen.* Ende des Mischmaschs der Materie.[34] Beide müssen respektiert, wertgeschätzt und gehegt werden: die ökologischen Bedingungen, die für Organismen notwendig sind, um sich »einer zum anderen überleitend« entlang kontinuierlicher Pfade zu reproduzieren; und die ökologischen Bedingungen für die Referenz, um »eine zur anderen überleitend« entlang kontinuierlicher Pfade produziert zu werden. Aber es wäre ein »Schwindel«, argumentiert Whitehead, sie zu vermischen.

> Meine Behauptung lautet, daß das Hineinbringen des Geistes mit seinen eigenmächtigen Hinzufügungen zum sinnlich bewussten, der Erkenntnis vorliegenden Objekt bloß eine Weise ist, das Problem der Naturphilosophie zu umgehen. Dieses Problem besteht darin, die Relationen der Dinge untereinander [inter se], jenseits des bloßen Faktums ihres Bekanntseins, zu erörtern. Naturphilosophie sollte nie danach fragen, was im Geist und was in der Natur ist.[35]

Hier stehen wir an der philosophischen Kreuzung: der eine Wegweiser ist deutsch: *an sich,* der andere lateinisch: *inter se.* Die kosmologischen Konsequenzen von Whiteheads reparativer Chirurgie sind gewaltig.[36] Was ich von Whitehead entlehnen will, ist einfach die Möglichkeit, dem ontologisches Gewicht zu geben, was gewöhnlich als objektives Wissen definiert wird. Gerade aus dem Erfolg unserer Entwicklung wissenschaftlicher Unternehmungen hat die Erkenntnistheorie den falschen Schluss gezogen, dass es zwei Endpunkte gebe – weil sie vergaß, die Erkenntnispfade kontinuierlich auszufüllen –, und sie fügte hinzu, dass von diesen beiden Endpunkten *nur einer* – das Objekt – eine ontologische Tragweite besäße, während der andere, der Subjektanker, über die mysteriöse Fähigkeit verfügte, Erkenntnis über den ersten zu produzieren, so als hätte Erkenntnis selbst kein ontologisches Gewicht. Daher die merkwürdige Verwendung des Wortes »Repräsentation« oder »Idee«. Felsen und Tassen und Katzen und Matten haben eine Ontologie, aber was über sie gewusst wird, hat keine. Aufgrund dieser plumpen Rahmung der Frage dachten Wissenschaftsforscher, von der Erkenntnistheorie eingeschüchtert, die Entdeckung der von ihnen beschriebenen Pfade beträfe »bloß« den menschengemachten, banalen, wortartigen Diskurs, ohne zu realisieren, dass sie in Wirklichkeit einen neuen, vali-

---

[34] Zur Interpretation dieses Buchs von Whitehead siehe Stengers: *Penser avec Whitehead* (Anm. 24).

[35] Whitehead: *Begriff der Natur* (Anm. 32), S. 26.

[36] Eine ansehnliche Anzahl von Philosophen, die von den *science studies* beeinflusst sind, hat die Herausforderung durch Whitehead angenommen, darunter vor allem Isabelle Stengers, aber siehe auch Didier Debaise: *Un Empirisme spéculatif. Lecture de Procès et Réalité,* Paris: Vrin 2006.

den, robusten und völlig reifen Existenzmodus ausgegraben hatten. Sie verhalten sich, als hätten sie bloß die »Wort«-Seite *derselben Brücke,* von der der erste Empirismus besessen war, kompliziert oder bereichert, während die »Welt«-Seite unberührt geblieben oder sogar noch weiter von jedem Zugriff und ins Kantianische *An sich* zurückgewichen wäre.

Meine Behauptung lautet, dass ohne Whiteheads reparative Chirurgie die Wissenschaftshistoriker niemals ihre eigenen Entdeckungen hätten ernst nehmen können, nämlich die Aufmerksamkeit wieder auf einen Typ von Vektor zu richten, der sowohl Worte als auch Welten *inter se* affiziert. Um diesem Trend der Abwertung der eigenen Entdeckungen entgegenzuwirken, will ich für beide Vektoren – den der Subsistenz und den der Referenz – denselben Ausdruck »Existenzmodus« verwenden. Sofern wir nicht dem, »was« erkannt wird, die verwirrenden zwei Merkmalsreihen gleichzeitig zusprechen: *sich vorwärts bewegen wie ein Organismus, um fortzubestehen, und sich vorwärts bewegen wie eine Referenz, um objektive Erkenntnis zu generieren.* Mit anderen Worten, die Wissenschaftsforscher haben es bislang nie gewagt, die Referenzketten in einen *Seins*modus zu verwandeln. Und doch ist alles ziemlich einfach: Wissen wird der Welt *hinzugefügt;* weder saugt es die Dinge in Repräsentationen hinein noch verschwindet es umgekehrt im von ihm erkannten Objekt. Es wird zur Landschaft hinzugefügt.

Wie viel ontologisches Gewicht hat das Buch der Natur?

Vielleicht sind wir nun in der Lage, dem Vorschlag eine interessante Bedeutung zu geben, den ich anfangs geäußert habe, nämlich dass Wissenschaftsgeschichte sowohl die Geschichte dessen, was erkannt wird, als auch des Erkennens selbst bedeuten sollte. Dies ist der Vorschlag, den ich mit der – letztlich gar nicht so provokanten – Aussage vorbrachte »Newton *stößt* der Schwerkraft *zu*«, »Pasteur stößt den Mikroben zu, und die Paläontologen den Pferdeknochen«. Wir können das in diesem Text Gelernte zusammenfassen, wenn wir denselben Prozess – Wissensgewinnung – in zwei verschiedenen Bezugsrahmen sehen. Der erste, den ich als Überspringen einer Kluft charakterisiert habe, ist gekennzeichnet durch (1) eine vertikale Verbindung, (2) hergestellt zwischen zwei Punkten – Subjekt und Objekt; (3) einer von ihnen bewegt sich durch sukzessive Versionen, während der andere gleich bleibt; (4) die Verbindung zwischen den beiden ist nicht gekennzeichnet und kann in jedem Moment unterbrochen werden. Im zweiten Bezugsrahmen haben wir (1) Vektoren in unbegrenzter Anzahl; (2) die in dieselbe zeitliche

Richtung fließen; (3) mit vielen Kreuzungspunkten, so dass (4) die Zwischenschritte kontinuierlich verknüpft und ständig rückverfolgbar sind (siehe Abb. 2 und 3).

Meine Behauptung lautet, dass durch den ersten Bezugsrahmen keine realistische Interpretation der Wissensproduktion geliefert werden kann; die einzige mögliche Schlussfolgerung wird lauten, dass wir entweder die sukzessiven Versionen auf der Subjektseite völlig vergessen – die Wissenschaftsgeschichte sollte verboten werden –, oder dass wir jede Hoffnung aufgeben, »sicher« zu wissen, und in verschiedenen Schulen des Idealismus und Subjektivismus schwelgen. Sollte letzteres richtig sein, dann könnte man sagen, lagen die Kuratoren der Ausstellung falsch oder waren unaufrichtig, wenn sie die Abstammungslinien der Pferde durch die Evolution und die sukzessiv revidierten Versionen der Paläontologen von dieser Evolution parallel ausstellten.

Eine realistische Version der Wissensproduktion könnte jedoch durch den zweiten Bezugsrahmen geliefert werden, denn dort wird kein Versuch unternommen, die Bewegung der Pferde in der Evolution und die Zirkulation von Knochen in paläontologischen Pfaden zu verwechseln, und dennoch gibt es genug Weichen, genug Artikulationspunkte, um viele provisorische Endpunkte hervorzubringen, an denen Wissen gesichert werden kann – das heißt berichtigt, mit Instrumenten ausgerüstet, von Kollegen korrigiert, von Institutionen garantiert und »gerichtet«, wie Fleck sagt. Wichtiger noch, die Pfade, welche die Überschneidungspunkte verbinden, haben kontinuierliche, wiedererkennbare, dokumentierbare materielle Gestalt. Ist es plausibel, dass nach dreißig Jahren *science studies* eine robuste Korrespondenztheorie der Wahrheit endlich in Reichweite sein könnte? (Man erinnere sich, dass ich die Metapher im Sinne der Korrespondenz der Anschlüsse bei U-Bahnlinien verwende, nicht im Sinne der Übereinstimmung über einen Abgrund hinweg).

Was autorisiert mich zu sagen, dass der zweite Bezugsrahmen besser ist als der erste? Das ist die Krux der ganzen Angelegenheit. Im ersten Rahmen wird alle Aufmerksamkeit auf die beiden Örtlichkeiten konzentriert: das intakte Objekt »dort draußen« und das Subjekt mit seinen wechselnden Versionen »hier drinnen«. Im zweiten Bezugsrahmen sind die beiden Anker verschwunden: Es gibt nicht länger ein Subjekt und ein Objekt. Stattdessen finden wir Fäden, die durch die sich kreuzenden Pfade gewoben werden. Wie konnte ich diese zweite Version für realistischer halten? Das ist als sagte man, ein Picasso-Porträt sei realistischer als ein Holbein oder ein Ingres. Dem kann aber auch so sein, und das ist der Punkt. Was nämlich im zweiten Rahmen vollständig sichtbar gemacht wird – und das ist die Grundlage meines Arguments – sind die Pfade der Wissensgewinnung, die als ebenso viele Nebenprodukte sukzessive, zeitlich markierte Versionen der Objekte und der Subjekte, nun im Plural, hervorbringen. Gewiss, es könnte ein großer Verlust sein, nicht mehr schnell an die beiden Endpunkte von Objekt und Subjekt gelangen zu können. Aber man möge den Gewinn bedenken, der sich so ergibt: Die langen und kostenaufwendigen Pfade, die notwendig sind, um objektives Wissen hervorzubringen, sind nun vollständig sichtbar und hervorgehoben. Die Alternative ist jetzt klar, und die Leserinnen und Leser mögen selbst entscheiden. Ziehen Sie es vor, Objekt und Subjekt hervorzuheben, mit der nicht unbeträchtlichen Gefahr, einen mysteriösen Abgrund zwischen beiden zu öffnen, das berühmte »dort draußen«, womit Sie riskieren, dass bald Skeptiker in den Abgrund schwärmen werden wie Krokodile in einen Sumpf, bereit, Sie mit Haut und Haaren zu verschlingen? Oder ziehen Sie es vor, die fragwürdige Präsenz von Objekt und Subjekt zu bagatellisieren und die praktischen Pfade hervorzuheben, die notwendig sind, um die Produktion von objektivem Wissen zu fördern? Dies ist, in meinen Augen zumindest, Relativismus, wie er sein sollte: eine klare Entscheidung zwischen dem, was man gewinnt, und dem, was man verliert, je nachdem für welchen Bezugsrahmen man sich entscheidet.[37] Nun ist es an Ihnen, zu wählen.

Der Grund für meine Wahl lautet, dass die zweite Alternative eine frische Lösung für die Schwierigkeit bietet, die ich früher erwähnt habe: dass es nahezu unmöglich ist, nach Jahren der Erkenntnistheorie und dann der *science studies*, auf beide Aspekte zufriedenstellend zu fokussieren: auf die banalen, menschlichen, diskurs-basierten Aspekte der Wissenschaft und auf die nicht-menschlichen, unfabrizierten, objektbasierten Aspekte derselben Aktivität. Der Grund für diese Unmöglichkeit war die Wahl eines ungeeigneten Bezugsrahmens – das ist wie in Filmen, wo der Kameramann, ein ganzes Jahrhundert nach den Brüdern Lumière, wenn er einen Dialog zwischen zwei Personen filmt, nicht gleichzeitig auf den Vorder- und Hintergrund fokussieren kann, auch wenn unsere Augen, außerhalb des Kinosaals, beides gleichzeitig mühelos tun. Wenn man jedoch für eine Minute das Gefüge der Wissenschaft entsprechend dem zweiten Bezugsrahmen akzeptiert, springen die beiden Elemente gleichzeitig in den Fokus: Es wird vollkommen wahr zu sagen, dass Wissenschaft nicht menschengemacht ist, auch wenn man viel Arbeit braucht, um einen Knochen aus einer Sandgrube

---

[37] Es sollte aus den Beispielen hervorgehen, dass das erste Modell in Wirklichkeit eine *Folge* des zweiten ist, wenn sich die Ungewissheit bezüglich des Wissens bis zu einem Punkt stabilisiert (d. h. minimiert) hat, wo es *common sense* scheint zu sagen, dass es hier »einen Hund« gibt und dort das Wort »Hund«.

in ein Museum zu transportieren, eine Menge Kollegen, die berichtigen, was man über ihn sagt, und eine Menge Zeit, damit die eigenen Daten Sinn ergeben, sowie eine gut ausgestattete Institution, um die Validität der wissenschaftlichen Arbeit zu erhalten. Die Knochen sind dazu gebracht worden, sich in einem völlig verschiedenen Existenzmodus zu verhalten, und dieser ist der Art und Weise, wie Ideen sich in unserem Bewusstsein verhalten, genauso fremd wie der Art und Weise, wie Pferde durch die Prärie galoppieren.

Ein zusätzlicher Nutzen des zweiten Bezugsrahmens liegt darin, dass er sich gut mit den üblichen Erfordernissen der Philosophie der Mathematik verträgt: Mathematische Konstrukte müssen nicht-menschlich und können doch konstruiert sein; darin sind sie vergleichbar mit den Pfaden, die ich hervorhebe und denen man nicht gerecht wird, wenn man versucht, sie zwischen den Objekten dort draußen und den Ideen hier drinnen zu platzieren – und die Situation wird noch schlimmer, wenn man ein wenig von beidem versucht. Alle Mathematiker sind abwechselnd Platoniker und Konstruktivisten, und das ist gut so. Jeden Tag müssen sie arbeiten und, wie es heißt, genug Kaffee konsumieren, um sich Theoreme auszudenken und eine Welt zu konstruieren, die als solche die mysteriöse Qualität hat, auf die wirkliche Welt anwendbar zu sein. Diese Ansprüche sind nur dann widersprüchlich, wenn der erste Bezugsrahmen verwendet wird, nicht jedoch im zweiten, denn Verknüpfungen auf dem Papier zwischen Objekten herstellen zu können, ist genau der Beitrag, der seit den Babyloniern bis heute zu den Wissensgewinnungs-Pfaden erbracht wurde. Ist es nicht die Ermöglichung des Transports durch Deformation ohne Deformation – das heißt die Erfindung von *Konstanten* –, worum es in der Mathematik geht?[38] Und ist dies nicht genau das, was erforderlich ist, um die Netzwerke »herzurichten«, die notwendig sind, um Sonnensystem, Knochen, Mikroben und alle Phänomene auf eine Weise beweglich, transportierbar, codierbar zu machen, die objektives Wissen ermöglicht? Objekte sind nicht dazu da, »dort draußen« zu sein, bevor nicht einer dieser Pfade kontinuierlich, ein Schritt »zum anderen überleitend«, ausgefüllt wor-

[38] Diese Frage ist einen entscheidenden Schritt weiter gekommen durch die Publikation des Buchs von Reviel Netz (*The Shaping of Deduction in Greek Mathematics: A Study in Cognitive History*, Cambridge: Cambridge University Press 2003), das für die griechische Geometrie dasselbe leistet wie Steven Shapin und Simon Schaffer (*Leviathan and the Air Pump*, Princeton: Princeton University Press 1985) für die wissenschaftliche Revolution (auch wenn Netz, mit ein wenig Koketterie, behauptet, nicht der Shapin der mathematischen Diagramme sein zu wollen!) Er hat die erste systematische *materialistische* Interpretation des Formalismus geliefert – wo aber »Materie« keinen der Nachteile mehr aufweist, die von Whitehead kritisiert worden sind.

den ist von mathematischen Rastern. Doch es ist vollkommen richtig zu sagen, dass Sterne, Planeten, Knochen und Mikroben, sobald sie in diese Pfade hochgeladen worden sind, objektiv *werden* und Objektivität in den Bewusstseinen derer generieren, die damit beschäftigt sind, sie willkommen zu heißen, auszubreiten oder unterzubringen.[39] Objektives Wissen ist nicht zuerst in den Köpfen von Wissenschaftlern, die sich anschließend der Welt zuwenden und sich wundern, wie sehr ihre Ideen mit den Entitäten dort draußen »übereinstimmen«: Objektives Wissen ist das, was zirkuliert und daraufhin der von den Netzwerken erfassten Entität einen anderen Existenzmodus *verleiht* und den von ihnen erfassten Bewusstseinen einen Grad der Objektivität *verleiht*, von dem kein Mensch vor dem 17. Jahrhundert je geträumt hätte – oder vielmehr sie träumten davon in früheren Zeiten, aber hatten den Grad der Objektivität nicht, bevor nicht die kollektiven, instrumentierten und materiellen Pfade der wissenschaftlichen Organisationen vollständig aufgebaut waren.[40]

Dies ist der große Irrtum jener, die sich vorstellen, objektive Wissenschaft sei »seit Anbeginn der Zeiten« die Tochter der »menschlichen Neugier« und es gebe eine direkte erkenntnistheoretische Linie von Lucy, die aufrecht stehend über die Savanne blickt, und dem Hubble-Teleskop. Nein, die Ausrichtung von weit reichenden Netzwerken, die das Rangieren vieler Entitäten in Objektivität generierende Bahnen ermöglichen, ist eine kontingente Geschichte, ein neues Merkmal der Weltgeschichte, das nicht notwendigerweise erfunden werden musste, und das immer noch *ent-funden* werden könnte. Ist dies nicht ein Weg, um die Geschichtlichkeit der Wissenschaft und die Objektivität ihrer Resultate auf produktivere Weise zu respektieren, als es im ersten Bezugsrahmen möglich war, mit seinen endlosen Reihen gefährlicher Artefakte? Besonders wichtig für mich: Lassen sich so nicht die Arten und Weisen

---

39 Den Begriff der *immutable mobiles* ziehe ich deshalb vor, weil er all die erforderlichen Praktiken einschließt, um durch die Erfindung von Konstanten die widersprüchlichen Eigenschaften von Beweglichkeit (Mobilität) einerseits und Unwandelbarkeit (Immutabilität) andererseits aufrechtzuerhalten, von denen die von Geometrie und Mathematik zustandegebrachten nur die offenkundigsten sind; aber es gibt noch viele andere: Etikettierung, Sammlung, Instandhaltung, Listung, Digitalisierung etc. (zu dieser umfangreichen Ausweitung von Pfaden der Erkenntnis siehe z. B. Geoffrey C. Bowker: *Memory Practices in the Sciences*, Cambridge: MIT Press 2006).

40 Niemand hat diesen Prozess, durch den vergänglichen Bewusstseinen Objektivität verliehen wird, besser dokumentiert als Edwin Hutchins (*Cognition in the Wild*, Cambridge: MIT Press 1995), als er zeigte, wie die US-Navy bei Matrosen mit einer hohen Fluktuation provisorische Kompetenzen hervorbringen konnte. Objektivität ist, was man gewinnt, wenn man eines der hoch ausgerüsteten Wissensgewinnungs-Netzwerke abonniert. Außerhalb dieser macht es keinen Sinn mehr zu sagen, dass man »objektiv« sei.

besser respektieren, wie die fragile ökologische Matrix unterhalten werden kann, die erforderlich ist, um den Existenzmodus objektiven Wissens zur Welt hinzuzufügen? An den Erkenntnistheoretikern habe ich nie verstanden, wie sie Menschen dafür interessieren könnten, in die Planung, Aufrechterhaltung und Erweiterung der sehr schlichten Mittel zu investieren, die nötig sind, um etwas mit Objektivität zu erkennen. Trotz meines Rufs als »Sozialkonstruktivist« habe ich mich selbst stets als jemanden betrachtet, der versucht, eine andere realistische Version der Wissenschaft anzubieten, im Gegensatz zu den absurden Erfordernissen der Erkenntnistheorie, die nur eine Konsequenz haben können: Skeptizismus. Hier wie sonst bietet die Relativität letzten Endes einen solideren Zugriff als der Absolutismus.

Die Operation, die ich in diesem Text als eine plausiblere Lösung für ein altes Problem dargelegt habe, besteht einfach darin, die Wissenswege mit ontologischem Gewicht zu versehen, anstatt sie, wie es sogar in den *science studies* oft geschieht, als eine andere und bessere Version des »Bewusstseins, das dem Objekt gegenübersteht« anzusehen.

Ich sage ja wirklich nichts völlig außergewöhnliches; genau dies ist mit großer philosophischer Sorgfalt durch ebenjene Metapher bezeichnet worden, die Galileo wieder hervorgeholt hat: das Buch der Natur ist in mathematischen Begriffen geschrieben.[41] Ja, es ist ein Buch – und Gingerich hat gezeigt, wie realistisch diese Buch-Pfad-Metapher genommen werden kann[42] – und ja, es ist das Buch, in dem einige der Vorwärtsbewegungen der Natur willkommen geheißen, transportiert, berechnet, dazu gebracht werden können, sich auf neue Weise zu ver-

41 Owen Gingerich: *The Book Nobody read: Chasing the Revolution of Nicolaus Copernicus*, New York: Penguin 2004. Wir verfügen inzwischen über eine vollständige historische Interpretation dieser hoch komplexen Metapher von Elizabeth Eisensteins Klassiker (*The Printing Press as an Agent of Change*, Cambridge: Cambridge University Press 1979) über Adrian Johns (*The Nature of the Book: Print and Knowledge in the Making*, Chicago: University of Chicago Press 2000) bis zu Mario Biagioli (*Galileo's Instruments of Credit: Telescopes, Images, Secrecy*, Chicago: University of Chicago Press 2006).

42 Gingerich bewegt sich nie aus den materiellen Verbindungen heraus, die von den sukzessiven Druckfassungen der ursprünglichen, von Kopernikus an der Universität von Frauenburg geschriebenen Entwürfe hergestellt worden sind, bis einige Aspekte des Buchs durch viele Publikationen, Annotationen, Lehrbücher und Populärkulturen in den gemeinsamen Kosmos der Astronomen eingesickert sind. So liefert Gingerich endlich eine realistische Fassung dessen, was es für Sterne und Planeten heißt, zu Berechnungen auf dem Papier zu werden, ohne für eine Sekunde ihr objektives Gewicht zu verlieren. Oder vielmehr, es ist gerade weil sie endlich berechnet werden, dass sie objektiv werden, aber nur solange die Pfade der Wissensgewinnung aufrechterhalten werden. Kopernikus stößt dem Kosmos zu aufgrund dieses neuen Ereignisses des Berechnetwerdens. Sobald wir zum diskontinuierlichen Bezugsrahmen zurückkehren, werden natürlich Sterne und Planeten fixiert, sie weichen nach dort draußen zurück und haben keine Geschichte.

halten. Aber die Metapher bricht rasch in sich zusammen, wenn man nicht berücksichtigt, unter welcher ontologischen Bedingung die Natur dazu gebracht werden kann, dass über sie in mathematischem Format geschrieben wird. Die Metapher vom Buch der Natur bietet die genaue Interpretation für jenes erstaunliche Ereignis im 17. Jahrhundert, das als die »wissenschaftliche Revolution« bekannt ist: einige Eigenschaften des Naturverlaufs werden in Bahnen gelenkt und geladen, so dass diese sie mit einem neuen Existenzmodus versehen: sie werden objektiv. Daher muss jede Geschichte der Trajektorie der Sterne in der Zeit Kopernikus und Galilei einschließen – als einen ihrer Kreuzungspunkte.

Aber aus diesem Grund *erlaubt*, nach dieser Sichtweise, ihre neue, nach dem 17. Jahrhundert datierende Existenz als Objekte *niemandem*, aus der Welt andere Existenzmodi *abzuziehen*, die andere mögliche Pfade haben könnten, andere Anforderungen für ihre spezifische Fortdauer in der Existenz. Das Gewebe der Erfahrung, das, was James als *Pluriversum* bezeichnete, ist aus mehr als einem Faden gewoben; daher bietet es sich uns in einem solch gesprenkelten, funkelnden Anblick dar – ein Anblick, der in meinen Augen durch die »revidierte Version«, die den Kuratoren der Ausstellung im naturgeschichtlichen Museum zu verdanken ist, gesteigert worden ist.[43]

Übersetzt von Gustav Rößler

Abbildungsnachweise

Abb. 1: Foto: Verena Paravel.
Abb. 2: Bruno Latour: »A Textbook Case Revisited – Knowledge as a Mode of Existence«, in: Edward J. Hackett / Olga Amsterdamska / Michael Lynch / Judy Wajcman (Hg.): *The Handbook of Science and Technology Studies*, Cambridge / London: MIT Press 2008, S. 83–112, hier S. 95.
Abb. 3: Ebd., S. 96.
Abb. 4: Ebd., S. 97.

Ich danke Beckett W. Sterner sehr für die Redigierung meines Englisch. Isabelle Stengers, Michael Lynch und Gerard de Vries schlugen sehr viel mehr Verbesserungen vor, als ich durchzuführen in der Lage war. Dank auch an Adrian Johns und Joan Fujimura dafür, dass sie mir erlaubten, mein Argument an ihren Freunden und Kollegen zu testen.

---

43 Erstmalig erschienen unter: Bruno Latour: »A Textbook Case Revisited – Knowledge as a Mode of Existence«, in: Edward J. Hackett / Olga Amsterdamska / Michael Lynch / Judy Wajcman (Hg.): *The Handbook of Science and Technology Studies*, Cambridge / London: MIT Press 2008, S. 83–112; Der Text wurde im Einvernehmen mit dem Autor leicht gekürzt.

Im Zwischenraum von Labor und Museum: Eine Ausstellung zur Biomedizin

SUSANNE BAUER, MARTHA FLEMING, JAN ERIC OLSÉN

Ein Raum voller technischer Apparaturen, davor Leuchtschrifttafeln, die auf eine biologische Sicherheitszone hinweisen. Blaues Licht bestimmt die kühle, sterile Atmosphäre des Raumes. Auf einer Seite stehen Laborkühlschränke, bis oben mit pinkfarbenen Behältern gefüllt. In den quadratischen Plastikbehältern mit der Aufschrift »DNA« befinden sich mit Barcodes versehene Probenröhrchen. Den Großteil des Raumes nimmt eine begehbare Kühlkammer ein, deren Temperaturanzeige auf +5 Grad Celsius steht (Abb. 1).

Abb. 1: Räume der Biomedizin. Installation *Cold and Good*.

Betritt man diese Kältezone, sind weitere Kühlapparate und darin wiederum kleinere Behälter sowie verschiedenste Gefäße zur Probenaufbewahrung zu sehen. Befinden wir uns hier inmitten eines Labors? Nur wenige Details verfremden diesen Eindruck: Kühlvorrichtungen sind mehrfach ineinander verschachtelt. Behälter, die sich sonst innerhalb der Kühlapparate befinden, hängen mitten im Raum. In den jeweiligen Kühlapparaten platzierte Uhren zeigen unterschiedliche Zeiten an – in einigen Bereichen scheint die Zeit schneller, in anderen langsamer zu vergehen.

Organisation und kuratorisches Konzept

Die hier geschilderte Impression beschreibt einen Raum der Ausstellung *Split+Splice. Fragments from the Age of Biomedicine*, die von Juni 2009 bis April 2010 am Medicinsk Museion der Universität Kopenhagen zu sehen war. Das Medicinsk Museion setzt auf die Integration von Forschung, Sammlungs- und Ausstellungsarbeit sowie Lehre und kann hierfür auf eine der größten medizinhistorischen Sammlungen Nordeuropas zurückgreifen.[1] Die Ausstellung *Split+Splice* entstand als Zusammenarbeit mehrerer ForscherInnen und einer Künstlerin im Rahmen eines Forschungsprojekts zur Geschichte der Biomedizin in Dänemark.[2] Ziel des Ausstellungsprojekts war es, gemeinsam mit den BesucherInnen nach dem Wesen und den Effekten moderner Biomedizin zu fragen und zwar ausgehend von einer Erkundung der konkreten, materiellen Praktiken biomedizinischer Forschung. Anstatt – wie in manchen naturwissenschaftlich orientierten Museen üblich – Laborsituationen nachzubauen oder gar vor den Augen der BesucherInnen WissenschaftlerInnen arbeiten zu lassen, zeigte die Ausstellung Rauminstallationen, welche die alltäglich im Labor verwendeten Objekte und deren Geschichte in den Mittelpunkt stellten. Eine Ausstellung mit Installationen zu bestreiten, schien geeignet, die Biomedizin sowohl als technisch-materielle Praxis wie auch als eine ökonomisch, sozial und kulturell aktive »Maschine«[3] zu erschließen. Mithilfe dieses Konzepts der generativen »Maschine« lassen sich verschiedene performative und affektive Dimensionen und Resonanzen biomedizinischer Technologie ausloten. Der Begriff der ›Ma-

1 Thomas Söderqvist: »The participatory museum and distributed curatorial expertise«, in: *NTM Zeitschrift für Geschichte der Wissenschaften, Technik und Medizin* 18 (2010), S. 69–78.

2 Das Ausstellungsteam setzte sich wie folgt zusammen: Martha Fleming (künstlerische Leiterin), Søren Bak-Jensen, Susanne Bauer, Sniff Andersen Nexø und Jan-Eric Olsén (ForscherInnen und KuratorInnen), Jonas Bejer Paludan (Ausstellungsassistent), Hanne Jessen (Forscherin), Mikael Thorsted (Ausstellungsarchitekt) und Lars Møller Nielsen (Grafiker).

3 Vgl. Gilles Deleuze / Félix Guattari: *Tausend Plateaus. Kapitalismus und Schizophrenie*, Berlin: Merve 1985. Zur Performativität quantitativer Modellierung vgl. Donald MacKenzie: *An Engine, Not a Camera. How Financial Models Shape Markets*, Cambridge / London: MIT Press 2006.

schine‹ verweist ebenso auf François Jacobs Beschreibung lebenswissenschaftlicher Experimentalsysteme als »Maschinerien zur Herstellung von Zukunft«.[4] Im diesem Sinn erkundet die Ausstellung, auf welche Weise die zunächst unspektakulären Routinen und Arbeitsvorgänge, wie das Hantieren mit Gefäßen oder Kühltechniken, Menschsein und Sozialität auf ganz bestimmte Weise hervorbringen. Wichtige Bezugspunkte in der Ausstellungskonzeption bildeten auch das Gebäude der 1787 fertig gestellten Chirurgischen Akademie, in dem sich das Museion befindet, sowie die weitere städtische Umgebung im Zentrum Kopenhagens.

Der Konzeption der gezeigten Installationen ging ein zweijähriges Forschungsprojekt zur Geschichte der Biomedizin in Dänemark voraus.[5] Die interdisziplinäre Besetzung des Projekts brachte Perspektiven der Wissenschafts- und Medizingeschichte, Ideen- und Sozialgeschichte, der europäischen Ethnologie und der Wissenschafts- und Technikforschung (*science and technology studies*, STS) mit der Museologie zusammen. Unter dem Arbeitstitel »Biomedicine on Display« umfasste das Forschungsprojekt fünf zeithistorisch sowie ethnographisch angelegte Teilprojekte, deren thematische Schwerpunkte auf Mensch-Tier-Beziehungen in der Biomedizin, Arbeitsweisen mit Daten in der epidemiologischen Forschung, materiellen und visuellen Praktiken der Reproduktionsmedizin, Infrastrukturen der Transplantationsmedizin sowie auf Visualisierungstechniken der virtuellen Chirurgie lagen. Diese Wissenschaftsforschungen lieferten das vielfältige Material – sei es über historische Quellen, teilnehmende Beobachtungen oder über die dabei kuratierten Objekte – aus dem dann projektübergreifend die Konzeptionen für die Installationen entstanden. Durch die Anbindung an eine medizinhistorische Sammlung wurde bereits früh der Fokus auf die Dinge und die materielle Kultur der Biomedizin gelegt, eine Perspektivierung, die dann programmatisch in den Forschungsprojekten eingesetzt wurde. Das Ausstellungsmachen war so selbst ein genuiner Bestandteil und Methode prozess- und materialitätsorientierter Wissenschaftsforschung.

---

4 François Jacob beschrieb lebenswissenschaftliche Experimentalsysteme als »Maschinerie zur Herstellung von Zukunft«. Vgl. Hans-Jörg Rheinberger: *Experimentalsysteme und epistemische Dinge. Eine Geschichte der Proteinsynthese im Reagenzglas,* Göttingen: Wallstein 2001, S. 22 sowie Paul Rabinow / Talia Dan-Cohen: *A Machine to Make a Future. Biotech Chronicles,* Princeton: Princeton University Press 2004. Zu Jacobs Analyse dessen, wie Experimentalkonstellationen ihre eigenen Wahrheiten produzieren, vgl. auch Mike Fortun: *Promising Genomics. Iceland and deCODE Genetics in a World of Speculation,* Berkeley: University of California Press 2008.

5 Die Forschung fand im Rahmen des Projekts »Integrating Historiography and Museology of Biomedicine (1955–2005)«, gefördert von der Novo Nordisk Foundation, am Medicinsk Museion der Universität Kopenhagen statt.

Die Konzeption der Installationen ließ sich von den konkreten Laborpraktiken des Herstellens und des Ausstellens inspirieren. Prozesse der Herstellung und der Darstellung sind in der naturwissenschaftlichen Praxis stark miteinander verschränkt. Der Begriff Darstellen wird bezeichnenderweise in der Chemie auch für das Herstellen einer Substanz verwendet. Für die Gestaltung der Ausstellung wurden konkrete materielle Praktiken aus der Laborarbeit aufgegriffen, umgearbeitet und durch Neukombination der Objekte verfremdet. Viele der verwendeten Konventionen des Zeigens und des Ausstellens hat *Split+Splice* auf diese Weise von der Biomedizin selbst entliehen und innerhalb dieses anderen Zeige-Apparats – dem Museum – neu konstituiert. Einige der Laborgegenstände wurden dabei zu formalen Strukturelementen der Ausstellung oder zu Präsentationsvorrichtungen. Auch die Begriffe »split« und »splice« im Ausstellungstitel sind dem Laborkontext entlehnt: Im Jargon der Genomforschung bezeichnen sie ein molekularbiologisches Verfahren, bei dem die Stränge der DNA in einem temperaturgesteuerten Prozess zunächst aufgetrennt (*split*) und danach mit anderen Molekülsträngen neu zusammengefügt (*splice*) und auf diese Weise vervielfältigt werden. Entwickelt wurde diese, später zu einem Routineverfahren gewordene Technik in den 1980er Jahren im Zuge des Humangenomprojekts.[6] Das Prinzip des Auftrennens und Auseinanderziehens sowie des neu Zusammensetzens und Multiplizierens wurde für die Konzeption der Ausstellung angeeignet, konzeptionell übertragen und für die Gestaltung der Installationen produktiv gemacht.

Was ist Biomedizin?

Worum geht es im Feld biomedizinischer Forschung? Wie kann Biomedizin als »epistemische Kultur«[7] erforscht und in einer Ausstellung bearbeitet werden? Die ›Biomedizin‹ ist zunächst ein vielfältiges und interdisziplinäres Forschungsgebiet. Mehr als eine Fachwissenschaft, stellt sie ein hybrides und heterogenes Feld dar, das auch über das Labor hinaus ganze Bereiche der Gesellschaft transformiert. Biomedi-

---

6 Das Humangenomprojekt bezeichnet die internationale Zusammenarbeit zur Sequenzierung des menschlichen Genoms, wie sie in den 1980er Jahren von der US-Regierung initiiert worden war. Das formal 1989 begonnene und 2003 für abgeschlossen erklärte Projekt der vollständigen Sequenzierung des Humangenoms zog eine Vielzahl staatlicher und kommerzieller Projekte in der Genomforschung nach sich, die sich nun mit der Funktion, Variation, Regulation und Gen-Umwelt-Interaktionen beschäftigen.

7 Vgl. Katrin Knorr-Cetina: *Epistemic Cultures. How the Sciences Make Knowledge*, Cambridge: Harvard University Press 1999.

zinische Forschungen und Technologien haben Denkweisen über Gesundheit und Krankheit, gesellschaftliche Debatten um das öffentliche Gesundheitswesen und über medizinische Interventionen am Anfang und Ende des Lebens transformiert. Sie haben neue soziale Bewegungen wie PatientInnenverbände hervorgebracht und damit auch soziale Praktiken und Alltag verändert. Was heute international unter dem Begriff ›biomedizinische Forschung‹ firmiert, entstand an staatlichen Großforschungseinrichtungen, wie sie nach dem Zweiten Weltkrieg und insbesondere während des Kalten Krieges aufgebaut wurden.[8] Die Bezeichnung ›Biomedizin‹ setzte sich in den USA, der Sowjetunion und in Europa zunächst an staatlichen Zentren der Atomforschung durch. Ab den 1950er Jahren wurden, besonders im Zuge der Debatten um die Folgen von Atomtest-Fallout, sogenannte ›biomedizinische Sektionen‹ eingerichtet, in denen zunächst zu biologischen Effekten radioaktiver Strahlung geforscht und später ein breites Spektrum medizinisch-molekularbiologischer Forschung abgedeckt wurde.[9] Unter den Bedingungen des Kalten Kriegs förderten diese staatlichen Großforschungszentren die Zusammenarbeit von Physik, Chemie und den Biowissenschaften, insbesondere der Molekularbiologie. Diese als Großforschung institutionalisierte, hoch arbeitsteilige und vernetzte Forschung ging mit Standardisierungsanforderungen einher. So wurden Typisierungs- und Testtechnologien – beispielsweise in der Immunologie – entwickelt, Proteine biochemisch isoliert, experimentell im Labor hergestellt, als diagnostische Marker identifiziert, klinisch erprobt und schließlich industriell produziert. Die so entstehenden Schnittstellen zwischen Labor und Klinik führten zu einer zunehmenden Standardisierung auch der klinischen Forschung und medizinischer Praxis. Peter Keating und Alberto Cambrosio prägten für diese sich im Laufe der zweiten Hälfte des 20. Jahrhunderts herausbildenden Konstellationen den Begriff der »biomedizinischen Plattformen«[10] als miteinander vernetzte technologische, architektonische und organisatorische Plattformen, an denen diese wechselseitigen Kalibrierungen zwischen Labor und Klinik stattfanden. Keating und Cambrosio zeigen, wie sich diese enge Verzahnung von Technologie, Forschung im Labor und Organisation der Klinik bis in die Architektur moderner Forschungskliniken hinein materialisierten. Mit ihrer kontinuierlichen Justierung vieler beteiligter Organisationsebe-

---

8 Vgl. Peter Keating / Alberto Cambrosio: *Biomedical Platforms. Realigning the Normal and the Pathological in Late Twentieth Century Medicine,* Cambridge / London: MIT Press 2003.

9 Angela Creager / Hannah Landecker: »Technical Matters: method, knowledge and infrastructure in twentieth century life science«, in: *Nature Methods* 6 (2009), S. 701–705.

10 Vgl. Keating / Cambrosio: *Biomedical Platforms* (Anm. 8).

nen kann die Biomedizin vor allem als Durchsetzung bestimmter hoch arbeitsteiliger und vernetzter Praxisformen charakterisiert werden.[11] Gleichzeitig griff die Forschung auch auf vielfältiges lokales Praxiswissen aus Landwirtschaft, Tierhaltung, Informationstechnologie und Ingenieurwissenschaften zurück. Die Frage nach den Verflechtungen und Besonderheiten solcher soziobiotechnischen Plattformen ziehen sich durch nahezu alle Installationen der Ausstellung.

Rundgang durch die Ausstellung

Wie kann Biomedizin nun anhand ihrer Praxisformen historisch, sozial und kulturell erschlossen werden? Wie prägt biomedizinische Forschung das Gefüge mit, in dem sich im 21. Jahrhundert Körper, Menschsein und Sozialität konstituieren? Die einzelnen Installationen in *Split+Splice*, die hier zunächst im Überblick vorgestellt werden, erkunden diese Fragen ausgehend von den konkreten materiellen Objekten des biomedizinischen Forschungsalltags. Gleich in der ersten Installation *Confluence* wird anhand der Geschichte eines dänischen Herstellers diagnostischer Marker die enge Verbindung zwischen Biomedizin und Landwirtschaft – in diesem Fall Kaninchenhaltung – aufgerollt. Ihren Anfang nahm die Antikörperherstellung in diesem global operierenden Unternehmen in den 1950er Jahren in der Kaninchenzucht. Dabei wurden vorhandene Alltagsgegenstände wie Küchenschüsseln und Wodkaflaschen zur Entwicklung der Verfahren verwendet. Beim Herstellungsverfahren für Antikörper fungieren die Kaninchen nicht als Versuchstiere, sondern ähnlich wie in der Landwirtschaft als Produktionstiere. Als Teil der Installation, die vor allem Objekte aus der Sammlung des Medicinsk Museions zur frühen Phase dieses Proteinlabors zeigte, lebten zwei Kaninchen im Ausstellungsraum – unter gemeinsam mit Tierschutzverein und Zoo entwickelten Bedingungen. Im diagnostischen Verfahren, das vor allem für die Immunphänotypisierung der frühen Transplantationsmedizin von Bedeutung war, treffen die von den Tieren produzierten Antikörper und menschliche Blutproben aufeinander.

In der daran anschließenden Installation *Containing a Torrent* werden Behälter und Gefäße aller Art, die im Labor verwendet werden, in den Mittelpunkt gerückt. Wie damit die Materialströme und Datenströme biomedizinischer Praktiken konkret perspektiviert werden, wird im

11 Vgl. Martina Schlünder: »Was ist Biomedizin?«, in: *NTM Zeitschrift für Geschichte der Wissenschaften, Technik und Medizin* (im Erscheinen).

Anschluss an diesen ersten Rundgang durch die Ausstellung näher beschrieben. Ebenso werden die Installationen *Avalanches of Data* und *Mass Observation*, die biomedizinische Datenerhebung und Visualisierung in einen breiteren Kontext der Überwachungstechnologien (*surveillance*) stellen, im Folgenden noch ausführlich dargestellt.

An den Raum der Messung und Daten anschließend wird mit der Installation *Reality Show* die Frage nach Visualisierungstechniken am Beispiel visueller Verfahren von der Geburtshilfe zur Reproduktionsmedizin sowie in der Bildproduktion eines PET-Scanners aufgenommen.[12] *Under the Skin. In the Flesh* arbeitet die Regimes der Sichtbarkeit näher heraus – mit Installationen zur Anatomie, in denen BesucherInnen auch den endoskopischen Blick in eine Blackbox ausprobieren können. Ein Kabinett optischer Instrumente erinnert daran, dass der medizinische Blick ins Körperinnere stets historisch und medial konstituiert ist.

Die über eine kurze Treppe erreichbaren Bereiche *Checkpoint! Is Everything in Place?* und *Good and Cold* stellen Zonen technischer Kontrolle von Lebensvorgängen aus – wie das Verlangsamen und Beschleunigen biochemischer Prozesse in Zellkulturen oder der DNA-Sequenzierung über die Temperatursteuerung. Eine Wand in der Nähe des Kälteraums ist mit Gesetzestexten, Verordnungen und Leitlinien tapeziert, welche das Hantieren mit humanbiologischen Materialien – wie DNA, Blutproben, Samenzellen, Embryos – im Labor minutiös regeln. Die Installation *Wanted – Unwanted* stellt die Frage, wann biologisches Material als wertvolle Ressource gilt und wann sie als klinischer Abfall klassifiziert wird – und wie bestimmt wird, welche dieser Regelungen wann zur Anwendung kommen.

Jenseits der Auseinandersetzung mit den Manipulationen von Zellkulturen im Labor wendet sich die Ausstellung der Manipulation menschlicher Körper durch Medikamente, insbesondere Psychopharmaka, zu. Was sind die körperlichen und gesellschaftlichen Wirkungen stimmungsverändernder Substanzen, deren Einsatzsspektrum von Freizeitdroge und erwünschtem *enhancement* bis zu Medikamentierung unter Zwang reicht? Mit der Installation *Feeling Up and Feeling Down* im Treppenhaus begleitet eine chronologische Liste der wichtigsten stimmungsverändernden Substanzen sowie Beschreibungen ihrer Wirkungen die BesucherInnen auf dem Weg in die erste Etage des Gebäudes.

---

12 Der Begriff »PET-Scanner« bezeichnet die Apparatur zur Positronen-Emissions-Tomographie. Der in der Ausstellung verwendete Detektorkern eines in den 1980er Jahren in Montréal gebauten und später in der neurologischen Forschung am Rigshospitalet in Kopenhagen eingesetzten PET-Scanners war bereits Bestandteil der Sammlung des Museions.

Im dort gelegenen historischen Hörsaal kontextualisiert die Installation *Retinal Image* biomedizinische Regimes der Sichtbarkeit auch im Sinn einer *longue durée* des medizinischen Blicks. Die Installation stellt den anatomischen Hörsaal des Museums in seiner architektonischen Konstruktion selbst als ein Visualisierungsinstrument aus, das allumfassende Sicht in den menschlichen Körper gewähren soll.

In der Konzeption der Installationen geben die KuratorInnen keine Antworten, sondern fragen gemeinsam mit den BesucherInnen danach, auf welche Weise biomedizinische Praktiken den menschlichen Körper fragmentieren, erweitern, digitalisieren, therapieren, kontrollieren, kategorisieren und verändern. Um solche Effekte konkreter auszuloten, wird der ansonsten meist verborgen bleibende generative ›Maschinenraum‹ biomedizinischer Forschung zugänglich gemacht. Einige Installationen und Ausstellungsräume, die insbesondere mit den Schnittstellen und Zwischenräumen von Labor und Museum sowie mit den Verbindungen von Herstellen und Darstellen experimentieren, werden im Folgenden näher vorgestellt.

Containing a Torrent

Ein gigantisches freistehendes Regal durchmisst diagonal einen großen, zentral gelegenen, leicht abgedunkelten Ausstellungsraum (Abb. 2a). Auf symmetrisch angeordneten Vertiefungen sind Gefäße aus der historischen Sammlung des Medicinsk Museion platziert: Waschschüsseln, Apothekendosen, Reagenzgläser, Glasflaschen, Ampullen und Behälter zum Transport radioaktiver Substanzen. Hinzu kamen eine Fülle verschiedener Verbrauchsmaterialien wie sie im biomedizinischen Labor alltäglich verwendet werden – Pipetten, Gefäße, Objektträger, Platten aus Plastik mit in einem Raster angeordneten Vertiefungen für Flüssigkeiten sowie Gen-Chips. Einige der Gefäße sind durch eine durchsichtige Wand geschützt, andere können von den BesucherInnen in die Hand genommen, aus der Konstruktion herausgeholt, umgruppiert oder mitgenommen werden. Bei genauerer Betrachtung der Rauminstallation fällt eine merkwürdige Doppelung ins Auge – die Präsentationswand hat selbst die Form eines der Gefäße, das darin in unterschiedlicher Ausführung wiederholt ausgestellt ist: Die eigenartige symmetrische Form des Regals und die Zahl ihrer Plätze entspricht genau einer Microwell-Platte (Abb. 2b).

Die Microwell-Platte ist ein transparenter Behälter aus Plastik, die der Handhabung, Lagerung und dem Transport definierter Flüssigkeitsmen-

Abb. 2a: Ausstellungsregal mit Laborbehältern. Installation *Containing a Torrent.*

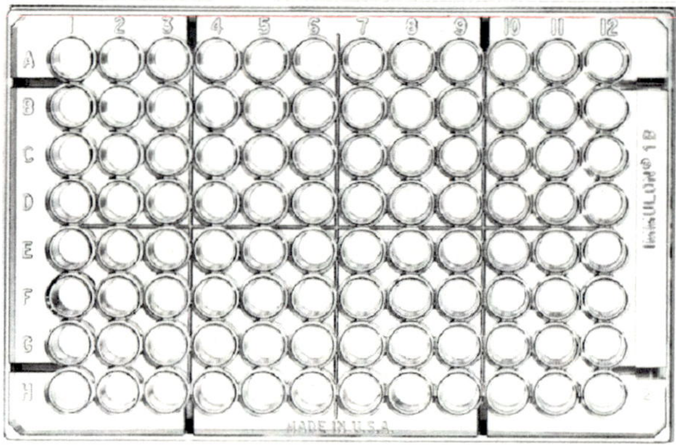

Abb. 2b: Proben-Logistik. Microwell-Platte.

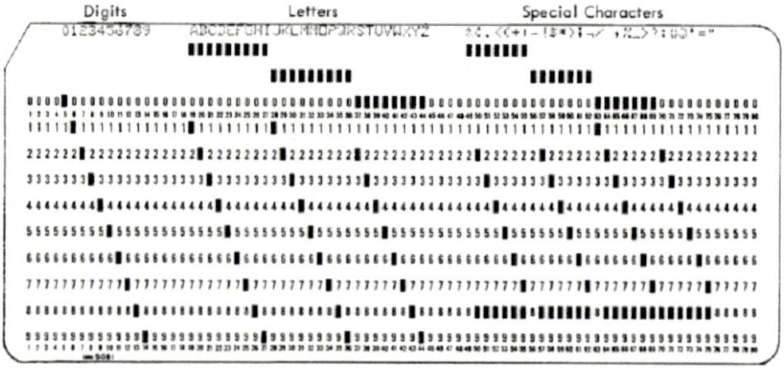

Abb. 2c: Daten-Logistik. Lochkarte.

gen zur weiteren Untersuchung dient. Diese mit kleinen Vertiefungen ausgestatteten Plastikplatten sind im biomedizinischen Labor so allgegenwärtig, dass sie – trotz ihrer zentralen Rolle in der biomedizinischen Praxis – selbst selten Aufmerksamkeit erfahren. Als transparente Träger der ›eigentlichen‹ Forschungsobjekte verschwinden sie quasi in ihrer Funktion und entziehen sich damit der Aufmerksamkeit. In der Ausstellung werden diese Plastikmaterialien gerade nicht als bloßes Trägermaterial für die wissenschaftlichen Forschungsobjekte behandelt, vielmehr werden sie als zwar wenig sichtbare, aber wirkmächtige Infrastruktur gezeigt, die das Geschehen im Labor mit strukturiert: Die etwa ein Zentimeter dicke Standard-Microwell-Platte besteht aus hoch transparentem Plastik. Als standardisiertes Behältnis kann sie automatisch befüllt und in Geräte verschiedenster Funktion und unterschiedlicher Automatisierungsgrade eingefügt werden: Sie kann von Hand – eine Vertiefung nach der anderen – mit einer einzelnen Pipette oder über 8-Kanal-Pipetten in der Horizontalen oder 12-Kanal-Pipetten in der Vertikalen gefüllt werden. Sie kann von Maschinen befüllt, gleichzeitig versiegelt und gestapelt werden. Sie kann in Analysevorrichtungen wie Fotospektrometer geschoben werden und in Kühl- und Gefrierschränke oder in Wärmebäder wandern. Mit ihren standardisierten Maßen – auf einer Standard-Platte sind 96 Löchern in einem 8x12 Raster angeordnet – ist die Microwell-Platte gleichzeitig Anordnungsinstrument und Koordinatensystem. Die alphanumerischen Koordinaten der Platte verweisen auf Verfahren des Ordnens, wie sie auch im musealen Kontext – beispielsweise in der Verwaltung und Katalogisierung von Sammlungen – zu finden sind. Kuratorisch funktioniert diese Vergrößerung der Labor-Microwell zur *Container Wall* auch als eine Art Objekt-Verzeichnis und Matrix für die weiteren Installationen der Ausstellung.

Unter den 96 Gefäßen im Ausstellungsregal befindet sich auch eine Computer-Festplatte, auch sie ein ›Behältnis‹ und Trägermaterial – und zwar für Daten. Das Einbeziehen von Hardware und Speichermedien verweist auf die in der Biomedizin ubiquitären digitalen Datenströme sowie im Fall der Microwell-Platte auf die Überführbarkeit von Flüssigkeiten in Daten. In einem der Fächer der *Container Wall* befindet sich eine Lochkarte als materieller Datenträger. Wie die Microwell-Platte weist sie alphanumerische Struktur auf, die sie in einer binären Codierung (Loch / kein Loch) umsetzt (Abb. 2c). Die praktische Handhabung der Lochkarte korrespondiert mit Aspekten des Sammelns und der Probenlogistik im Laborkontext. Auch stellt die Lochkarte eine direkte Verbindung zur musealen Praxis dar: Während der 1970er Jahre kamen Lochkarten auch in der Verwaltung von Museumssammlungen zum

Einsatz. Mit der gigantischen Microwell-Platte, die in der Ausstellung zum Präsentationsregal wird, werden die Verbindungen zwischen musealem Aufbewahren und dem Darstellen in den entsprechenden Laborpraktiken kuratorisch umgesetzt. Von hier aus kann danach gefragt werden, welche Rolle archivierende und darstellende Praktiken im experimentellen Raum des Labors innehaben. Und umgekehrt – wie kann das Museum damit biomedizinische Praxis erforschen?

Avalanches of Data

Wie die Praktiken des Sammelns und Archivierens selbst, so ist die biomedizinische Datengenerierung eng mit der Geschichte der Informationstechnologien verknüpft. Kein Bereich biomedizinischer Wissensgenerierung im 21. Jahrhundert kommt ohne elektronische Verarbeitung aufgezeichneter Signale und statistischer Visualisierungstechniken aus. Die Gestaltung der Rauminstallation *Avalanches of Data* setzt sich mit Messung, Datenerhebung und -verarbeitung auseinander. Die damit verbundenen Praktiken bilden die Grundlage der in Biomedizin wie Ökonomie verbreiteten Kultur der Risikooptimierung. Ökonomische Rationalitäten haben sich auch als Kultur des präventiven Risikomanagements in der Medizin durchgesetzt.[13] Diese verlagert Gesundheitshandeln über individuelle Optimierungsaufforderung ins ›Vorfeld‹ des Krankwerdens. Häufig wird in diesem Zusammenhang die Vision einer ›personalisierten Medizin‹ formuliert, für die biomedizinisches Wissen mobilisiert wird. Wie diese zunächst mit dem Humangenomprojekt verknüpften immer wieder neu formulierten Erwartungen an biomedizinische Forschung als »Ökonomien des Versprechens« funktionieren, hat Mike Fortun anhand einer Ethnographie der Genomforschung in Island aufgezeigt.[14] Die Soziologinnen Adèle Clarke, Laura Mamo, Jennifer Fishman, Janet Shim und Jennifer Fosket bezeichnen die weitreichenden Verschiebungen der US-amerikanischen Medizin in den 1980er Jahren als »stratifizierte Biomedikalisierung«[15]. Diese ist vor allem

---

13 Mit dem Begriff der »Kultur des Risikomanagements« ist hier die stetige und wissenschaftlich begründete gesellschaftlich-technologische Optimierung der »Bevölkerungsgesundheit« sowie deren Umsetzung über individuelle Risikofaktorenmanagements gemeint.

14 Fortun: *Promising Genomics* (Anm. 4).

15 Vgl. Adele E. Clarke et al.: »Biomedicalization: Technoscientific Transformations of Health, Illness, and U.S. Biomedicine«, in: *American Sociological Review* 68 (2003), S. 161–194. Im US-Kontext beziehen sich diese Transformationen auch auf ein sozial stratifiziertes, kommerzialisiertes Gesundheitssystem. In Ländern wie Dänemark mit

mit technowissenschaftlicher Surveillance- und Risikofaktorenmedizin, epidemiologischen Verfahren und einem Denken in Risikogruppen, das soziale Ausschlüsse produziert, verbunden.

Die Rauminstallation *Avalanches of Data* historisiert die Risiko- und Surveillancemedizin anhand ihrer Informationstechniken und zeigt, auf welche Weise Messverfahren, numerische Modellierung und Visualisierung miteinander verflochten sind. Beispielsweise dokumentieren Spirometer und Elektrokardiographie-Apparate ihre Messungen visuell – sie ›schreiben Kurven‹. Ein »Podium der Messinstrumente« (Abb. 3) im Zentrum der Rauminstallation versammelt auf den Körper gerichtete medizinische Messvorrichtungen aus über zwei Jahrhunderten.

Abb. 3: Podium der Messinstrumente. Installation *Avalanches of Data.*

staatlichem Gesundheitswesen steht die Versorgung und medizinische Praxis unter dem Primat eines ökonomischen Kosten- und epidemiologischen Risikofaktorenmanagements.

Die Apparate und Messgeräte reichen von Anthropometrie zu Fragebögen, von Waagen, hämatologischen Skalen, Instrumenten zur Blutzuckerbestimmung zu Geräten zur Messung von Blutdruck und Atemvolumen. In einer Pyramide gruppiert, stellt die Installation so einen regelrechten ›Zoo der Messgeräte‹ vor, der von alten und neuen metrisierenden Hilfsmitteln für eine quantitative Erfassung des menschlichen Körpers bevölkert ist. In der Ausstellung sind die Messinstrumente nur durch vertikale Glasfaserschnüre abgeschirmt und können so von BesucherInnen ohne räumliche Trennung etwa durch eine Glaswand direkt inspiziert werden. Messung und Messtechnik sind fundamentale Verfahren jeder Datengenerierung und ihrer weiteren statistischen Verarbeitung zu Indikatoren oder Bildern. Das Podium der Messinstrumente steht im Zentrum des Daten-Raums sowie im Mittelpunkt einer Sichtachse durch drei weitere Räume, in denen sich die Installationen *Containing a Torrent* und *Confluence* in der einen sowie *Reality Show* in der anderen Richtung befinden.

In einer Nische im Daten-Raum ist eine Installation zur Geschichte der Statistik und der Informationstechnologie einsehbar (Abb. 4).

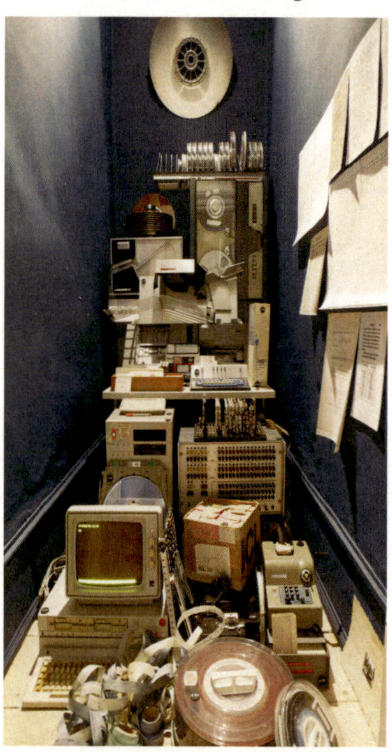

Abb. 4: Rechenmaschinen und Speichermedien. Aufbau der Installation *Avalanches of Data*.

Auf der rechten Seite sind Dokumente aus der Geschichte der Bevölkerungsstatistik in Dänemark an die Wand geheftet. Ganz oben mittig befindet sich eine runde Metallplatte – die erste Festplatte des dänischen Atomforschungszentrums Risø aus dem Jahr 1963.[16] Von oben nach unten sind Apparaturen und Geräte wie Lochkartensortiermaschinen, Rechenmaschinen und Speichermedien angeordnet. Diese Objekte aus einer Sammlung zur Computergeschichte in Dänemark konnten im Rahmen einer Kooperation als Leihgaben gewonnen werden.[17] Ein Scanner mit der Bezeichnung »Axiome«, der in den 1990er Jahren zum Einlesen der Fragebögen einer epidemiologischen Studie verwendet wurde, war im Rahmen des Forschungsprojekts für die Sammlung akquiriert worden. Weiter sind ein Schalt-Relaissystem, ein Piccoline-PC für den Gebrauch in der Lehre (um 1970), rechts daneben eine Rechenmaschine von Olivetti, davor weitere Datenträgermedien sowie Papier- und Magnetband zu sehen. Die ausgestellten Lochkarten stammen aus unterschiedlichsten Kontexten – von Lebensmittel-, Schlachthof- und Transportlogistik bis zur Informationstechnologie in der Verwaltung der medizinhistorischen Sammlung selbst. Weiter sind in der Nische Ordnungs- und Transportsysteme für Lochkarten und Magnetbänder aus den 1970er Jahren und Konvertiergeräte für verschiedene Speichermedien, Festplatten aus Metall, Disketten verschiedener Größen und Hersteller sowie Rollen mit Magnetbändern angeordnet.

Die schiere Menge der Objekte aus unterschiedlichsten Kontexten, die vollständig im *User Manual* der Ausstellung aufgelistet sind,[18] zeigt die Vielfalt, schnelle Verbreitung und Bedeutung dieser entstehenden Infrastrukturen, deren Entwicklung auch die biomedizinische Forschung nachhaltig geprägt hat. Den Begriff der »Avalanches of Numbers« von Ian Hacking aufgreifend,[19] verdeutlicht die »Lawine« der Informationstechnologie und Speichermedien die Ubiquität und kontingente Materialität auch der elektronischen Datenverarbeitung, ihren Ressourcenbedarf sowie den Kontext industrieller Forschung und Entwicklung, in welche die aktuellen datengetriebenen Biowissenschaften eingebunden sind.

---

[16] Das Forschungszentrum auf der Halbinsel Risø im Roskilde-Fjord war in den 1950er Jahren von der Dänischen Atomenergiekommission für die Nuklearenergieforschung etabliert worden. In den 1980er Jahren wurde der Schwerpunkt auf erneuerbare Energien und u. a. auf Medizintechnik verlegt.

[17] Kooperationspartner war die Dansk Datahistorik Forening, die eine umfangreiche Sammlung unterhält. Ein Computermuseum befindet sich in Gründung.

[18] Vgl. Medicinsk Museion: *split + splice | del + hel. User Manual*, Kopenhagen: Medicinks Museion 2009 (Begleitheft und Gebrauchsanweisung der Ausstellung).

[19] Ian Hacking: *The Taming of Chance*, Cambridge: Cambridge University Press 1990.

Retinal Image

Die jeweiligen Techniken der Datenverarbeitung haben auch die Regimes des Sehens und der medizinischen Sichtbarkeit geprägt. Die kuratorische Perspektive einer *longue durée* medizinischer Sichtbarkeit schließt an Michel Foucaults »Geburt der Klinik« und der räumlichen Rekonfiguration des medizinischen Blicks an. Foucault beschreibt, wie sich an der Schwelle zum 19. Jahrhundert mit dem Übergang von der Krankenbettmedizin zur modernen Klinik mit ihren nach Nosologien strukturierten Abteilungen der Blick der Anatomie und Pathologie herausgebildet und durchgesetzt hat.[20] Für das 20. Jahrhundert analysiert David Armstrong auf Foucault Bezug nehmend jene präventive Rationalität, die den Blick vom kranken Patienten auf die Gesamtbevölkerung ausdehnt, als den Beginn einer »Surveillance-Medizin«.[21] Die Geschichte des Ausstellungsgebäudes und die dortigen pathologischen Sammlungen wie die Saxtorph-Sammlung der Geburtsmedizin sind Teil dieser von Foucault beschriebenen Verschiebung in der Geschichte des medizinischen Blicks im Zuge des Aufstiegs der Anatomie als Grundlage der Medizin.

Mit dem Hörsaal der historischen Chirurgischen Akademie aus dem 18. Jahrhundert erschließt sich den BesucherInnen des Medicinsk Museions ein Ort, an dem Wissen und Macht einst konvergierten.[22] Die Installation *Retinal Image* zeigt, wie die Architektur des Auditoriums räumlich dieser Neuausrichtung des medizinischen Blicks und der sich durchsetzenden anatomischen Pathologie folgt und sie gleichzeitig festigt. Die Installation exponiert den Hörsaal als eine Materialisierung des medizinischen Blicks, dessen gesamte Architektur darauf ausgerichtet ist, Sichtbarkeit unter der Kuppel zu ermöglichen. Die in der Baukonstruktion realisierte Erhebung der Sitzreihen (Abb. 5a) strebt eine optimale Sichtachse im Raum an und weist einen ähnlichen Neigungswinkel wie optische Instrumente auf: Mit seinen konzentrisch angeordneten Sitzbänken ist der Hörsaal – und damit gleichzeitig »Schausaal« – so konstruiert, dass sich der Blick von jedem Platz im Auditorium auf das Zentrum ausrichtet.

Genau hier setzt die Intervention »Retinal Image« an: Ein exakt im Zentrum des Raumes platziertes Stativ hält einen Reflektorspiegel, der sich genau am Brennpunkt der Lichtreflexion befindet (Abb. 5b).

---

20 Michel Foucault: *Die Geburt der Klinik. Eine Archäologie des ärztlichen Blicks*, München: Hanser Verlag 1973.

21 David Armstrong: »The rise of surveillance medicine», in: *Sociology of Health and Illness* 17 (1995) 3, S. 393–404.

22 Für eine historische Studie der Entstehung des anatomischen Theaters und der Wissenschaft und Praxis des Sezierens, vgl. Andrew Cunningham: *The Anatomical Renaissance: the Resurrection of the Anatomical Projects of the Ancients*, Aldershot: Scolar Press 1997.

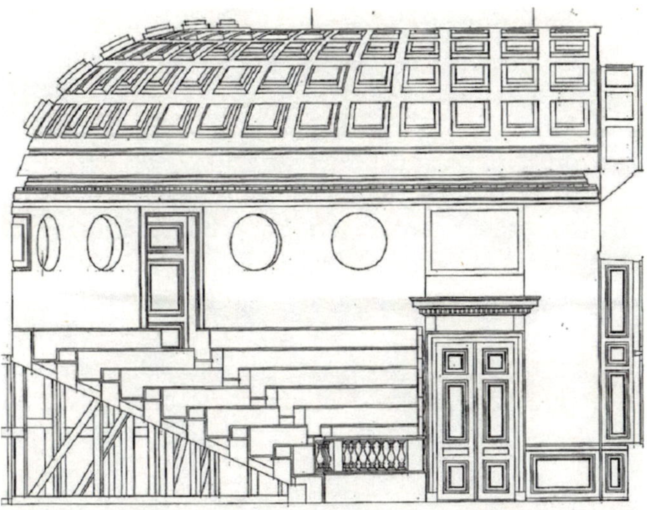

Abb. 5a: Grundriss des anatomischen Hörsaals (Ausschnitt).

Abb. 5b: Das Auditorium als Visualisierungsinstrument. Installation *Retinal Image.*

In der Mitte des Reflektorspiegels ist eine »Pillenkamera«[23] montiert. Der sich langsam drehende Spiegel reflektiert das Licht von der Decke des Hörsaals und lässt den reflektierten Lichtstrahl dabei entlang der Bankreihen konzentrisch durch den Raum schweifen. Gleichzeitig filmt eine unterhalb der Sitzbänke durchgesteckte und an ein Periskop montierte Schwenkkamera die Holzkonstruktion unter den Sitzreihen. Die Live-Bilder dieser Kamera sind auf einem Bildschirm, der zwischen zweiter und dritter Reihe zwischen den Sitzbänken positioniert ist, zu sehen. Auf diese Weise wird das verborgene Gerüst des Visualisierungsgefüges in den Raum hereingeholt – die gezeigte Holzerhebung stellt den Neigungswinkel her und macht den Hörsaal zu einem materialisierten Visualisierungsgefüge. Das wie ein gigantisches Auge anmutende »anatomische Theater«[24] wird so als Instrument der Sichtbarmachung ausgestellt.

Ist dieser anatomische Saal das größte »Instrument« der Ausstellung, gehört die kaum einen Zentimeter große Pillenkamera, die in die Installation eingebaut ist, zu ihren kleinsten Objekten. Die Pillenkamera ist ein diagnostisches Instrument – eine Kamera in Pillenform, die geschluckt wird und bei ihrem Durchgang durch den Magen-Darm-Trakt 50.000 Einzelbilder aufnimmt. Für die Diagnostik werden diese Daten anschließend digital aufbereitet und als eine virtuelle Durchfahrt durch das Körperinnere montiert. Die direkte Gegenüberstellung der beiden Visualisierungstechniken – anatomisches Theater und Pillenkamera – verdichtet die Konfiguration des biomedizinischen Blicks und macht die jeweiligen Relationen zwischen Körper, medizinischem Blick und Raum deutlich: Während der anatomische Hörsaal als Visualisierungsinstrument den Körper räumlich umschloss, schließt nun ein selbst zum »anatomischen Theater« gewordener Körper die Pillenkamera ein; mit der Pillenkamera hat der Patient auch das »anatomische Theater« geschluckt. Der durch das Auditorium konstituierte Blick verschiebt sich hin zu einem »entkörperten Blick«, der nicht mehr an das Auge gebunden, sondern mit der Pillenkamera nun vom Auge losgelöst durch den Körper unterwegs ist – die aufgenommenen Daten werden erst in einem weiteren Verarbeitungsschritt für das menschliche Auge am Bildschirm wieder zusammengesetzt. Wurde für die kollektive Sicht der Anatomie ein enormes Raumvolumen benötigt, genügt für die Präsentation der

---

23 Pillenkameras oder drahtlose Kapsel-Endoskope sind seit den frühen 2000er Jahren als diagnostische Methode der Gastroenterologie etabliert.

24 Die anatomischen Hörsäle medizinischer Akademien und Universitäten wurden – als Schauplatz des dramatischen Öffnens menschlicher Körper – auch als »anatomische Theater» bezeichnet.

Bilder einer Pillenkamera sowie für das endoskopische Sehen ein flacher Computerbildschirm. Mit dieser Umkehrung des anatomischen Blicks implodiert der Raum des »anatomischen Theaters« in der Bildproduktion des biomedizinischen Miniaturobjekts der Pillenkamera.

Bot das historische Auditorium mit dem anatomischen Theater einen ungeteilten Schauplatz spektakulärer Leichenöffnungen, so ging die Entwicklung medizinischer Disziplinen mit einer Untergliederung in spezialisierte Blicke einher. Über unterschiedlichste optische Techniken wurde der Körper auf vielfache Weise gleichzeitig visualisiert – optische Instrumente waren dabei konstitutiv für das »skopische Regime«[25] der modernen Medizin. Bedienen sich sowohl der über das Mikroskop gebeugte Forscher als auch der Kliniker am Endoskop einer Auge-zu-Linse-Technik, stellt sich spätestens mit der Pillenkamera eine Veränderung ein. Sie verkörpert nicht nur die Miniaturisierung und Automatisierung medizinischer Seh-Apparate, sie stellt auch den Punkt dar, an dem der Modus des aktiven Betrachtens in nicht-selektive Überwachung übergeht. Das Blickregime der Überwachung (*surveillance*) mit einer rund um die Uhr eingesetzten Kamera unterscheidet sich grundlegend vom aufmerksamen Blick aktiven Betrachtens. Ähnlich wie bei einer Überwachungskamera oder einer Web-Cam registriert die Pillenkamera alles in ihrem zeitlichen und visuellen Einzugsbereich, unabhängig davon, ob gerade etwas geschieht oder nicht. In dieser Hinsicht sind ihre Magen-Darm-Trakt-Bilder so ermüdend wie das flimmernde Bild einer Überwachungskamera, die beispielsweise einen leeren Parkplatz oder das unspektakuläre Geschehen am Eingang eines Supermarkts überblickt.

Mass Observation

Die Installation *Mass Observation* (Abb. 6) erkundet die Effekte nicht-selektiver Bildproduktion näher: In einem kleinen Raum stehen ein Tisch und ein Schreibtischstuhl, darüber befinden sich zwölf Bildschirme mit Surveillance-Bildern.

Die Szene erinnert an einen Arbeitsplatz beispielsweise in einer Sicherheitsfirma oder an die Videoüberwachung auf Flughäfen und in Museen – Orte, an denen Überwachungskameras 24 Stunden täglich im Einsatz sind.

---

[25] Zum Konzept des Blickregimes (*scopic regimes*) vgl. Martin Jay: *Downcast Eyes: The Denigration of Vision in Twentieth-Century French Thought*, Berkeley: University of California Press 1993.

Abb. 6: Ubiquitäres Monitoring. Installation *Mass Observation*.

Mit der Anordnung von drei mal vier Bildschirmen zeigt *Mass Observation* Überwachungs-Bilder aus unterschiedlichen Kontexten: Der erste Bildschirm zeigt Bilder einer Pillenkamera bei ihrer Fahrt durch den menschlichen Körper. Daneben sind um einige Minuten zeitversetzte Aufnahmen einer Live-Kamera, die in der Installation *Containing a Torrent* (siehe Abb. 2a) angebracht ist, zu sehen. Neben diesen Überwachungsbildern der BesucherInnen der Ausstellung selbst flimmern Detailaufnahmen einer In-Vitro-Fertilisation (ICSI-Verfahrens) sowie mikrokinematographische Bilder menschlicher Blutzellen. In der mittleren Reihe schließt sich darunter das Display eines »PatientInnen-Monitors« an, ein Gerät, das routinemäßig in der Intensivmedizin eingesetzt wird. Daneben ist ein virtueller Durchflug durch den »Visible Human«-Datensatz zu sehen.[26] Nach links folgen Bilder einer Kamera, die den Rathausplatz in Kopenhagen überblickt und am äußeren Ende

---

26 Das Visible Human Project – ein 3D-Datensatz zur Anatomie des erwachsenen Menschen – war in den 1990er Jahren mit der ›Körperspende‹ eines Todeskandidaten in den USA begonnen worden. Als »Visible Male« und »Visible Female« ist dieser Datensatz der US National Library of Medicine als Ausbildungsressource international verbreitet. Das Bildmaterial des »Visible Male« für die Installation wurde vom lizensierten Visible Human Server der Ecole Polytechnique Fédérale de Lausanne zur Verfügung gestellt.

ein Datendurchlauf aus der epidemiologischen Forschung, genauer ein statistisches Programm für die Berechnung von Krebsraten.[27] Die untere Reihe zeigt Aufnahmen einer Kamerafahrt bei einer Routineinspektion der Abwasserkanäle, die sich direkt unterhalb des Ausstellungsgebäudes befinden. Auf den benachbarten Bildschirmen sind fluktuierende Börsenkurse und eine Videoschleife aus der Parlamentsdebatte zur Stammzellforschung zu sehen, daran schließen sich Aufnahmen einer mithilfe »virtueller Chirurgie« durchgeführten Knieoperation an.

Durch ihre räumliche Anordnung und im Zuge der jeweils unterschiedlich langen Schleifen sowie einiger Tonspuren gehen die gezeigten Bilder vertikal, horizontal und diagonal eine Vielzahl visueller, formaler und inhaltlicher Korrespondenzen miteinander ein. Das Bildmaterial aus unterschiedlichen Kontexten stellt gleichzeitig die Charakteristika wie auch die Ubiquität des Dispositivs der *surveillance* heraus.

Die Verschränkung biomedizinischen Bildmaterials mit Bildern des öffentlichen Raums, des Parlaments und der Architektur macht die biomedizinische *surveillance* als Teil einer umfassenderen postpanoptischen Körperpolitik des 21. Jahrhunderts erfassbar.[28] Biomedizinische Visualisierungstechniken unterscheiden sich einerseits durch die Verschiebung hin zu ununterbrochenen Daten- und Bildströmen. Gleichzeitig weisen die neuen Technologien wie die Überwachung von PatientInnen, eine 4-dimensionale Ultraschall-Visualisierung, epidemiologische Statistik-Software und virtuelle ›Körper-Durchflüge‹ ebenso Kontinuitäten mit der Geschichte des medizinischen Blicks auf, beispielsweise in ihren Bestrebungen, eine umfassende Sicht zu ermöglichen. Stellt die Installation einerseits strukturelle Ähnlichkeiten in der Funktionsweise biomedizinischer Bildproduktion und Surveillance-Technologien aus, treten andererseits ihre Ambivalenzen deutlich zutage: Im Fall der Biomedizin kommen diese als Verflechtungen von Praktiken des Über-Wachens in der epidemiologischen *surveillance* der Kontrollgesellschaft und als Wachen-Über im Sinn medizinischer Sorge und Für-Sorge zum Tragen.

Praktiken des Betrachtens, Visualisierens und Überwachens sind drei eng miteinander verflochtene Formen okularer Evidenz.[29] Jene Einheit

---

[27] Konkret wurden hier Berechnungen der Raten von Zervixkarzinomraten (der Häufigkeit des Auftretens von Gebärmutterhalskrebs für Dänemark) gezeigt. Die entsprechenden statistischen Werte berechnet das gezeigte Programm aus Daten des dänischen Krebsregisters für die Jahre 1943–2002.

[28] Vgl. Susanne Bauer/Jan Eric Olsén: »Observing the Others, Watching over Oneself: Themes of Medical Surveillance in Post-Panoptic Society«, in: *Surveillance & Society* 6 (2009) 2, S. 116–127.

[29] David Lyon: *Surveillance society: monitoring everyday life,* Buckingham: Open University Press 2001.

oder Eindeutigkeit des Sehens, die es im anatomischen Theater gab und die das Auge durch die Linse leiteten, hat sich mit der Informationstechnologie sowie der ubiquitären Präsenz digitaler Daten in der Biomedizin aufgelöst. Die Installation *Mass Observation* erkundet, wie sich auch über die Biomedizin hinaus der medizinische Blick auf Körper und der kollektive Blick auf Gesellschaft mit den Surveillance-Technologien neu zusammensetzen. Dabei wirft die medizinische *surveillance* die Frage auf, wie dieses erweiterte Post-Panoptikon der Biomedizin beschaffen ist beziehungsweise inwieweit sich hier eher ein öffentliches Synoptikon des biomedizinischen Körpers formiert.[30]

Schluss

Als wesentlicher Teil biomedizinischer Datenströme verändern bildgebende Verfahren nicht nur den medizinischen Blick, vielmehr bringen sie Körpervorstellungen und Praktiken mit hervor und sind damit konstitutiv für Subjektivität und Sozialität. Um die mit der Biomedizin einhergehenden epistemischen Verschiebungen näher zu untersuchen, entlehnt *Split + Splice* Konventionen des Darstellens und Anordnens aus dem Labor und überträgt sie in den Raum des Museums, um sie dort für eine Erkundung dieser Praktiken zu nutzen. Gerade die Frage nach dem Herstellen und Ausstellen im Labor erweist sich am Ort des Museums als vielfältig produktiv. Über die Biomedizin hinausgehend sind Praktiken des Sammelns, Sortierens, Klassifizierens, Archivierens, Ausstellens und Forschens mit der Geschichte naturwissenschaftlicher Museen eng miteinander verwoben. Indem die Installationen nun Praktiken des Präsentierens aus Labor und Museum miteinander interagieren lassen, machen sie die generative Maschine biomedizinischer Wissensproduktion auf neue Weise zugänglich. Damit begibt sich die kuratorische Arbeit – als Wissenschaftsforschung – auf die Spur einer sich fortwährend transformierenden Sozialität, die mit dem Phänomen Biomedizin einhergeht.

---

30 Vgl. David Lyon: »9/11, synopticon and scopophilia: Watching and being watched«, in: Kevin Haggerty / Richard Ericson (Hg.): *The New Politics of Surveillance and Visibility*, Toronto: University of Toronto Press 2006; Kevin D. Haggerty / Richard V. Ericson: »The Surveillant Assemblage«, in: *British Journal of Sociology* 51 (2000) 4, S. 605–622.

Abbildungsnachweise

Abb. 1: Foto: Jan Lennart Pedersen.
Abb. 2a: Foto: Jan Lennart Pedersen.
Abb. 2b: In: *split + splice | del + hel, User Manual*, 2009. Grafik-Design: Lars Møller Nielsen.
Abb. 2c: In: *split + splice | del + hel, User Manual*, 2009. Grafik-Design: Lars Møller Nielsen.
Abb. 3: Foto: Martha Fleming.
Abb. 4: Foto: Jan Lennart Pedersen.
Abb. 5a: Bildarchiv, Medicinsk Museion.
Abb. 5b: Foto: Martha Fleming.
Abb. 6: Foto: Martha Fleming.

Wir danken Christine Hanke und Arne Böker für die Kommentierung früherer Versionen.

Kann man im Ausstellungsraum forschen? Oder: Die Ausstellung zwischen Labor und Verhandlungsraum von Wissen

ELKE BIPPUS

Das Titelfragment »Ausstellung im Labor« des vorliegenden Bandes verknüpft ein bestimmtes Präsentationsformat aus dem kulturellen Kontext mit einer für die Naturwissenschaften typischen Forschungsstätte. Die Aneignung des Begriffs von Seiten der Kultur lässt sich historisch zurückverfolgen und ist insofern interessant, als mit der metaphorischen Verwendung von Labor versucht wird, traditionelle Vorstellungen und Konzepte von Kunst und ihrer Funktion aufzusprengen. Seit einigen Jahren ist der Begriff nicht auf den Ausstellungs- und Museumsbereich beschränkt, er ist auch in Kunsthochschulen zu finden. Insbesondere die Studienbereiche, die sich neuen Medien und Recherchepraxen zuwenden, bezeichnen ihre Projekträume mit Labor. Sie wollen damit der veränderten Arbeitsweise Ausdruck verleihen und sich von traditionellen Vorstellungen, die mit dem Begriff Atelier verknüpft sind, distanzieren.[1] Auch ich beabsichtige mit meinen Ausführungen, die die Ausstellung als Laboratorium diskutieren, über tradierte Vorstellungen hinauszuweisen und den Ausstellungsraum als Ort des Forschens zu thematisieren. Dabei werde ich insbesondere die konzeptuellen Veränderungen klassischer Ausstellungsformate herausarbeiten, die mit der Herstellung von Laboren oder der begrifflichen Aneignung anvisiert werden. Ich werde aber auch auf jene Aspekte künstlerischer Präsentationsformen hinweisen, die sich vom Labor in den Wissenschaften unterscheiden. Denn es kann meines Erachtens in der aktuellen Verschränkung von Ausstellung und Labor keineswegs um eine Angleichung der Kunst an die Wissenschaften gehen, sondern das sinnliche Erkenntnispotential von Kunst und ein ästhetisch-sinnliches Forschen, das Öffentlichkeit produziert, sollte ins Spiel gebracht werden. Forschen meint dabei keine Forschung im wissenschaftlichen Sinn, es ist vielmehr weiter gefasst. Etwa als explorative Einstellung zur Welt, als eine Tätigkeit, die nach etwas forscht, die etwas genauer untersucht, die etwas herauszubringen

---

1 Vgl. Lab.D: Laboratory for Dimensional research der KHM-Köln, in: http://labd.khm.de (zuletzt gesehen: 12.06.2012).

sucht.[2] Dieses Forschen vollzieht sich nicht notwendig in einer wissenschaftlichen Weise, es kann vielmehr auch ästhetischer ›Natur‹ sein. Folglich spielen das Sinnliche und die Sinne eine zentrale Rolle. Affekte, Lüste, das Begehren, Imaginäres oder Unbestimmtes werden nicht als Störfaktoren ausgeschlossen, sondern sind konstitutiv für ein ästhetisch-reflektierendes Forschen und Denken. Ein solch ästhetisches Forschen kollidiert freilich mit jenen Konzepten, die sich in der Moderne mit der binären Ausdifferenzierung von Wissenschaft und Kunst verfestigten und die nicht allein die Organisation der musealen Institutionen, sondern auch die Funktion und den Status von Kunst sowie die Konzepte von Museum, von Wissen oder Forschen bestimmten.

Die sinnliche Erkenntnis der Kunst und ihre museale und wissenschaftliche Sicherung

In der Mitte des 18. Jahrhunderts kulminierten die Reaktionen verschiedenster Philosophen auf die Engführung von Wissenschaft und Erkenntnis auf den Verstand in der Formulierung einer Ästhetik, die der Abwertung der sinnlichen Erkenntnis entgegen arbeitete.[3] Die bekannteste Abhandlung in diesem Kontext ist die 1750 von Alexander Gottlieb Baumgarten veröffentlichte *Ästhetik*.[4] Die Ästhetik als Wissenschaft bezieht zwar die sinnliche Wahrnehmung und das Empfinden ein, bewahrt aber nichtsdestotrotz die Hierarchie zwischen Diskursivem und Nicht-Diskursivem; handelt es sich doch um die *Wissenschaft der*

---

2 Vgl. hierzu »Forschen«, in: Jakob und Wilhelm Grimm: *Deutsches Wörterbuch*, Bd. 4, in: http://woerterbuchnetz.de/DWB/?sigle=DWB&mode=Vernetzung&lemid=GF07041 (zuletzt gesehen: 12.06.2012).

3 Der im 17. Jh. ausgebildete neuzeitliche Erkenntnis- und Wissenschaftsbegriff, wie ihn Descartes nachdrücklich vertrat, setzte allein auf das denkende Ich und begegnete der sinnlichen Wahrnehmung mit äußerstem Misstrauen. Zur Entwicklung der Ästhetik vgl. grundlegend den Eintrag »Ästhetik / ästhetisch« der *Ästhetischen Grundbegriffe*. Eine historische Darstellung der Entwicklung der Ästhetik als wissenschaftliche Disziplin gibt darin Dieter Kliche: »Ästhetik / ästhetisch«, Abschnitt I–IV, in: Karlheinz Barck et al. (Hg.): *Ästhetische Grundbegriffe. Ein Historisches Wörterbuch in sieben Bänden*, Stuttgart / Weimar: J. B. Metzler 2000, Bd. 1, S. 317–342.

4 Alexander Gottlieb Baumgarten: *Ästhetik. Lateinisch-deutsch.* Übersetzt, mit einer Einführung, Anmerkungen und Registern hg. von Dagmar Mirbach, Hamburg: Meiner 2007, 2 Bd. Der *Ästhetik* gingen zahlreiche Schriften und Debatten voran. So sprach sich etwa Leibniz gegen einen kategorialen Unterschied zwischen Verstand und Sinnlichkeit aus und begriff diese als verschiedene Erkenntnisformen. Baumgarten selbst hat in verschiedenen der *Ästhetik* vorausgehenden Schriften, den Begriff der Ästhetik eingeführt und populär gemacht.

sinnlichen Erkenntnis.[5] Das Nicht-Diskursive, etwa das Kunstwerk, wird allein mit einer repräsentativen und keiner produktiven Funktion von Erkenntnis und Wissen bedacht. Für Hegel vermag Kunst demgemäß »das Höchste sinnlich« darzustellen und es »damit der Erscheinungsweise der Natur, den Sinnen und der Empfindung« näher zu bringen.[6] Der mit der Kunst verknüpfte Anspruch auf Wahrheit, Erkenntnis und Wissen lässt sich allerdings allein durch das *wissenschaftliche Urteil* zu Tage fördern. Dies gelingt »indem wir den Inhalt, die Darstellungsmittel des Kunstwerks und die Angemessenheit und Unangemessenheit beider unserer denkenden Betrachtung unterwerfen.«[7] In Hegels Ästhetik wird die Dominanz der Philosophie, die er als Wissenschaft bezeichnet, manifest: »Die *Wissenschaft* der Kunst ist darum in unserer Zeit noch viel mehr Bedürfnis als zu den Zeiten, in welchen die Kunst für sich als Kunst schon volle Befriedigung gewährte. Die Kunst lädt uns zur denkenden Betrachtung ein, und zwar nicht zu dem Zwecke, Kunst wieder hervorzurufen, sondern, was die Kunst sei, wissenschaftlich zu erkennen.«[8] Der Kunst ist die Form der sinnlichen Anschauung eigen, sie macht dem Bewusstsein »die Wahrheit in der Weise sinnlicher Gestaltung«[9] zugänglich. Die Philosophie der schönen Kunst aber ist es, die als Wissenschaft Erkenntnis formuliert. Denn sie überführt die »*Objektivität* der Kunst«, in ihrer bloß äußeren Sinnlichkeit in die »Form des *Gedankens.*«[10]

Hegels Auffassung von Kunst findet sich in den Anfängen der Kunstgeschichte und im modernen Museum reflektiert: Mit der Kunstgeschichte wird das Kunstwerk zum Gegenstand einer systematischen wissenschaftlichen Disziplin, es wird »kunstgeschichtliches Objekt«.[11] Mit dem modernen Museum gewinnt das »wissenschaftliche Paradigma endgültig die Vorherrschaft über die Kunstsammlungen«,[12] das Museum »wird Ort des Wissens«[13] und die Betreuung der Sammlung obliegt zunehmend Kunsthistorikern. Diese Veränderungen haben die Vorstellung vom Kunstwerk und seiner Rezeption wie die vom Museum

---

5 Ästhetik diente dementsprechend der Führung und Lenkung der sinnlichen Wahrnehmung und Erkenntnis. Vgl. Kliche: »Ästhetik / ästhetisch« (Anm. 3), S. 326 f.

6 Georg Wilhelm Friedrich Hegel: *Vorlesungen über die Ästhetik I* (= Werke Bd. 13, hg. von Eva Moldenhauer / Karl Markus Michel), Frankfurt a. M.: Suhrkamp [7]2001, S. 21.

7 Ebd., S. 25.

8 Ebd., S. 26.

9 Ebd., S. 140.

10 Ebd., S. 144.

11 Tobias Wall: *Das unmögliche Museum. Überlegungen zu Präsentations- und Dokumentationskonzepten im Kunstmuseum der Gegenwart*, Bielefeld: transcript 2006, S. 70 f.

12 Ebd., S. 68.

13 Ebd.

nachhaltig bestimmt: Zum einen gilt Kunst fortan als gestaltend und repräsentierend und wird, derart charakterisiert, zum Erkenntnismittel und nicht als eigenständige, im Sinnlichen agierende Erkenntnispraxis perzipiert. Zum anderen wird eine Hierarchie zwischen Experten und Laien gezogen, die sich als »Hürde zwischen Kunstwerk und Betrachter«[14] erweist. Nach Tobias Wall bemühen sich die Museumsleiter im ausgehenden 19. Jahrhundert kaum, die Distanz zwischen Kunst und Publikum, zwischen Kunst und Alltag zu überbrücken. Sie pflegen gar die Exklusivität ihrer Sammlungen und des entstandenen Gelehrtenmuseum. Mit Beginn des 20. Jahrhunderts verändert sich dies. Künstler und Museumsdirektoren entwickeln neue Konzepte und experimentelle Raumarchitekturen, um das Museum zu einem öffentlichen Ort werden zu lassen. Mit Sigfried Giedion sollte die Museumsausstellung gar zum »Versuchslaboratorium« werden.

Das Museum als Versuchslaboratorium

1929 verweist Giedion in seinem Aufsatz »Lebendiges Museum« auf die Notwendigkeit, in jeder öffentlichen Institution ein »Versuchslaboratorium« einzurichten, das heißt eine »Abteilung, die die im Augenblick zur Diskussion stehenden Kunstrichtungen zu Wort kommen läßt.«[15] Mit diesen Laboratorien werde es möglich, sich von dem als widerwärtig empfundenen »Ewigkeitsstandpunkt« zugunsten »einer lebendigen Chronik der Zeit«[16] zu lösen. In ihnen werden Dinge gezeigt, »so lange sie noch in Bewegung sind und nicht erst, wenn sie anfangen, im historischen Sarg zu liegen.«[17] Giedion findet das Prinzip des »Lebendigen Museums« in El Lissitzkys *Raum der Abstrakten* realisiert, den der Künstler der Russischen Avantgarde 1927 im Auftrag von Alexander Dorner, dem damaligen Leiter der Gemäldegalerie, für das Provinzialmuseum Hannover entwickelt hatte. Im *Raum der Abstrakten* – einer strengen, ganz auf den Kontrast von schwarz-weiß-grauen und roten Farbflächen abgestimmten Architektur – waren neben Werken Lissitzkys Arbeiten

---

14 Ebd., S. 71.

15 Sigfried Giedion: »Lebendiges Museum«, in: *Der Cicerone. Halbmonatsschrift für Künstler, Kunstfreunde und Sammler* 21 (1929) 4, S. 103–106, hier S. 103.

16 Ebd., S. 103 f.

17 Giedion: »Lebendiges Museum« (Anm. 15), S. 104. Die Leblosigkeit der Objekte eines Museums wurde von verschiedenen Autoren problematisiert. Etwa von Valéry, Proust oder Adorno. Vgl. Charlotte Klonk: »Die phantasmagorische Welt der ersten documenta und ihr Erbe«, in: Dorothea von Hantelmann/Carolin Meister (Hg.): *Die Ausstellung. Politik eines Rituals*, Berlin: Diaphanes 2010, S. 131–160, hier S. 137 f.

von Pablo Picasso, Fernand Léger und auch Kurt Schwitters zu sehen.[18] Giedions Anliegen, das Museum zur Institution der visuellen Bildung werden zu lassen, geht – zumindest im Zusammenspiel mit der Konzeption des *Raums der Abstrakten*, der die Betrachter unmittelbar mit den Kunstwerken konfrontiert, – von einem Erkenntnispotential der Kunst selbst aus. Es ist nicht der Wissenschaftler, der das, »was die Kunst sei, wissenschaftlich« (Hegel) erkennt und dieses Wissen weiter vermittelt, sondern die Betrachter werden durch ihre Auseinandersetzung mit der Kunst selbst Erkennende.

Abb. 1: *Raum der Abstrakten* in der Version von »Erster Demonstrationsraum auf der Internationalen Kunstausstellung Dresden 1926«.

18 El Lissitzky hat in den 1920er Jahren drei Demonstrationsräume realisiert, 1923 den *Prounen-Raum*, 1926 den *Erster Demonstrationsraum für die internationale Kunstausstellung in Dresden* und 1928 den *Raum der Abstrakten* für das ehemalige Provinzialmuseum Hannover, das heute *Kabinett der Abstrakten* genannt wird. 1937 wurde der *Raum der Abstrakten* zerstört und 1969 anhand der Originalentwürfe neu errichtet und schließlich 1979 in das Sprengel Museum Hannover eingebaut. Vgl. zum *Raum der Abstrakten* und Dorners Museumskonzept auch Wall: *Das unmögliche Museum* (Anm. 11), S. 211–220.

Mit der Forderung, zeitgenössische Kunstrichtungen in einem Versuchslaboratorium »zu Wort kommen« zu lassen, um aktuelle Fragestellungen, Giedion spricht vom »großen Komplex des neuen SEHENS unserer Zeit vom Kubismus bis zum Surrealismus«, zu thematisieren, wird Kunst weniger als wissenschaftlich zu analysierendes und einzuordnendes Gebilde begriffen, ebenso wenig als Dokument seiner Entstehungszeit, das vom Spezialisten entschlüsselt wird, das Kunstwerk scheint vielmehr Ausgangspunkt der Reflexion aktueller Entwicklungen und Fragen werden zu können. Damit gewinnt Kunst den Status eines Erkenntnismediums und kommt nicht als bloßes Erkenntnismaterial und Erkenntnisobjekt im »historischen Sarg« (Giedion) zu liegen. Im Gegenteil, sie löst sich von der Funktion, Vergangenes zu repräsentieren, und präsentiert stattdessen Phänomene der Zeit und ihre jeweiligen Weltanschauungen. Dementsprechend schreibt Giedion, dass es eine der wichtigsten Aufgaben der Malerei sei, das Sehen, das einer bestimmten Entwicklung entspreche, zuerst zu bilden. Die abstrakte Malerei habe in diesem Sinne darauf hingewiesen, dass es »keinen abgegrenzten Raum mehr gibt und an seine Stelle ein neues System von BEZIEHUNGEN und DURCHDRINGUNGEN getreten ist.«[19] Kunst sei, betont Giedion, »von besonderer Wichtigkeit«, da sie »vor allen andern das neue Sehen und die neue Optik unserer Zeit *gebildet* hat.«[20] Wird Kunst so betrachtet *entwirft* und *exploriert* sie selbst Erkenntnis.

Zentral für die hier zu entwickelnde Fragestellung der Ausstellung als Ort des Forschens erscheint mir, dass Giedion nicht die museale Funktion des Bewahrens im Blick hat, sondern die Präsentationsweise von Kunst und den mit ihr möglich werdenden Umgang mit Kunstwerken. Walter Benjamin wird einige Zeit später feststellen, dass der Ausstellungswert den Kultwert nicht nur vertreibt, sondern einen Funktionswandel der Kunst anzeigt, von dem die künstlerische Funktion zwar die derzeit bewusste sei, sich aber als nebensächlich erweisen werde. Bei Benjamin heißt es:

> Wie nämlich in der Urzeit das Kunstwerk durch das absolute Gewicht, das auf seinem Kultwert lag, in erster Linie zu einem Instrument der Magie wurde, das man als Kunstwerk gewissermaßen erst später erkannte, so wird heute das Kunstwerk durch das absolute Gewicht, das auf seinem Ausstellungswert liegt, zu einem Gebilde mit ganz neuen Funktionen, von denen die uns

[19] Giedion: »Lebendiges Museum« (Anm. 15), S. 105.

[20] Ebd. (Herv. d. A.).

> bewußte, die künstlerische, als diejenige sich abhebt, die man später als eine beiläufige erkennen mag.[21]

Benjamin hatte im Angesicht der *Ästhetisierung der Politik* durch den Faschismus die *Politisierung der Kunst* im Visier. Fragt man nach Funktionen von Kunst Anfang des 21. Jahrhunderts, so ist eine mögliche ihre Bedeutung im Feld der Erkenntnis- und Wissensproduktion. Kunst kann in diesem Zusammenhang entweder als *Wissensform* verstanden und analog zu anderen Disziplinen und deren Kriterien gemäß diskutiert werden, oder sie kann – wird sie als ästhetisch-reflexives Forschen gefasst –, was hier geschehen soll, das Verhältnis von Kunst und Wissen, von Wissen und Öffentlichkeit reflektieren.

Das »Versuchslabor« als Schaffung einer Öffentlichkeit

Lissitzkys Ausstellungsarchitektur eines »Versuchslaboratoriums«, die Kunst und Betrachter wechselseitig aktiviert und zur Reflexion einlädt, ist auch für den Ausstellungsraum als Ort des Forschens und der Wissensproduktion aufschlussreich. Anstelle der Organisation eines gesteuerten Sehens, wie es für die Museen in der Tradition der Aufklärung gängig war, mit dem Zweck »Menschen anzuleiten und ihnen ihren Platz in der Gesellschaft zuzuweisen«,[22] fordert der *Raum der Abstrakten* idealiter die Besucher auf, ja, soll diese physisch zwingen, sich aktiv mit ihrem Seherlebnis auseinanderzusetzen und ihre Erfahrungen auszutauschen und zu debattieren. Die optische Dynamisierung des Raums durch eine grau und weiß gestrichene Lammellenstruktur der Wände soll Hand in Hand gehen mit der Aktivierung des Betrachters, der zudem Wandteile verschieben kann und so die Präsentation der Werke bestimmt bzw. »physisch gezwungen [ist], sich mit den ausgestellten Gegenständen auseinanderzusetzen.«[23] Lissitzkys Konzeption modifiziert das Gelehrtenmuseum, das sich »unter dem Einfluss der Kunstgeschichte [...] zu einem autonomen und selbst-referenziellen Kosmos der Systematisierung und wissenschaftlichen Ordnung«[24] entwickelt hatte und dessen Distanz zur Lebenspraxis schon Anfang des

---

21 Walter Benjamin: *Das Kunstwerk im Zeitalter seiner technischen Reproduzierbarkeit*, Frankfurt a. M.: Suhrkamp 1963, S. 22.

22 Tony Bennett: »Der bürgerliche Blick. Das Museum und die Organisation des Sehens«, in: Hantelmann / Meister: *Die Ausstellung* (Anm. 16), S. 47–77, S. 51.

23 El Lissitzky: »Demonstrationsräume«, in: Sophie Lissitzky-Küppers: *El Lissitzky. Maler, Architekt, Typograf, Fotograf. Erinnerungen, Briefe, Schriften*, Dresden: Verlag der Kunst [4]1992, S. 365–367, hier S. 367.

24 Wall: *Das unmögliche Museum* (Anm. 11), S. 73.

20. Jahrhunderts kritisch festgestellt wurde.[25] Das Versuchslaboratorium bildet einen gleichsam öffentlichen Wissensraum in der Wissen(schafts)-institution Museum, und stellt eine Alternative zum hierarchischen Vermittlungskonzept von Kunstwerk, Wissensexperte und Laien dar. Lissitzkys Ausstellungsraum versteht sich nicht als Repräsentations-, sondern als »Demonstrationsraum«,[26] in dem auch die Betrachter ihr Sehen der Werke vorführen.

Laboratorium als richtungsweisende Programmatik

Der Begriff Laboratorium wird seit Giedion immer wieder dann aufgegriffen, wenn es darum geht, ein Museumskonzept als emanzipatorisch auszuzeichnen. Roger Buergel beschreibt in diesem Sinne etwa die *documenta 1* als »ein ontologisches Labor zur Herstellung, zur Ausstellung, zur Herausstellung einer Ethik des Miteinander«.[27] Auch im Zusammenhang pädagogischer Vermittlungs- und Bildungsprogramme taucht der Begriff ›Labor‹ bemerkenswert häufig auf und auch dort werden partizipative Vermittlungsstrategien unterstrichen. So bezeichnet beispielsweise die Kunstsammlung Nordrhein-Westfalen ihren »Ausstellungsraum der Bildung« als »Labor«.[28] Bildung wird dabei nicht mit Erziehung, sondern – ganz im Sinne des Versuchslaboratoriums von Lissitzky – mit Teilnahme und Mitwirkung, mit einer aktiven (Selbst-)Bildung assoziiert, wenn es heißt, »sich der Kunst auch auf der Grundlage eigenen Handelns zu nähern«, wodurch es »zur Partizipation am Werk bis hin zum Rollentausch zwischen Betrachter und Produzenten kommen« könne.[29]

---

25 So schreibt Meier-Graefe 1913: »Im Grunde gibt es nichts weniger Öffentliches als unsere öffentliche Kunstpflege, nichts Weltferneres als die Weltgeschichte, der sie dienen soll, nichts Geheimeres als den Geheimrat dieser Verwaltung«. Meier-Graefe zit. nach Wall: *Das unmögliche Museum* (Anm. 11), S. 73. Wall verweist auf eine junge progressive Kuratorengeneration wie Pauli, Wiecher, Koetschau und Redslob, die sich 1917 das Ziel gesetzt hat »das Kunstmuseum als Volksbildungsstätte zu etablieren. [...] Das Museum sollte nicht nur Forschungsstätte für Experten sein, sondern zur Einrichtung für eine breite, auch weniger gebildete Öffentlichkeit werden.« Ebd., S. 74.

26 El Lissitzky: »Demonstrationsräume« (Anm. 23).

27 Roger Buergel: »Der Ursprung«, in: Michael Glasmeier / Karin Stengel (Hg.): *50 Jahre / Years documenta. Archive in Motion*, Göttingen: Steidl 2005, S. 173–180, hier S. 176.

28 Unter dem Stichwort »Teilnehmen« verweist die Kunstsammlung NRW auf das »Labor« als »Ausstellungsraum der Bildung«. Das Labor der Kunstsammlung Nordrhein-Westfalen ist ein gesonderter Ausstellungsbereich, vgl. http://www.kunstsammlung.de/teilnehmen/labor.html (zuletzt gesehen: 22.03.2012).

29 Ebd.

Auch der Ausstellungskurator Hans Ulrich Obrist nutzt den Begriff Labor und unterstreicht mit ihm den Prozesscharakter von Ausstellungen. Obrist bezeichnet Ausstellungen als »Situationen, wo Werke entstehen, wo Werke sich verändern, wo Werke öffentlich gemacht werden – ähnlich einem öffentlichen Labor.«[30] Das Labor steht bei Obrist insofern für einen Ort der Produktion, der Kommunikation und Transformation. 1999 hat er gemeinsam mit Barbara Vanderlinden die Ausstellung *Laboratorium* kuratiert, um kreative Vorgänge in Kunst und Wissenschaft in den Blick zu bringen. An der Ausstellung waren Wissenschaftler und Künstler beteiligt und diskutierten in verschiedenen Workshops oder reflektierten in Beiträgen ihre Schaffensprozesse im Atelier beziehungsweise im Wissenschaftslabor.

Der Vergleich von Labor und Atelier, den auch der Wissenschaftshistoriker Hans-Jörg Rheinberger aus einer anderen Blickrichtung vornimmt, wenn er schreibt, dass das, was sich »in den ›hyperrealen‹ Räumen des modernen Labors ereignet […] den Produktionen des Ateliers näher [steht] als man zumeist annimmt,«[31] greift für eine Erklärung der hier zu behandelnden Funktion zu kurz. Die Verschränkung von Labor und Ausstellung, wie sie Giedion vorgenommen hat, aber auch Obrist, indem er den Diskurs um Atelier und Labor in seiner Ausstellung *Laboratorium*[32] präsentiert, ist weitreichender. Denn die Verklammerung von Labor und Ausstellung bezieht grundlegend das Verhältnis von Wissen und Öffentlichkeit, von Experten und Laien ein und ist nicht auf die Betrachtung der je individuellen Kreation / Produktion von Wissenschaftler (Labor) und Künstler (Atelier) reduziert. Indem das Labor hierdurch als ein genuin öffentlicher Ort vorgestellt wird, in dem verschiedene Interessen und Interessengruppen aufeinander treffen, wird der Begriff Labor, wie er in den Naturwissenschaften gängig ist, in einem zentralen Punkt verschoben.

Lissitzkys *Raum der Abstrakten* hat in seinem historischen Kontext so gesehen einen öffentlichen Wissensraum geschaffen, der eine Alternative zur Abgeschlossenheit des Wissensraums des Gelehrtenmuseums darstellte und sich nicht der Hierarchie zwischen Experten und Laien unterwarf.[33]

---

30 »Ausstellen heute VIII: Hans Ulrich Obrist, freier Ausstellungsmacher. Interview von Samuel Herzog«, in: *Basler Zeitung*, 30.06.1999 zit. nach Online-Ressource: http://www.xcult.org / texte / herzog / obrist.html (zuletzt gesehen: 22.03.2012).

31 Hans-Jörg Rheinberger: *Iteration*, Berlin: Merve 2005, S. 24.

32 Hans Ulrich Obrist / Barbara Vanderlinden (Hg.): *Laboratorium*, Köln: DuMont 2001.

33 Dass ein solcher Raum kaum eine Relevanz im Feld der Wissensproduktion beanspruchen konnte, bedarf keiner weiteren Erläuterung. Der Wahrheitsanspruch und die Glaubwürdigkeit war zur Zeit Lissitzkys bekanntermaßen immer noch von Kriterien der Objektivität, der Isoliertheit und Unabhängigkeit bestimmt. Dies zeigt sich auch an den lange anhaltenden Rechtfertigungsbemühungen in den Geisteswissenschaften, die dem Vorwurf ausgesetzt waren, dass sie keine gesicherten objektiven Verfahren ausgebildet

Dieses »Versuchslaboratorium« könnte insofern im Sinn von Obrist als ein »öffentliches Labor« bezeichnet werden. Allerdings verschleiert diese Bezeichnung eine grundlegendere Verquickung von Öffentlichkeit und Labor, die in Wissenschaftsforschungen der 1980er Jahre reflektiert wird. Diese Untersuchungen negieren die lange Zeit dominierende Vorstellung eines gerichteten Prozesses, der mit der wissenschaftlichen Erkenntnisproduktion im Labor beginnt und bei der öffentlichen Vermittlung des Wissens in vereinfachter Form an die Laien endet. Sie legen stattdessen dar, dass das Verhältnis zwischen Wissenschaft und Öffentlichkeit als Aushandlungsprozess, als Kontinuum zu fassen sei.[34] Die Vorstellung der wechselseitigen Kommunikation verschiedenster Gruppen macht die Dichotomie Experte versus Laie fragwürdig. Denn wenn Soziales und die Praxis der Wissensproduktion in konstitutiver Weise ineinander greifen,[35] wird auch wissenschaftliches Wissen in einem Prozess des kollektiven Aushandelns erzeugt. Eine klare Trennung zwischen wissenschaftlichem und Laien-Diskurs erweist sich als unmöglich und die Produktion von Wissen kann nicht länger als eigenständiger und autonomer Prozess von der Darstellung des Wissens geschieden werden.

Wenn angesichts dieser Perspektive auf Wissen und Öffentlichkeit der Begriff Labor in seiner heutigen Funktion im Diskursfeld von Museum, Ausstellung, künstlerischer Praxis, Wissen, Erkenntnis und Forschen reflektiert werden soll, wird es notwendig, ihn neu zu denken. Peter Galison charakterisiert das Labor des ausgehenden 20. Jahrhundert als »Netz«.[36] Mit dieser begrifflichen Erläuterung beschreibt er das Labora-

---

hätten und sich die Subjektivität des Erkennenden, da der Gegenstand der Forschung in engerer Verbindung mit dem Leben stünde, nicht in derselben Weise ausschalten lasse, wie in den Naturwissenschaften. Vgl. dazu Otto Friedrich Bollnow: »Die Objektivität der Geisteswissenschaften und die Frage nach dem Wesen der Wahrheit«, in: *Zeitschrift für philosophische Forschung* 16 (1962), S. 3–25.

34 Vgl. dazu Terry Shinn / Richard Whitley (Hg.): *Expository Science. Forms and Functions of Popularisation*, Dordrecht: D. Reidel Publishing Company 1985. Die Untersuchungen der 1980er Jahre knüpfen an Laborstudien in der zweiten Hälfte der 1970er Jahre, etwa von Bruno Latour, Steve Woolgar oder Karin Knorr-Cetina an, die Wissenschaftler bei der Arbeit, also *science in action* beobachtetet haben und hierdurch die soziale Konstruktion naturwissenschaftlicher Tatsachen offenlegten.

35 Vgl. Ulrike Felt: »Wie kommt Wissenschaft zu Wissen? Perspektiven der Wissenschaftsforschung«, in: Theo Hug (Hg.): *Wie kommt Wissenschaft zu Wissen. Einführung in die Wissenschaftstheorie und Wissenschaftsforschung*, Baltmannsweiler: Schneider Verlag Hohengehren 2001, Bd. 4, S. 11–26, hier S. 20.

36 Peter Galison beschreibt das Laboratorium seinen historischen Veränderungen entsprechend als »eine Wunderkammer, ein Parlament, ein Heimgewerbe, eine Fabrik, ein Kloster« und schließlich als »Netz«. Vgl. »Peter Galison interviewed by Oladélé Ajiboyé Bamgboyé, Okwui Enwezor, Kobe Matthys, and Barbara Verlinden«, in: Obrist / Vanderlinden: *Laboratorium* (Anm. 32), S. 95–107 (dt. Übersetzung am Ende des Buches, unpaginiert).

torium als vielgestaltig und in ständiger Umgestaltung. Laboratorien, als Netze verstanden, verknüpfen »lokale Verfahren mit fremden« und kombinieren »frühere Ziele mit neuen«.[37] Sie »bewegen sich, indem neue materielle Formen von Mischsprachen entstehen, indem Arbeitsverfahren auf neue Weise kombiniert werden«.[38]

Dieses Verständnis von Labor erlaubt den Begriff auch mit solchen Kunstpraxen zu konfrontieren, deren Produktionsstätten nicht auf das Atelier begrenzt sind,[39] die sich vielmehr auf Kunstformen und Konzepte beziehen lassen, wie sie seit den 1960er Jahren zu finden sind, etwa im Happening, in performativer Installation, Dienstleistungskunst oder Institutionskritik. Diese künstlerischen Bewegungen reflektieren ihr Zusammenspiel mit dem Ort ihrer Veröffentlichung, ihrer Präsentation und ihrer Rezeption nicht nur, sie lassen es für ihre künstlerische Praxis konstitutiv werden. Das Kunstwerk wird so nicht als abgeschlossenes, vom Künstler produziertes Objekt gedacht, sondern die Prozesse der Produktion und Darstellung/Präsentation werden ineinander geführt. Um dies zu verdeutlichen möchte ich eine 2008 entwickelte Ausstellungsarchitektur, die sich das Ziel setzt »Kunst als offenen Forschungsprozess der Öffentlichkeit zur Verfügung zu stellen« diskutieren. Dieses Beispiel ist im Zusammenhang der benannten wissenschaftshistorischen Problematisierungen von Wissen und Öffentlichkeit sowie der Erkenntnis interessant, dass auch das wissenschaftliche Wissen aus einem Prozess des kollektiven Aushandelns hervorgeht; des Weiteren darin, dass es eine sinnliche Erkenntnis möglich werden lässt, indem es die Hierarchie von Kunstobjekt und forschendem Subjekt unterläuft. Ob die Metapher vom Labor als Netz für diese Ausstellungsarchitektur greift, wird zu klären sein.

Die Ausstellung als Verhandlungsraum

Das Medium Ausstellung wurde in diesem Jahrtausend von Kuratoren, Künstlern und Kunstwissenschaftlern als »experimentelle Probebühne«[40]

---

[37] Ebd.

[38] Ebd.

[39] Zum Vergleich von Atelier und Labor: Elke Bippus: »Modellierungen ästhetischer Wissensproduktion in Laboratorien der Kunst«, in: Martin Tröndle/Julia Warmers (Hg.): *Kunstforschung als ästhetische Wissenschaft. Beiträge zur transdisziplinären Hybridisierung von Wissenschaft und Kunst*, Bielefeld: transcript 2012, S. 107–125.

[40] Paolo Bianchi: »Das ›Medium Ausstellung‹ als experimentelle Probebühne«, in: *Kunstforum International* 186 (2007), S. 44–55.

inszeniert und reflektiert. Die Ausstellung sollte dabei als ein Ereignis erfahren werden, »das die ästhetischen Objekte erst hervorbringt«.[41] Die ausgestellten Objekte werden dabei gerade nicht isoliert, sondern sollen »als Bedeutungsträger von Zusammenhängen«[42] wirksam werden. Wenn diese neue Form des Ausstellens »als Kulturpraxis und komplexer Akt des Zeigen«[43] mit den Worten beschrieben wird, dass das »›Medium Ausstellung‹ [...] nicht das Grab der Wirklichkeit, sondern ein Ort, durch den Wirklichkeit hindurch schimmert« sei,[44] klingen die emphatischen Worte Giedions aus den 1920er Jahren wider. Seit den 1960er Jahren, konkret mit der institutionskritischen Kunst, setzen sich Künstler und Künstlerinnen kritisch mit den institutionellen Rahmenbedingungen der Kunstproduktion und -präsentation auseinander. Das Ausstellungsdisplay selbst wird zum Material der künstlerischen Praxis.[45] Die Kunstpraxis der 1990er Jahre befasste sich schließlich nicht allein mit dem Ausstellungsraum, sie bezog vielmehr auch die institutionelle Rahmung, das heißt unter anderem kommunikative Infrastrukturen, Informationsräume, Vermittlungsprogramme mit ein. Die Ausstellung wurde sozusagen als Dispositiv, im Sinne Michel Foucaults verstanden, reflektiert. Foucault definiert das Dispositiv als

> heterogene Gesamtheit, bestehend aus Diskursen, Institutionen, architektonischen Einrichtungen, reglementierenden Entscheidungen, Gesetzen, administrativen Maßnahmen, wissenschaftlichen Aussagen, philosophischen, moralischen und philantropischen Lehrsätzen, kurz, Gesagtes ebenso wie Ungesagtes, das sind die Elemente des Dispositivs. Das Dispositiv selbst ist das Netz, das man zwischen diesen Elementen herstellen kann.[46]

Auch das Ausstellungsdisplay *Palaver. Ein Verhandlungsraum für ein einzelnes Kunstwerk*, das von dem Künstler Eran Schaerf auf Anregung von Florian Dombois konzipiert worden ist, kann in diesem Sinne als Dispositiv betrachtet werden, da es konzeptuell die Präsentation von Objekten mit diskursiven Praxen, reglementierenden Entscheidungen, Lehrsätzen usw. zu verbinden und deren Wechselwirkung zu reflektieren versucht. Florian Dombois trat in seiner Funktion als Leiter des Forschungsinsti-

41 Ebd., S. 45.
42 Ebd., S. 46.
43 Ebd.
44 Ebd.
45 Hier kann beispielhaft und grundlegend auf die Arbeit von Michael Asher verwiesen werden. Benjamin H. D. Buchloh (Hg.): *Michael Asher. Writings 1973–1983 on Works 1969–1979*, Halifax: Press of Nova Scotia College of Art and Design 1983.
46 A. Grosrichard: »Das Spiel des Michel Foucault. Gespräch mit D. Colas, A. Grosrichard u. a.«, in: Daniel Defert/François Ewald (Hg.): *Michel Foucault. Dits et Ecrits. Schriften in vier Bänden*, Frankfurt a. M.: Suhrkamp 2003, Bd. 3, S. 391–429, hier S. 392.

tuts »Y« der Hochschule der Künste Bern an den Künstler mit der Bitte heran, einen Ort zu schaffen, der ein Forschen *durch* Kunst, ein Sprechen *durch* Kunst befördert, im Unterschied zu einem Forschen *über* Kunst. Dombois ging es »um den pragmatischen Versuch, Randbedingungen und Formate zu benennen, in denen eine Kunst als Forschung agieren kann«.[47] Für ihn stellten sich konkret folgende Fragen:

> Wann, wo und wie findet die vertiefte Auseinandersetzung über Kunst statt, die insbesondere der Forschungsanspruch einfordert? Wie lassen sich Forschungsergebnisse, die in ihren eigenen künstlerischen Darstellungsformen formuliert wurden, dem locus communis zuführen? Und wie werden diese künstlerischen Ergebnisse dann in einen adäquaten Diskurs umgesetzt, um in nachfolgende Forschungen einfliessen zu können?[48]

Mit dem Titel *Palaver* bestimmt Schaerf das Sprechen, das an diesem Ort statthaben soll, in spezifischer Weise. Mit dem aus dem Rechtskontext stammenden Begriff unterstreicht er den öffentlichen Aspekt, er verweist auf das Streitgespräch, insofern ein Palaver das Ziel hat, durch ein *öffentliches* Beraten über einen Sachverhalt, ein *Urteil* zu fällen. ›Palaver‹ verknüpft das Sprechen aber auch mit einer Ökonomie, die nicht Kriterien der Wirtschaftlichkeit folgt und nicht auf eine unmittelbare Sinn- und Wissensproduktion zielt, weshalb der Begriff umgangssprachlich in abwertender Weise als endloses, wortreiches, meist überflüssiges Gerede, als ein sinnloses Verhandeln verstanden wird.

Das Ausstellungsdisplay *Palaver* besteht aus einem Raum, der durch ein bewegliches Wandelement, eine Korridorwand, geteilt ist. In der einen Raumhälfte wird etwa ein Kunstwerk (a), das Eran Schaerf als nicht sprechenden Akteur bezeichnet, präsentiert, oder eine Performance kann stattfinden. In der anderen Raumhälfte sitzen Teilnehmer. Der Künstler benennt diese auf seiner Skizze als sprechende Akteure (b) und meint damit Personen wie Künstler, Theoretiker, Kuratoren, Wissenschaftler oder Besucher. Zur Ausstattung der Raumhälften gehören jeweils eine Kamera und ein Monitor. Mittels der Kameras wird das akustische und optische Geschehen in den beiden Raumhälften durch die Akteure, das heißt durch die Künstler, deren Vertreter, durch die Theoretiker oder Besucher, aufgezeichnet. Aufgezeichnet und übertragen wird also einerseits das Kunstwerk in seiner visuellen und auditiven Erscheinung und andererseits die von den Anwesenden geführte Diskussion. Dieses

47 Florian Dombois: »Palaver. Ein Format zur Verhandlung von Kunst als Forschung«, in: Florian Dombois / Eran Schaerf: *Palaver*, Bern / Berlin: o. V. 2008, unpaginiert (Publikation anlässlich der Veranstaltung: »Lange Nacht des Palavers«, Kunsthalle Bern, im Rahmen der Biennale Bern).

48 Ebd.

aufgezeichnete Bild- und Tonmaterial wird in einen Rechner eingespielt, um es einerseits wechselseitig in den beiden Raumhälfte (a* und b*) wiederzugeben und andererseits auf einen Bildschirm außerhalb des Verhandlungsraums zu übertragen.

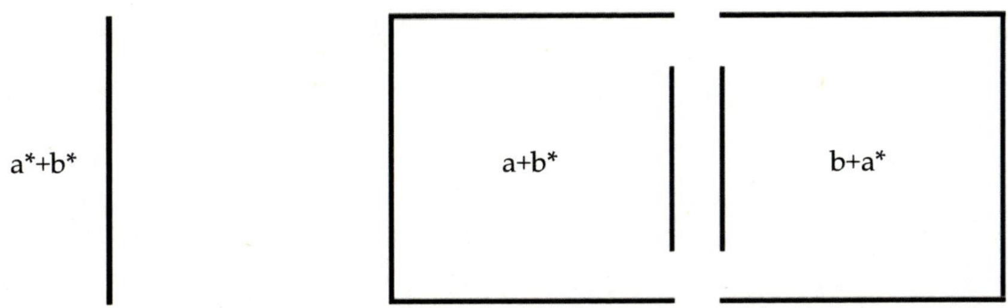

Schema: Ein Korridor teilt einen beliebigen Raum in zwei Bereiche. Im einen ist das "Objekt" (a) und die Bildübertragung der sprechenden Akteure (b*) präsent, im anderen die sprechenden Akteure (b) und eine Bildübertragung des "Objekts" (a*). Die Montage beider Bildquellen (a*+b*) ist außerhalb des Raumes zu sehen.

Abb. 2: Ausstellungsdisplay »Palaver«, Skizze. Die Abbildung zeigt den Plan der Ausstellungsarchitektur und verweist darauf, dass in der einen Raumhälfte das »Objekt« (a) und die Bildübertragung der sprechenden Akteure (b*) aus der anderen Raumhälfte präsent sind. In der anderen Raumhälfte, sind die sprechenden Akteure (b) und die Bildübertragung des Objekts wird gesehen (a*). Außerhalb des Raums sind die beiden Bildübertragungen abwechselnd, nach einem im Voraus bestimmten Rhythmus, auf einem Bildschirm zu sehen (a* + b*).

Abb. 3: Erprobung des Ausstellungsarchivs im Rahmen des Forschungsprojekts »Künstlerische Forschung und die Transformation der Theorie« (Projektleitung Elke Bippus), am 20.10.2010. Die Abbildung zeigt beispielhaft eine Performance (»Objekt« a) und die Übertragung der sprechenden Akteure (b*).

Abb. 4: Erprobung des Ausstellungsarchivs im Rahmen des Forschungsprojekts »Künstlerische Forschung und die Transformation der Theorie« (Projektleitung Elke Bippus), am 20.10.2010. Die Abbildung zeigt eine Aufnahme der Raumhälfte mit den sprechenden Akteuren (b) und der Bildübertragung der Performance (a*), die mit einer statischen Kamera aufgezeichnet wurde. Im Bildvordergrund ist der Kontrollmonitor der Außenübertragung beider Bildquellen zu sehen. Im Zusammenhang der Performance wurden auch Audioaufzeichnungen gemacht und übertragen.

Mit *Palaver* hat Schaerf ein Ausstellungsdisplay entworfen, das Kunstwerke nicht in ihrer repräsentativen Funktion inszeniert, sondern deren affektive, symbolische, imaginäre Qualitäten und Wirkungen durch die diskursive Einbindung explizit werden lässt. Im Unterschied zu einer herkömmlichen Ausstellungssituation, in der die Besucher kommen und gehen können, und entweder einzeln oder in einer Führung die Ausstellung besuchen, schafft das Ausstellungsdisplay von Schaerf eher eine Workshop-Situation oder, im Sinne des oben benannten neuen Ausstellens, eine experimentelle Probebühne. Hierdurch lässt sich das Display auch als ›Versuchslaboratorium‹ befragen, zumal es ein Ort sein soll, der ein Forschen *durch* Kunst, ein Sprechen *durch* Kunst befördern soll. Analog zum Forschungsraum des Labors zeichnet sich das Ausstellungsdisplay Schaerfs durch eine kontrollierte Anordnung aus, und dem Versuch, die Aufmerksamkeit zu steigern, indem eben kein Kommen und Gehen möglich ist. Ähnlich wie in einem Labor, in dem die »Arbeit mit der MATERIE unter gut kontrollierten Bedingungen«[49] stattfinden soll, wird die Arbeit mit den Materien des Ausstellungsdispositivs, das heißt mit dem Kunstwerk (»Objekt« a), dem Diskurs (b) und ihren jeweiligen akustisch, optischen Übertragungen (a*, b*), Bedingungen unterworfen, die eine Kontrolle des Geschehens erlauben. Durch die klare Setzung einer Anordnung und die Reduktion der beteiligten Elemente, die zudem klar definiert sind, kann ein dem Labor vergleichbarer Effekt entstehen. Im Labor erlangen »winzige Veränderungen [...] eine Bedeutung, die in Zusammenhang mit einer Theorie interpretiert wird.«[50] Durch die mediale Präsentation des Kunstwerks, seine diskursive Erörterung und die ebenfalls mediale Übertragung derselben, schiebt das Ausstellungsdisplay von Eran Schaerf das Zeigen von und das Sprechen über Kunst buchstäblich in den Blick und schärft die Aufmerksamkeit darauf. Diese Tätigkeiten, die mehr oder weniger als natürliche empfunden werden, können befremdlich wirken. Indem sie so in die Ferne rücken, entsteht die Möglichkeit sie in ihrer Performativität und damit auch in Relation zu Theorien zu erkennen und zu befragen.

Das Display von Schaerf unterscheidet sich allerdings in einem zentralen Punkt von einem Labor: Es ist kein geschlossener Raum, den allein Fachexperten nutzen, sondern es ist als öffentlicher Raum eines Museums konzipiert. Dieser öffentliche Aspekt formuliert sich auch in der von Schaerf vorgenommenen Charakterisierung des Ausstellungsdispositivs als »Verhandlungsraum für ein einzelnes Kunstwerk«.[51] Das Kunstwerk wird verhandelt. Die Elemente dieser Verhandlung sind – um mit Foucault zu sprechen – Gesagtes und Ungesagtes (sprechende und nicht-sprechende Akteure usw.). Das Netz zwischen diesen Elementen, welches das, was als Kunstwerk und Wissen gilt, hervorbringt, kann vielleicht durch die mediale Übertragung der Elemente des Dispositivs in die Sichtbarkeit gelangen.

Mit der Bezeichnung ›Palaver‹ bezieht Schaerf soziale, gesellschaftliche und theoretische Bedingungen als konstitutiv für das Geschehen in dem Raum ein. Diese sind auch, wie die Wissenschaftsforschung zeigt, für das Geschehen in einem Labor konstitutiv, allerdings werden diese Bedingungen kaum in die Konzeption der Laborarbeit selbst einbezogen. In Schaerfs Verhandlungsraum ist dagegen die grundlegende Verqui-

---

49 »Laboratorium«, in: Michel Serres / Nayla Farouki (Hg.): *Thesaurus der Exakten Wissenschaften*, Frankfurt a. M.: Zweitausendeins [3]2004, S. 549–551, hier S. 549.

50 Ebd.

51 Eran Schaerf: »Palaver. Ein Verhandlungsraum für ein einzelnes Kunstwerk«, in: Dombois / Schaerf: *Palaver* (Anm. 47), unpaginiert.

ckung von Öffentlichkeit und Wissensproduktion wesentlich und wird in der Anordnung und technischen Inszenierung reflektiert.

Schaerfs Ausstellungsdispositiv transgrediert das Kunstwerk. Denn wenn dieses in der Ästhetik, wie sie vor zwei Jahrhunderten entwickelt worden ist, den Status innehatte eine Erkenntnis zu bergen – die durch die Wissenschaft der sinnlichen Erkenntnis, also durch das Urteil eines Experten zu Tage gefördert werden kann, das Kunstwerk also als Behältnis oder Mittler einer höheren Wahrheit galt –, so gewinnt es im *Palaver* den Stellenwert eines Akteurs. Das Urteil in Schaerfs Ausstellungsdispositiv wird in einer Verhandlung zwischen sprechenden Akteuren (Künstlern oder deren Vertretung), und weiteren verhandelnden Personen (Künstler, Theoretiker, Kuratoren, Wissenschaftler oder Besucher) und nicht sprechenden Akteuren (Kunstwerk, Referenzmaterial, Technik) gefällt. Mit dieser Interaktion von sprechenden und nicht sprechenden Akteuren, von Laien und Experten versucht der Künstler, »die Zeitstruktur, die sich aus der Reihenfolge Werk, Diskussion, Urteil ergibt, zu verlassen und Kunst als offenen Forschungsprozess der Öffentlichkeit zur Verfügung zu stellen«.[52] Das heißt als ein Prozess für die Produktion von Erkenntnis und Wissen, der von einer Vorstellung der wechselseitigen Kommunikation verschiedenster Gruppen ausgeht[53] und ebenso nicht-diskursive Akteure, das heißt Kunstwerke, Referenzmaterial oder Technik konstitutiv einbezieht: Diskursive und nicht-diskursive Akteure bilden sozusagen die (Labor-) Apparatur, die das Wissensobjekt hervorbringt, indem sie öffentlich beraten und ein Urteil fällen.

Vernetzte Akteure

Schaerfs Raumentwurf schafft ein Format, in dem künstlerische Praxen, wie die der Performance und Figurationen (Kunstwerke), selbst als Akteure wirksam werden können. Durch die technisch unterstützte Beobachtbarkeit, das heißt durch die mediale Inszenierung des Kunstwerks (Objekt a) und deren Übertragung und die mediale Aufzeichnung und Übertragung des Diskurses jeweils in Bild und Ton, wird Wissen als ein ineinandergreifender Prozess von Produktion und Darstellung

---

52 Ebd.

53 Die Aufzeichnungen und Übertragungen unterstützen Schaerfs Konzept einer wechselseitigen Kommunikation verschiedenster Akteure, da sie nicht der Hierarchie zwischen Objekten und Subjekten, zwischen diskursiven und nicht-diskursiven Formaten unterworfen sind.

erfahrbar. Die mediale Inszenierung führt zu einer Beobachtung zweiter Ordnung. Sie macht die Argumente, die Handlungen und jeweiligen Perspektivierungen der Akteure sichtbar, die eingesetzt werden, um zu Urteilen zu kommen. Mit anderen Worten, die wissensproduzierenden Prozesse der Präsentation und Diskursivierung zeigen sich und Forschen wird als ein performativer wie ästhetisch-sinnlicher Akt erfahren. Die Akteure können sich als Forschende und als Wissensproduzenten wahrnehmen. Die Kategorien »forschendes Subjekt« versus »erforschtes Objekt« werden fragwürdig. Denn das Werk erfährt nicht den Status des Abgeschlossenen, es gilt nicht als Objekt, das eine Erkenntnis birgt, die der Wissenschaftler ans Licht bringt. Die Metapher des Laboratoriums erlaubt es nicht, die Komplexität des Ausstellungsdispositivs *Palaver ausreichend zu beschreiben.* Denn diese reflektiert – auch wenn sie im Sinne eines Netzes gedacht ist – nicht die Bedeutsamkeit der Akteure, die, wie gesagt, nicht allein auf Subjekte reduziert sind, und deren wechselseitige Verschränkung. Sie fokussiert zudem verstärkt den Raum und weniger die Prozesse. Dies wird deutlich, wenn Galison davon spricht, dass das Laboratorium als Netz lokale und fremde Verfahren verknüpft. Um die erkenntnistheoretischen Dimensionen von Schaerfs Verhandlungsraum zu beschreiben, ist es eher dienlich auf die wissenschafts- und techniksoziologisch orientierte »Geschichte der Dinge«, wie sie in Latours *Akteur-Netzwerk-Theorie* (ANT) gedacht ist, zu verweisen. Die ANT, die von einem epidemischen Modell der Verbreitung von Wissen ausgeht,[54] erklärt Unterscheidungen von Subjekt und Objekt, von Zeichen und Gegenstand oder von Handlung und Struktur für obsolet. Diese Dualismen gelten als fragwürdige Grenzziehungen, die nur um den Preis der Ausklammerung der vielfältigen Verflechtungen zwischen den künstlich unterschiedenen Bezirken bzw. Feldern zustande kommen. Latour plädiert für eine assoziationstheoretische Perspektive, die den Vorgängen der Verknüpfung, Vernetzung und Verkettung Priorität einräumt. Mit diesem Perspektivenwechsel sind

> eine Vielzahl von epistemologischen, grundlagentheoretischen und methodologischen Implikationen verknüpft [...]. Paradigmatisch hierfür steht die Neufassung bzw. Ausweitung der Akteurskategorie. Handlungsfähigkeit wird

---

[54] Latour verschiebt die Epistemologie hin zu einer Epidemiologie. Das Wissen verbreitet sich vom Laboratorium ausgehend, wie ein Krankheitserreger in die ganze Gesellschaft. Verschiedene Übertragungswege sind möglich, die je verschiedene Wirkungen nach sich ziehen. Die ANT zielt darauf, die Unterscheidung zwischen Gesellschaft und Natur bzw. zwischen Gesellschaft und Technik aufzulösen. Vgl. hierzu: Ingo Schulz-Schaeffer: »Akteur-Netzwerk-Theorie. Zur Koevolution von Gesellschaft, Natur und Technik«, in: Johannes Weyer (Hg.): *Soziale Netzwerke. Konzepte und Methoden der sozialwissenschaftlichen Netzwerkforschung,* München u. a.: Oldenbourg 2000, S. 187–209.

nicht allein menschlichen Personen, sondern auch naturalen und technischen Gegenständen, pflanzlichen und tierischen Lebewesen zugesprochen.[55]

Benjamin hat in seinem Kunstwerk-Aufsatz festgestellt, dass der mit der technischen Reproduzierbarkeit zusammenhängende Funktionswandel des Kunstwerks lange übersehen wurde, da sich die ausgelösten Irritationen vor allem in der Frage entluden, ob »die Photographie eine Kunst sei – ohne die Vorfrage sich gestellt zu haben: ob nicht durch die Erfindung der Photographie der Gesamtcharakter der Kunst sich verändert.«[56]

Auch mit der erneuten Perspektivierung der Kunst als einer im Sinnlichen agierenden Erkenntnispraxis könnte ein grundlegender Funktionswandel verknüpft sein. Eine Ausstellung wäre dann weniger die Präsentation von Kunstwerken, als vielmehr ein Begegnungsort der Wissensproduktion und des kritisch-forschenden Dialogs.

Heute sind es insbesondere die *Science Center*, die den Anspruch erheben, nicht allein Erlebnisstätten wissenschaftlicher Phänomene zu sein, sondern »weltweit immer stärker zu Plätzen kritischen Austauschs über Forschung« zu werden. Dementsprechend werben sie damit, dass in ihnen nach »Herzenslust zu experimentieren [...] nicht nur ungefährlich, sondern ganz und gar erwünscht [ist], um so das Nachdenken über Wissenschaft anzuregen.«[57] Das euphorische Postulat eines Ineinandergreifens von Erlebnisstätte, kritischer Auseinandersetzung und eines mit Herzenslust betriebenen Experimentierens macht misstrauisch, oder lässt zumindest fragen, ob mit ihm tatsächlich mehr als eine publikumswirksame Werbestrategie verknüpft sein soll, oder ob hier ein Bild produziert wird, das die Hierarchien und Anerkennungsprozesse im Feld des Wissen verschleiert und eine Mitwirkung lediglich suggeriert. Denn welche Bedeutsamkeit gewinnen die Überlegungen der Besucher für die Wissenschaft?

---

55 Georg Kneer: »Akteur-Netzwerk-Theorie«, in: ders. / Markus Schroer (Hg.): *Handbuch Soziologische Theorien*, Wiesbaden: Verlag für Sozialwissenschaften 2009, S. 19–39.

56 Benjamin: *Kunstwerk* (Anm. 21), S. 12. Die revolutionäre Funktion, die Benjamin für den Film im Auge hat, besteht darin, »die künstlerische und die wissenschaftliche Verwertung der Photographie, die vordem meist auseinander fielen, als identisch erkennbar zu machen.« Der Film produziert diese Erkenntnis, da er erkennbar werden lässt, »daß es eine andere Natur ist, die zu der Kamera als die zum Auge spricht.« Ebd., S. 22.

57 So der Ausstellungsgestalter Roman Tronner: »Angelpunkte von Wissen und Interessen«, in: *Science Center Netzwerk. Wissenswelten*, in: www.science-center-net.at/fileadmin/Downloads/Presse/download/SCN_12_08_Final.pdf (zuletzt gesehen: 06.03.2014). Vgl. beispielhaft: www.universum-bremen.de/de/startseite/ueber-uns/idee-konzept.html (zuletzt gesehen: 12.06.2012). Auch auf der Website des Universum Bremen wird der forschende Aspekt betont: »Wer will, forscht und entdeckt im *Universum* geschützt von Wind und Wetter oder unter freiem Himmel im EntdeckerPark.«

Wenn man sich die Radikalität der These, dass die Produktion von Wissen und die Darstellung von Wissen nicht als zwei voneinander verschiedene Prozesse zu begreifen sind, vor Augen führt, dann sind wir mit dem Problem konfrontiert, welche Kriterien in Anschlag gebracht werden können, um ein Urteil über das Wissen zu fällen. In diesem Zusammenhang wird die Selbstreflexion der Produktion von Erkenntnis – wie sie etwa auch in dem Verhandlungsraum *Palaver* möglich wird – bedeutsam. Sie bringt den Prozess der Aktualisierung von Erkenntnis und Wissen zur Erscheinung und versucht »die Dramaturgie des Urteils in den Vordergrund zu rücken und damit den Fokus vom Ergebnis auf den Forschungsprozess selbst zu verlagern.«[58] Insofern geht es auch nicht darum, einen vermeintlich folgerichtigen Prozess der Produktion von Wissen zu präsentieren, sondern darum, ineinandergreifende Prozesse der Vernetzung, der Übersetzung und Assoziation zu erfahren und zu reflektieren. Im Verhandlungsraum ist ein Prozess der Wissensgenerierung angesprochen, der Wissen nicht inszeniert oder konstruiert, sondern in einem Zusammenspiel von Akteuren exploriert und aktualisiert. Eran Schaerfs *Palaver* beantwortet die Frage nicht, ob eine Ausstellung zu einem Labor, das heißt zu einem Ort des Forschens werden kann. Es stellt allerdings die Bedingungen dar, unter denen dies geschehen könnte. Sein Ausstellungsdisplay kann insofern eher als ein Labor zweiter Ordnung beschrieben werden, als ein Ermöglichungsraum, der die Bedingungen vorführt und die Forschungsergebnisse selbst (noch) offen lässt.

Abbildungsnachweise

Abb. 1: *Raum der Abstrakten* in der Version von »Erster Demonstrationsraum auf der Internationalen Kunstausstellung Dresden 1926«, in: Sophie Lissitzky-Küppers: *El Lissitzky. Maler, Architekt, Typograf, Fotograf. Erinnerungen, Briefe, Schriften*, Dresden: VEB Verlag der Kunst 1967, (Tafel 187).

Abb. 2: »Schema a«, in: Eran Schaerf: »Palaver. Ein Verhandlungsraum für ein einzelnes Kunstwerk«, in: Dombois / Schaerf: *Palaver* (Anm. 47), unpaginiert.

Abb. 3: Archiv Elke Bippus.

Abb. 4: Archiv Elke Bippus.

[58] Dombois / Schaerf: »Palaver« (Anm. 51).

Ein Raum voller Gläser

Die Nasspräparatesammlung im Berliner Naturkundemuseum

Anke te Heesen

Museen sind nie bloße Schauorte gewesen, unter die wir sie oftmals leichtfertig subsumieren, Museen sind und waren immer auch zentrale Orte der Forschung. Dies galt insbesondere für die naturkundlichen Museen. Die Geschichte dieser Häuser ist bekannt und gerade seit den 1990er Jahren vermehrt aufgearbeitet und umfassend dargestellt worden.[1] Deutlich wurde in den dazu vorgelegten Studien, dass um 1800 zahlreiche Bestrebungen zur Institutionalisierung der vormals naturkundlichen Sammlungen und der Kabinettkultur des 18. Jahrhunderts einsetzten. 1793 erreichte diese Entwicklung mit der Gründung des Muséum national d'Histoire naturelle in Paris einen ersten Höhepunkt. Einer Denkschrift des Botanikers und Zoologen Jean-Baptiste de Lamarck folgend, wurde damit eine staatliche museale Institution zur Darstellung der Naturreiche eingerichtet, die Forschung und Lehre verband, und die sich mit der freien Zugänglichkeit ihrer Räume einer neuen, bürgerlichen Öffentlichkeit verpflichtete. Zugleich handelte es sich um ein (nationales) Archiv, das Objekte zentralisierte und eine Taxonomie etablierte.[2] Dieses grundlegende Konzept wird mit der Eröffnung des neuen Gebäudes für die naturhistorische Sammlung des British Museum (heute Natural History Museum) 1881 in London modifiziert: Während zunächst Vertreter der naturtheologischen Richtung wie Richard Owen die Einheit der göttlichen Schöpfung in den Räumen des Museums darzustellen suchten, also für eine Zurschaustellung aller Sammlungsgegenstände in miteinander verbundenen Räumen argumentierten, drangen die Evolutionsbefürworter wie Charles Darwin und Thomas Henry Huxley vehement auf eine Zweiteilung des Museums in Studien- und Depoträume zur Forschung auf der einen Seite und Schauräume für

---

1 Vgl. beispielhaft Susanne Köstering: *Natur zum Anschauen. Das Naturkundemuseum des deutschen Kaiserreichs 1871–1914*, Köln / Weimar / Wien: Böhlau 2003 und Carsten Kretschmann: *Räume öffnen sich. Naturhistorische Museen im Deutschland des 19. Jahrhunderts*, Berlin: Akademie-Verlag 2006.

2 Emma C. Spary: *Utopia's Garden. French Natural History from Old Regime to Revolution*, Chicago / London: University of Chicago Press 2000.

den interessierten Laien mit entsprechendem Erklärungspotenzial auf der anderen Seite.[3] Schließlich siegte das Konzept der heiß umkämpften Zweiteilung und wurde gegen Ende des Jahrhunderts zum Standard für alle größeren naturkundlichen Museen wie in Paris, Wien oder Berlin.

An dieser nunmehr bekannten Geschichte lässt sich erkennen, in welchem Spannungsverhältnis Forschung und Schau standen und immer noch stehen. Heute ist dieses Spannungsverhältnis deutlicher denn je. Museen müssen sich für die finanzielle Unterstützung durch den Staat rechtfertigen, Öffentlichkeitsarbeit nimmt einen zentralen Stellenwert ein und die Internet-Präsentation scheint manchmal so wichtig wie die Präsentation im Museum selbst. Vor diesem Hintergrund hat man zwar nicht die Zweiteilung in Schau- und Depoträume rückgängig machen wollen, doch wurden vermehrt Anstrengungen unternommen, die Forschungen der Kustoden verständlich zu machen, Einblicke zu geben in die arkanen Räume der großen Speicher und zu argumentieren, warum diese erhalten werden müssten. Zu diesen Versuchen zählen die sogenannten »Gläsernen Labore« (wie zum Beispiel am Hygiene-Museum in Dresden oder am Deutschen Museum in München), die eine moderne (Molekular-)Biologie und Biotechnologie vor Augen führen, ja nachvollziehbar machen sollen. Eine andere Variante der Öffnung des Museums stellen die Schaudepots dar, die den eigentlichen Objektspeicher des jeweiligen Museums zu öffnen vorgeben und die dem Betrachter einen Einblick vermitteln sollen in die – im weitesten Sinne – Arbeit hinter den Kulissen.[4] Prominente Beispiele sind etwa das Österreichische Museum für angewandte Kunst in Wien oder auch das Überseemuseum in Bremen. Hier wird gleichsam ein Blick in das klassifikatorische Herz des Museums geworfen, verbunden mit der Hoffnung, die Strukturen des Hauses sichtbar zu machen und neue Besucherkreise anzuziehen.

Im Folgenden möchte ich einen solchen Schaueffekt im Museum für Naturkunde in Berlin betrachten und werde mich dabei auf einen besonderen Teil der Einrichtung konzentrieren. Das Haus gehört zu einem der weltweit größten Naturkundemuseen mit den umfangreichsten Sammlungen. Seit den 1990er Jahren ist man hier bestrebt durch zahlreiche Umbauten und Renovierungen die Substanz des Museums – darunter den im Lichthof befindlichen Sauriersaal – behutsam zu erneuern. Eine

---

3 Carla Yanni: »Divine Display or Secular Science. Defining Nature at the Natural History Museum in London«, in: *The Journal of the Society of Architectural Historians* 55 (1996) 3, S. 276–299.

4 Zum Schaudepot vgl. Tobias Natter / Michael Fehr / Bettina Habsburg-Lothringen (Hg.): *Das Schaudepot. Zwischen offenem Magazin und Inszenierung*, Bielefeld: transcript 2010. Vgl. daraus vor allem den Text von Andrea Funck, in dem sie auf die unterschiedlichen Schaudepots eingeht und diese überblickend kenntlich macht.

der vorläufig letzten, nunmehr für die Öffentlichkeit zugänglichen Präsentationen des Hauses wurde 2010 eingerichtet. Es handelt sich um die im Volksmund so genannten »Schnapskammer« oder den Nasspräparateturm, der einen Teil der Alkohol-Forschungssammlung beherbergt. Diese Präsentation soll zunächst beschrieben und mit anderen Präsentationen ihrer Art verglichen werden. Meine These lautet, dass sie nicht aus einer Geschichte der Nasspräparate oder der Klassifikation und Lagerung der sie belegenden Objekte zu verstehen ist, sondern vor allem aus der neueren Ausstellungsgeschichte respektive der Entwicklung ihrer Präsentationsmodi. Diese bestimmten die heutige Wahrnehmung des Turms und seiner Objekte. Um welche Präsentationsgeschichte handelt es sich? Welche Art der Wahrnehmung wird durch die Darstellung im Turm evoziert und wie können die aufgebauten Objektreihen interpretiert werden? Oder: Wie viel Labor, wie viel Forschungspraxis wird hier sichtbar?

Präsentation

Im Zuge des Wiederaufbaus des im Kriege schwer beschädigten Ostflügels des Museums durch das Schweizer Architekturbüro Diener & Diener wurde auch die Nass-Sammlung – zu sehen sind fast 300 000 Gläser – neu aufgestellt (Abb. 1).

Abb. 1: Nasspräparatesammlung des Museums für Naturkunde, Berlin (2010).

Jeder, der durch die Klimaschleuse tritt, steht zunächst vor einer hoch aufragenden, überwältigenden Wand, die sich aus Regalböden, zylindrischen Gläsern und darin befindlichen einzelnen, auf Dauer gestellten Lebewesen zusammensetzt. Die Besucher unterhalten sich in der Regel gedämpft, gehen langsam umher und nach und nach kann die Wand als ein zu umgehender Turm oder Kubus wahrgenommen werden. In seiner Mitte, unzugänglich für den Betrachter, stehen einige Arbeitstische und sind Treppen angebracht. Die Regale mit den Präparategläsern umschließen einen Arbeits- und Speicherraum. Würde ein Kustode eintreten, so wäre er Teil der Ausstellung. Ursprünglich war genau diese Situation das Ziel der Präsentation: Die Sammlungsarbeit sollte in diesem Raum für die Kustoden ungestört weiterlaufen, für den Besucher auf der anderen Seite der Scheibe vorgeführt werden. Da dies aber aus feuerschutzrechtlichen Gründen nicht möglich war, ruht der Blick allein auf die hochgetürmte Vielzahl der Gläser mit Fischen, Amphibien und Schlangen. Wie in einer alten Bibliothek die Bände nach Größe geordnet waren (unten das Folioformat, dann die mittleren Formate und schließlich das Oktavformat), sind auch hier die Gläser in den meisten Fällen scheinbar nach ihrem Gewicht und ihrer Raumfülle, nach oben hin sich in ihrem Volumen verjüngend, angeordnet. Der Raum wird bestimmt von einer dunklen, einem Schatzhaus nachempfundenen Atmosphäre, die vor allem dadurch zustande kommt, dass die gläsernen Behälter geschickt ausgeleuchtet werden und ein diffuses Licht verteilen. Hinzu kommt die aus konservatorischen Zwecken notwendige Kühle des Raumes, die den Raum als einen gänzlich anderen von den üblichen Besucherräumen abhebt. Kurz gesagt: Es handelt sich um eine der schönsten und beeindruckendsten Sammlungspräsentationen, die derzeit überhaupt zu sehen sind.

Doch, so sehr dieses Arrangement beeindruckt und ein gutes Beispiel dafür darstellt, wie die dringend notwendigen, neuen Depoträume mit einem spektakulären Schauelement für die Besucher kombiniert werden können, so muss auch gefragt werden, was genau hier in Szene gesetzt wird. Es ist nichts gegen eine geschickte Doppelnutzung von eigentlich stillen Lagerregalen und Schauregalen für den interessierten Besucher einzuwenden, auch nichts gegen die vollkommene Abwesenheit von erklärenden Texten. Dennoch wird hier nicht einfach ein Einblick in den von Kustoden frequentierten Sammlungspflegebereich gegeben, nicht einfach nur ein Lagerregal gezeigt, sondern eigens ein Schauzusammenhang aufgebaut, der – wie bereits oben genannt – nicht auf die Präparate hinführt und auch nicht auf die taxidermische oder taxonomische Arbeit des Museums. Worauf dann?

Vergleich

Vor der Beantwortung dieser Frage soll gezeigt werden, dass es sich dabei nicht um einen Einzelfall, sondern vielmehr um eine zeitgenössische Darstellungskonvention handelt. Als die British Library 1998 im neuen Gebäude wieder eröffnet wurde, erhielt sie eine zentrale Eingangshalle mit Empfangsschalter, Zugang zu den *service rooms* und ein Café und Restaurant. Im Zentrum dieser Halle aber erblickt der Besucher unmittelbar einen die Stockwerke durchziehenden gläsernen Turm, der die Library of King George III beherbergt. Dieser Turm wurde vom Architekten des neuen Gebäudes, Sir Colin St. John Wilson entworfen und setzt sich aus beweglichen Regalen zusammen, aus denen Bücher auf Bestellung entnommen und wieder zurückgeräumt werden können. Die Ansicht und Stimmung des Bücherturms beherrscht die zentrale Halle. Die Farbigkeit der Bücher schafft eine gediegene Atmosphäre und auch hier drängt sich das Bild einer gläsernen Sammlung von Preziosen auf. Als zweites Beispiel dient das Musée du quai Branly, das 2006 eröffnete ethnologische Museum in Paris. Es ist den indigenen Künsten, Kulturen und Zivilisationen Afrikas, Asiens, Ozeaniens und Amerikas gewidmet. Dieses Museum wurde ab 1995 geplant und schließlich nach 11 Jahren durch den Architekten Jean Nouvel fertiggestellt. Auch hier betritt man eine Eingangshalle, die neben den notwendigen Serviceeinrichtungen im hinteren Teil einen zentralen Aufgang positioniert, der sich um eine gläserne Sammlung windet. Sie ist als Turm gestaltet, hat mehrere Stockwerke, in denen eine der vier zentralen Sammlungen des Hauses, die Musiksammlung, untergebracht ist. Zu sehen sind Objekte in Regalen, Arbeitsplätze von Kuratoren, zu hören verschiedene Geräusche und musikalische Sequenzen, die wie ein leises Murmeln den Besucher bei seinem Aufstieg in das eigentliche Ausstellungsstockwerk im ersten Obergeschoss begleiten.

Es handelt sich um zwei Präsentationen, die dem Nasspräparateturm in Berlin sehr nahe kommen.[5] Mit ihrem Vergleich soll keine Vorläuferfunktion konstatiert, keine Genealogie vorgenommen, sondern festgestellt werden, dass eine solche im Turm angeordnete Schausammlung in Museen durchaus zu den gegenwärtigen Seherfahrungen

[5] Wobei an dieser Stelle darauf verwiesen sei, dass die Initiatoren und Gestalter des Präparateraums im Museum für Naturkunde, der Leiter des Bereichs Ausstellungsentwicklung Uwe Moldrzyk und der Kustode der Ichthyologischen Sammlung Peter Bartsch, nicht von einem Turm sprechen.

gehört.[6] Die genannten Beispiele beherbergen jeweils eine Sammlung oder einen Teil von ihr in einem Museum. In allen Fällen wird nicht das einzelne Objekt hervorgehoben und mit einer Erklärung versehen, sondern die Fülle der Objekte und ihr Erscheinen als Menge steht im Vordergrund. Dem Betrachter wird eine vermeintliche Übersicht vermittelt, die Präsentation der Objekte als gläserne Wand oder Turm beschreibt gleichsam die Klassifikation, nämlich eine Ordnung der unendlichen Objektreihen. Eine Ordnung, die für den Laien in ihrer schieren Verzweigung und Vielfältigkeit dennoch zugänglich und erfassbar sein soll: die Ausstellung des Unendlichen auf einen Blick.

Geschichte

Nun könnte man in Hinsicht auf die Sammlung und das Bild eines Turmes zahlreiche Bedeutungen nahelegen, knüpft es doch an verschiedene Gelehrtenutopien und deren sinnfällig dargelegte Gebäudestruktur an. Das »Haus Salomon« setzt sich 1627 bei Francis Bacon aus zahlreichen Versuchsstätten, Häusern und Galerien zusammen, unter denen Sammlungen einen prominenten Platz einnehmen und auch ›Türme‹ zu finden sind. Diese Türme dienen zur Beobachtung meteorologischer Phänomene und in ihnen wohnen Einsiedler, die zu solchen Beobachtungen immer wieder instruiert werden.[7] Für den wissenschaftshistorisch versierten Betrachter stellt sich zudem die Verbindung zu dem Bild der taxonomischen Ordnungen des von Foucault sogenannten klassischen Zeitalters ein, dem nicht zuletzt alle hier angeführten Museen oder Bibliotheken entstammen. Das Berliner Naturkundemuseum, zu Anfang des 19. Jahrhunderts im Zuge der Etablierung der Berliner Universität gegründet, setzt sich aus zahlreichen Einzelsammlungen und Klassifikationsbestrebungen privater Sammler des 18. Jahrhunderts zusammen.[8] Blickt man auf Naturforscherportraits dieser Zeit oder in Sammlungserörterungen und Lehrbücher, so wird deutlich, wie Klassifikation und Ordnung der Natur dargestellt wurden: Dazu zählt beispielsweise das berühmte Portrait von Albertus Seba aus dem Jahr 1731, auf dem der

---

6 Zahlreiche weitere Vergleiche, wenn auch nicht als Turm, so doch als überblickende Wand, ließen sich hier anführen; vgl. dazu etwa Chris van Uffelen: *Museumsarchitektur*, Potsdam: Ullmann 2010, S. 41, 184, 250, 317, 406, 485.

7 Francis Bacon: *Neu-Atlantis*, hg. von Beate Behrens, übers. von Georg Gerber, Berlin: Akademie-Verlag [2]1984, S. 40–50, hier S. 41.

8 Anke te Heesen: »From Natural Historical Investment to State Service: Collectors and Collections of the Berlin Society of Friends of Nature Research, c. 1800«, in: *History of Science* 42 (2004), S. 113–131.

Apotheker und Naturforscher sich stolz vor einer Wand seiner eigenen, sorgfältig gereihten Präparatesammlung präsentiert, die halb von einem Vorhang verborgen, den Betrachter neugierig macht (und im nachfolgenden »Thesaurus«, dem das Porträt als Frontispiz vorangestellt ist, diese Neugier mit herrlichen Kupferstichen befriedigen wird).[9] Porträts und andere Bildgenres der Klassifikation führen zu dem hier vorgestellten Nasspräparateturm und es ist anzunehmen (und noch zu verifizieren), dass die gestaltenden Verantwortlichen solche Abbildungen kannten und herangezogen haben. Schaut man sich Turm und Raum im Museum für Naturkunde aber genauer an, so wird deutlich, dass hier weniger eine zentrale Metapher oder ein Bild abendländischer Wissensgeschichte umgesetzt wurde. Vielmehr wird das Bild einer Klassifikation oder eines Depots gegeben und nicht die Klassifikation erklärt oder das Depot in seinen Speicherungsfunktionen erläutert; es wird eine Betrachtungserwartung aktiviert, so meine zugrundeliegende These, die sich vornehmlich aus dem zeitgenössischen (Kunst-)Ausstellungswesen speist: Das Museum und seine Funktionen selbst werden als eine Installation in Szene gesetzt.

Installation

Begreift man eine Installation als ein raumgreifendes Kunstwerk mit konzeptuellem Ansatz, dann ließen sich zahlreiche Beispiele nennen, die mit der Darstellung der hier beschriebenen Nass-Sammlung in Verbindung zu bringen sind.[10] Als Vergleich soll eine Arbeit der britisch-palästinensischen Künstlerin Mona Hatoum dienen. Die Installation trägt den Titel *Current Disturbance* und entstand 1996 (Abb. 2).

Hatoum hat dazu in einen Raum einen transparenten, aus einer Art Lattengerüst bestehenden Kubus gesetzt. In jedem der 228 durch das Gerüst gebildeten Segmente liegt hinter Rosendraht eine verkabelte Glühbirne. Diese sind an eine zentrale Verteilerdose angeschlossen. Die Glühbirnen leuchten auf und verlöschen in unterschiedlichen Intervallen, zugleich werden Geräusche von knisternder Energie freigesetzt, die den Raum mit einem ebenso an- wie abschwellenden Summen erfül-

---

9 Der vollständige Titel lautet *Locupletissimi rerum naturalium thesauri accurata descriptio, et iconibus artificiosissimui expressio, per universam physices historiam* und dessen erster Band erschien 1734.

10 Vgl. den Artikel »Installation«, in: *The Dictionary of Art*, hg. von Jane Turner, New York: Grove 1996, Bd. 15, S. 868–869.

Abb. 2: *Current Disturbance*, Mona Hatoum (1996).

len.[11] Mit Hilfe der Lichteffekte und der mit Draht bespannten Fächer wird ein geschlossenes Geviert erzeugt, das unterschiedlich erleuchtet, wechselnde Atmosphären freisetzt. Die durch die elektrischen Verbindungen erzeugten Geräusche machen den Kubus zu einem den Raum beherrschenden Element. Vergegenwärtigt man sich den Titel, nämlich die Doppelbedeutung des Wortes »current«, als zwischen ›gegenwärtig‹, ›augenblicklich‹ und ›elektrischem Strom‹, bzw. ›Elektrizität‹ changierend, und sein Bezug zu »disturbance«, dann wird deutlich, wie wichtig für diese Installation das Sehen und Hören zugleich ist, das sich nur bei längerem Aufenthalt im Raum voll erschließt.

Nun kann dieses Kunstwerk unterschiedlich situiert und interpretiert werden. Mir kommt es zunächst auf das Bild an, das von dem Raum und der Installation gegeben wird. Zwei Elemente sind hier vorherrschend: einerseits eine ikonographische Vergleichbarkeit, denn das hölzerne Lattengerüst erzeugt ein Geviert und erinnert mit den einzelnen Fächern an klassifikatorische Einteilungen, die Fächer sind mit Objekten gefüllt, die in unendlichen Reihen zusammengesetzt den Kubus ergeben. Andererseits der Wahrnehmungszusammenhang, indem die Kombination

---

11 Text von Mary Ceruti über Mona Hatoum, in: http://libraries.cca.edu/capp/prop_r96d001.pdf (zuletzt gesehen: März 2013).

von Sehen, Hören und sich im Raum bewegen für den Besucher im Vordergrund steht und man so die Wirkung des dreidimensionalen Gevierts erfasst und eingehend zu betrachten vermag.

In der Installation von Mona Hatoum verkreuzen sich Bild und Erfahrungsweise und deuten auf die angeführten, seit den 1990er Jahren entstandenen naturkundlichen und ethnologischen oder buchhistorischen Sammlungskuben. Hier wie dort nähert sich der Betrachter den Objekten im Turm als einer künstlerischen Installation, als einer ästhetischen Darstellung, die vor allem sinnlich vermittelt wird. Das Naturkundemuseum wird an diesem Punkt als ein Ort des Kunstwerks wahrgenommen, die Regale als ein künstlerisches Arrangement und nicht als ein Hintergrund für die Vermittlung taxonomischer Wissensbestände. Aber genau hier liegt wiederum der Unterschied: Während es bei Mona Hatoum nicht um die Glühbirne als Objekt, sondern um das Zusammenspiel von Materialien, von Lichtintensität und klaustrophobischer Abgeschlossenheit geht, sollten im Nasspräparateturm die Objekte im Vordergrund stehen, nämlich Fische, Schlangen und Amphibien. Doch sie werden nicht benannt und nicht erklärt. Vielmehr werden die ausgestellten und präparierten Lebewesen assoziativ aufgenommen und ihre nach außen hin geschlossene Erscheinung vermittelt dem Betrachter das Museum als scheinbar auf einen Blick hin erfassbare Einrichtung. Das Wahrnehmungsdispositiv, und damit eine erste Antwort auf die eingangs gestellte Frage, lautet schließlich: sinnliche Erfassbarkeit als Wissensgenerierung. Bei dem Nasspräparateturm handelt es sich, wie die deutsche *Kunstzeitung* 2012 schreibt, um eine »optische Sensation«, eine »Sehenswürdigkeit«, die »jeder Rauminstallation künstlerischer Natur das Wasser reichen kann.«[12]

Ware

Verweist die Beschreibung der Hatoumschen Installation auf die Raumerfahrung und den atmosphärischen Eindruck, die in ihrem Werk durch Geräusch und Lichtwechsel herbeigeführt werden, im Präparateturm durch die sofort wahrnehmbare Kühle und die Lichtstimmung, dann gilt es einen zweiten Aspekt hervorzuheben, der bereits genannt wurde, im Folgenden aber ausgeführt werden soll. Denn der Turm besticht neben seiner installativen Qualität vor allem durch die zahlreichen, schier unendlichen Objektreihen. Glas um Glas, Präparat um Präparat

12 Jörg Restorff: »Vom Bauwerk zum Schauwerk«, in: *Kunstzeitung* 186 (2012), S. 8.

erschließen sich dem, der um den Kubus herumwandert. Das Auge ermüdet mit der Zeit und wenn zu Anfang die Tiere und Tiergruppen noch unterschieden werden, so blickt man mit der Dauer des Aufenthalts auf eine vollgestellte, nicht mehr zu überblickende Objektwand. Eine solche Serialität der Objekte führt zu dem historischen Moment, ab dem Objekte in Massenproduktion hergestellt wurden und sich dementsprechend ihre Bedeutung änderte und das einzelne Objekt in seiner Wertigkeit nivellierte. Mit dem Aufkommen der Weltausstellungen seit Mitte des 19. Jahrhunderts und kurz danach den großen Warenhäusern, wurden Präsentationsmodi entwickelt, die das gereihte oder aufgetürmte Objekt in den Vordergrund stellten. Ob es sich dabei um Tomatenketchup handelte oder um Parfum, um Wäsche oder um Hüte, immer ging es um die aufgetürmte, schier unendliche Masse der Objekte. Solche Präsentationsweisen können als eine »ästhetische Ökonomie« verstanden werden. »Die ästhetische Ökonomie geht von dem ubiquitären Phänomen einer Ästhetisierung des Realen aus und nimmt die Tatsache ernst, dass diese Ästhetisierung einen bedeutenden Faktor in der Ökonomie fortgeschrittener kapitalistischer Volkswirtschaften darstellt.«[13] Gernot Böhme beschreibt dieses Phänomen als ein »Mehr« des Objekts, das eine eigenständige ökonomische Bedeutung erlangt. Seiner Argumentation nach wird der Gebrauchswert und der Tauschwert um einen Inszenierungswert und damit eine »dritte Wertkategorie erweitert«.[14] Welche Bedeutung eine solche Wertkategorie erlangen kann, zeigt sich heute etwa in der »Autostadt« Wolfsburg. Die im Jahr 2000 im Zuge der Expo (»Exposition Universelle Internationale«) in Hannover eröffnete Autostadt stellt sich vor allem als Erlebnispark des Autokonzerns Volkswagen dar. Das 25 Hektar große Gelände vereint zeitgenössische Architektur und Kunst, verschiedene Markenpavillons, ein Automuseum und schließlich das sogenannte Kundencenter, in dem die Käufer den bestellten Neuwagen abholen können. Gebaut wurde dazu ein besonderes Hochregal in Form zweier Türme, die, nachts spektakulär beleuchtet, Einsicht in die Vielzahl der Neuwagen gewähren (Abb. 3).

Einer überdimensionierten Vitrine gleich, werden in diesen gläsernen Rundbauten auf jeweils 18 Stockwerken bis zu 400 Wagen präsentiert beziehungsweise bereitgehalten. Ein Blick in das Innere, der seit 2007 auch für Besucher kostenpflichtig ermöglicht wurde, zeigt, wie die Automobile mit Hilfe einer Aufzugsplattform hochgefahren und in die jeweiligen

---

13 Gernot Böhme: »Zur Kritik der ästhetischen Ökonomie«, in: *Zeitschrift für kritische Theorie* 12 (2001), S. 69–82, hier S. 69 f.

14 Ebd., S. 70.

Abb. 3: Autotürme von Volkswagen, Wolfsburg (2000).

Stellflächen eingeschoben werden.[15] Es handelt sich um ein sichtbares Depot, um die gläserne Darstellung eines reibungslosen Vertriebs, die eine zeitgenössische Weiterentwicklung der Warendarstellung vorführt. Ältere Warenpräsentationen von Schaufenstern großer Warenhäuser oder solche auf Messen und Weltausstellungen haben immer – direkt oder indirekt – auf den seriellen Charakter, also das mehrmalige Vorkommen der Ware hingewiesen. Die Türme in Wolfsburg versuchen demgegenüber die Ware Auto als ein individuelles Objekt zu konfektionieren, das dem Kunden passgenau zugeführt wird, unterlaufen diesen Anspruch aber mit der reihenden Präsentation im »Hochregal«. Dem Wolfsburger Besucher bleibt der Turm als ein die Vielheit der niedersächsischen Automobile spektakulär organisierendes Ensemble im Gedächtnis. Eine zweite Antwort auf die zu Beginn aufgeworfene Frage lautet demnach, dass die Objekte des Turms als Waren angeschaut und verstanden werden, als Teil einer ästhetischen Ökonomie.

[15] Vgl. hierzu auch die Webseite des Konzerns: www.autostadt.de/de/autostadt-erkunden/autotuerme (zuletzt gesehen: März 2013).

Meta-Museum

Im Zuge der zahlreichen Bestrebungen der Museen im 20. Jahrhundert, das verstaubte Image eines bildungsbürgerlichen Horts loszuwerden, standen die im weitesten Sinne als Wissenschaftsmuseen zu beschreibenden Einrichtungen im Zentrum der Neuerungen. Die Öffnung der Einrichtungen zu einem über die Sinne zu vermittelnden Zugang spielte dabei eine große Rolle.[16] Und so sind es einerseits die *Science Center*, die durch Erleben und Ausprobieren das Wissen um Naturgesetze zu vermitteln suchten, und andererseits die Einbettung von Objekten in Inszenierungselemente der Ausstellungen, die für eine Verlebendigung des Museums sorgten.[17] Im Kontext dieser Entwicklungen ist auch die durchweg positive Berichterstattung zur hier behandelten Präsentation im Museum für Naturkunde zu verstehen: Die Berliner Installation wird nicht zuletzt dafür gelobt, dass sie auf »die sonst übliche Museumspädagogik verzichtet« und so die »Wirkung auf die Besucher« verstärkt.[18] Das Fehlen jeglicher Kommentierung und erklärender Texte wird als ein erstrebenswerter Zugang gewertet.

Und doch wäre zu fragen, ob man nicht genau diese Texttafeln und Kommentierungen benötigt, um die Anordnung der Objekte, um die Sammlungsbestrebungen vergangener Kustodengenerationen nachzuvollziehen, um zu erkennen, wie aus einer solchen Vielzahl an Objekten taxonomische Systeme entstanden sind und wie diese funktionieren? Eine solche (und wie hier argumentiert werden soll: notwendige) Kommentierungsebene im Museum speist sich aus dem wissenschaftshistorischen Verständnis, dass bestimmte Wissensstände und ihre Repräsentation wandelbar sind, dass sie nicht allein aus den Intentionen der Macher und Wissenschaftler (die sie gemeinsam eingerichtet haben) bestehen, sondern ganz andere, nicht unmittelbar zu erkennende Bedeutungen besitzen, die der Interpretation bedürfen.

Als eine der ersten hat dies für das Naturkundemuseum die Biologin und Wissenschaftshistorikerin Donna Haraway beschrieben. Sie widmete sich 1984 dem American Museum of Natural History und stellte aus wissenssoziologischer Perspektive das Zustandekommen der dortigen Säugetierdioramen in den 1930er Jahren dar. Dazu untersuchte sie das

---

16 Vgl. Anke te Heesen: *Theorien des Museums. Eine Einführung*, Hamburg: Junius 2012, S. 105 ff.

17 Vgl. Hilde Hein: *Naturwissenschaft, Kunst und Wahrnehmung – der neue Museumstyp aus San Francisco*, Stuttgart: Klett-Cotta 1993; Thomas Thiemeyer: »Inszenierung und Szenografie. Auf den Spuren eines Grundbegriffs des Museums und seines Herausforderers«, in: *Zeitschrift für Volkskunde* 2 (2012), S. 199–214.

18 Kristina von Klot: »Die Kunst des Alt-Neu«, in: *Bahn Mobil* 10 (2012), S. 59.

gesamte Geflecht der beteiligten Personen, der dafür unternommenen Sammelexpeditionen, der taxidermischen Techniken und der Präsentation der Tiere in den Dioramen und im Museum. Ihrem Text liegt der den taxidermischen Objekten inhärente Gegensatz von tot und lebendig (aussehen) zugrunde, auf den sie immer wieder zurückkommt und der ihr Zeichen für den Umgang mit Natur ist: Natur wird mithilfe toter Gegenstände dargestellt, ihre Präsentationen aber sollen das Leben selbst und den *Garden of Eden* symbolisieren.

Haraways Ziel ist nicht allein die Analyse des Museums oder ein besseres Verständnis der Institution, sondern sie nimmt das American Museum of Natural History als ein Untersuchungsbeispiel für die großen, zu hinterfragenden Kategorien Geschlecht, Rasse und soziale Schicht. Ihr Anspruch ist ein politischer, indem sie zeigen will, wie sehr mit der Wahrnehmung von Natur – wie sie uns in den großen Wissensinstitutionen vorgeführt wird – ein Modell der patriarchalen Familie, der Überlegenheitswahrnehmung des weißen Mannes und damit eine (Seh-)Erziehung des amerikanischen Volkes verbunden ist. Dafür legt sie eine detaillierte Beschreibung der Dioramen, deren Blicklenkungen und Tiefenaufbau vor. Sie verdeutlicht, wie die natürlich wirkenden Szenen von Tieren, Pflanzen und Steinen von Konzepten der Natürlichkeit durchdrungen sind, die gar nichts mit Natur und alles mit Kultur zu tun haben. Damit zeigt sie zugleich, wie das Museum die ihm gemeinhin zugeschriebene Aufgabe der Konservierung erfüllt, nämlich indem es »Life« als die »principal civic arena of Western political theory – the natural body of man« verklärt.[19] Bis in die Gegenwart seien das Museum und die Halle der Dioramen eine Zeitmaschine für die Reise in das von ihren Begründern als solches dargestellte Paradies des Dschungels, in dem ein geordnetes Leben und Sterben, Oben und Unten, eine geordnete Familie und ein geordnetes Habitat vorgesehen waren. Was der Begründer der Dioramen, Carl Akeley, ein »peephole into the jungle« nannte, beschreibt Haraway als ein »window into knowledge«:[20] ein Wissen um den Kontext dieser Paradiesdarstellung. Kurz: Das Museum wird als eine sich durch die Zeit entwickelnde Institution wahrgenommen, die mit Bedeutung aufgeladen ist und die mehr über die Gesellschaft aussagt, als über das, was in ihr aufbewahrt und gezeigt wird.

Diese Harawaysche Kritik, so könnte man nun argumentieren, hat der Nasspräparateturm bereits eingelöst: keine Hierarchisierung der Objekte und der dahinterliegenden Konzepte, keine eindeutigen Be-

---

19 Donna Haraway: »Teddy Bear Patriarchy: Taxidermy in the Garden of Eden, New York City, 1908–1936«, in: *Social Text* 11 (1984/85), S. 20–64, hier S. 21.

20 Ebd., S. 24.

deutungszuweisungen, sondern ein freier Zugang, der über Schauen und Erleben funktioniert. Damit hat die Präsentation in der Tat eine zentrale und heute nachgerade als Allgemeinplatz geltende Lektion der vorgenannten Analyse verinnerlicht: Hier wird keine Repräsentation für Geschlecht oder Gesellschaft gegeben, sondern das gespeicherte Objekt annähernd so gezeigt, wie es sich in den Sammlungsräumen präsentiert. Nicht das über die Objekte gewonnene (taxonomische) Wissen wird in den Mittelpunkt gestellt, sondern ihr Kontext, in dem sie von den Wissenschaftlern benutzt und eingesetzt werden. Doch – und hier setzt das Argument des vorliegenden Textes wieder ein – auch dieser scheinbar wertfreie (Lagerungs-) Kontext ist problematisierungswürdig, ist alles andere als frei von assoziativen Bedeutungsaufladungen. Genau diese Reflexionsebene aber fehlt im Raum des Nasspräparateturms. Das Museum für Naturkunde hat sich gegen eine Kommentierung der Regalreihen entschieden. Genau diese wissenschaftshistorisch geprägte und kulturwissenschaftlich unterstützte Reflexion aber gehört heute zu den zentralen Aufgaben eines Museums.

Resümee

Die ursprüngliche Frage lautete, welche Wahrnehmungsgewohnheiten die Darstellung des Turms mit sich führen. Die Antwort darauf ist, dass sie von der Betrachtung künstlerischer Installationen und der der Waren gelenkt werden. Dabei dienten die Installation Hatoums und der Autoturm von Volkswagen als Beispiele, die als *pars pro toto* den Erfahrungsraum der Kunstausstellung und der Warenausstellung beispielhaft beleuchten sollen. Nur den wenigsten Besuchern der Nasspräparatesammlung des Museums für Naturkunde in Berlin wird sich die Assoziation zu *Current Disturbance* oder Volkswagen einstellen. Deutlich sollte aber geworden sein, dass hier nicht einfach ein neuer, wertneutraler Vermittlungsraum im Museum, sondern eine Installation geboten wird, die – mit Haraway gesprochen – ein »window into knowlege« darstellt: Wissen darüber, wie sehr wir durch die reihende Darstellung von ästhetischen und ökonomischen Wahrnehmungen geprägt werden. Die Objekte selbst – Fische, Schlangen und Amphibien – werden im öffentlichen Bewusstsein als Preziosen verankert, die wie in einem traditionellen Kunstmuseum zur verinnerlichenden Betrachtung einladen und wie in der Warenpräsentation zum Staunen anregen. Man könnte resümierend festhalten, dass der Raum im Naturkundemuseum von der Warte des naturkundlichen Objekts eine Unterforderung darstellt, weil er nichts erklärt, mit keiner Tafel erläutert und keine Auskunft über das einzelne Tier oder über die Präsentationsweise gibt. Von der Warte allein des Atmosphärischen her stellt er eine Überforderung dar, denn was sollen wir auswählen, was besonders intensiv betrachten, woran uns orientieren? In dem Versuch ein Stück arkanes Land des Museums transparent werden zu lassen, ist ein hybrider Ort entstanden, der zwischen Museum und Schaufenster, zwischen Warenhaus und Bibliothek, zwischen Schaulager und Forschungsstätte changiert, in dem zuvörderst aber die Wissenschaftlichkeit zugunsten einer gesteigerten Sinnlichkeit aufgegeben wird. Im Zentrum der zeittypischen Betrachtererfahrung steht die Unmittelbarkeit, der allein sinnliche Zugang zum Wissensobjekt. Das Schauen und nicht die Interpretation, die Sinnlichkeit und nicht der Sinn stehen hier im Vordergrund. Pointiert könnte man deshalb festhalten, dass in dem Moment, wo »Wissensspeicher«, »Wissenshäuser« und »Wissensmedien« zu unseren zentralen Vokabeln zählen, die hier im Raumbild gezeigten Präparate nicht mehr als Wissensobjekte, sondern als unpolitische Erfahrungsobjekte genutzt werden. Unpolitisch deshalb, weil sie nicht mit einem klaren Argument, einer Position verbunden sind, sondern lediglich als Deutungsangebot fungieren. Hier geht es nicht um einen Übersetzungsprozess, den die Objekte ermöglichen und den der Betrachter mithilfe erläuternder Lektüre einzulösen in der Pflicht ist, sondern es geht einmal mehr um die Wahrnehmung des Museums als Erlebnisraum.[21] Daran allein ist noch nichts zu kritisieren, vielmehr kann man einen solchen Raum als eine wichtige Grundlage der Vermittlung von Wissenschaft betrachten. Doch dann sollte noch ein *window into knowledge* eingerichtet werden.

Abbildungsnachweise

Abb. 1: Fotografin: Carola Radke. Mit freundlicher Genehmigung des Museums für Naturkunde, Berlin.
Abb. 2: *Kunstforum International* Bd. 211, Oktober – November 2011, S. 61.
Abb. 3: Fotograf: Emanuel Raab. Mit freundlicher Genehmigung der Autostadt GmbH.

21 Vgl. dazu auch Hilde Hein: *The Museum in Transition. A Philosophical Perspective*, Washington / London: Smithsonian Institution Press 2000.

Aus der Nacht des Museums: Wissen und Tod

Ulrike Vedder

Museum und Tod

Die kleine Erzählung *Der Kustode* von Marie Luise Kaschnitz (1966) stellt einen ambitionierten Museumskustos in den Mittelpunkt, der viele seiner Kollegen für »Spinner« hält: »Es sind Menschen, die sich mit den von ihnen zu bewachenden Gegenständen (Bildern, Uhren, Skeletten) in einer fast krankhaften Weise identifizieren. Auf die harmlose Frage eines Besuchers: Wo ist der Ausgang, Kustode? fangen sie an zu ticken, mit ihren Knochen zu rasseln oder die Augen wie der Judas Ischariot zu rollen.«[1] Diese Kollegen sind also bloße Aufseher ohne wissenschaftlichen Ehrgeiz und stehen zudem in einem unwissenschaftlichen, nämlich übermäßig identifikatorischen Verhältnis zu ›ihren‹ Sammlungen. Anders hingegen der Protagonist der Erzählung: Er versteht sich selbst als »ernst zu nehmende[n] Wissenschaftler«, der im Museum sein Wissen fortlaufend erweitert, und »der Umstand, daß er nicht nur den Saal, sondern auch das Museum mehrmals gewechselt hat, ist ihm dabei zugute gekommen. Seine Kenntnisse auf dem Gebiet der Fossilien, der Numismatik, der Kleinbronzen und neuerdings auch der Juwelenkunde können sich sehen lassen.«[2] Denn er bewacht neuerdings den »Saal der kostbaren Schmuckstücke« in einem nicht näher spezifizierten »ehemalige[n] Hofmuseum«[3], das einen gewissen Diamanten besitzt, dem eine todbringende Geschichte zugeschrieben wird. Es kommt, wie es kommen muss: Der Kustode versucht sein Selbstbild als »ernst zu nehmender Wissenschaftler« zu bestätigen, indem er die Geschichte dieses Diamanten aufklären will – und verliert sich völlig in ihr. Als der Museumsdirektor ihm endlich die Saalaufsicht entzieht, landet der verwirrte Kustode nachts nach Schließung des Museums in einem anderen Saal. Darin

---

1 Marie Luise Kaschnitz: »Der Kustode«, in: dies.: *Gesammelte Werke*, hg. von Christian Büttrich / Norbert Miller, Frankfurt a. M.: Insel Verlag 1983, Bd. 4, S. 577–588, hier S. 577.

2 Ebd., S. 577 f.

3 Ebd., S. 578.

> steht zu seiner Überraschung nur ein einziges großes Ding, eine Art von Steinhäuschen, klobig und schwer, ohne Fenster, aber mit einer kleinen Tür, und der Kustode weiß schon, daß das eine ägyptische Grabkammer, eine sogenannte Mastaba, ist. Die Tür war einmal vermauert, eine Scheintüre, sie ist aber, wahrscheinlich zum Zwecke der Belehrung des Publikums, jetzt offen, man kann hineingehen und der Kustode geht auch hinein.[4]

Dieser Gang in die Grabkammer endet allerdings nicht beim erhofften »Zwecke der Belehrung« oder der Erkenntnis, sondern führt nicht mehr ans Licht zurück, lässt also die Geschichte einer Aufklärung sozusagen in deren Nachtseite kippen. Was in Kaschnitz' Text als erzählerischer Seiteneinfall oder als Fluchtpunkt eines angeblich »ernst zu nehmenden Wissenschaftlers« erscheint, kann durchaus als grundlegende Einsicht in die Institution des Museums begriffen werden und ist für eine Verhältnisbestimmung zwischen Museum, Wissenschaften und Tod von systematischer Bedeutung. Denn das Museum, seine Exponate und deren Geschichten stellen ja nicht nur lichte Ergebnisse wissenschaftlicher Forschungen dar, die in den Museumsräumen, anhand von exemplarischen Objekten erkenntnisreich arrangiert, präsentiert würden. Sondern das Museum und seine Wissensordnungen sind in vielfacher Weise auf Nachtseiten und Grabkammern, auf den Tod und auf Erzählungen vom Tod bezogen: Seine Vorgeschichte ist mit Totenkulten und Grabbeigaben verknüpft; es bewahrt ausgestorbene Kulturen oder Hinterlassenschaften von Toten; es erscheint als eine der Vergänglichkeit nicht unterworfene Welt – und doch umgekehrt als vom Tod zutiefst affiziert; und nicht zufällig ist das Museum ein in Literatur und Film bevorzugter Ort für Todesreflexionen und Todesfälle.

Zwar gibt es keine thanatologischen Museen, keine Museen des Sterbens. Was würden sie auch präsentieren können angesichts der Tatsache, dass der Tod als »das opake, undurchdringliche Phänomen schlechthin« nicht nur eine Sprachgrenze, sondern auch eine »Erkenntnisgrenze«[5] markiert? »Der Tod läßt sich nicht umstandslos als Erkenntnisgegenstand konstituieren: Dieser Satz bildet geradezu das notwendig *negative* Axiom jeder wissenschaftlichen Thanatologie.«[6] Eine Strategie, den Herausforderungen dieser epistemologischen Grenze zu begegnen, nämlich auf der Ebene des konkret dreidimensional Sichtbaren, wird in Sepulkralmuseen mit Objekten aus Bestattungskultur, aus Grabmals- und

---

4 Ebd., S. 587 f.

5 Thomas Macho: »Tod und Trauer im kulturwissenschaftlichen Vergleich«, in: Jan Assmann: *Der Tod als Thema der Kulturtheorie. Todesbilder und Totenriten im Alten Ägypten*, m. e. Beitrag v. Thomas Macho, Frankfurt a. M.: Suhrkamp 2000, S. 89–120, hier S. 91.

6 Ebd.

Friedhofsgeschichte ebenso verfolgt wie in anatomischen Sammlungen mit präparierten Leichenteilen, in Völkerkundemuseen mit ausgestellten mumifizierten Leichnamen oder auch im Wiener Heeresgeschichtlichen Museum mit der berühmten blutverkrusteten Uniform, die, ein Zeugnis des gewaltsamen Sterbens des Kronprinzen Franz Ferdinand, zugleich als Zeugnis des damit einsetzenden – metaphorischen – Sterbens des ›alten Vorkriegseuropa‹ gilt.

Zwischen solchen konkreten musealisierten Objekten, an die sich ein Wissen weniger vom Tod als vielmehr von den Toten heftet, und einer metaphorischen Redeweise von Tod und Sterben in Bezug auf das Museum soll nun das Verhältnis von Wissen(schaften) und Tod im Museum genauer gefasst werden. Denn die Art und Weise, wie nicht nur die Dinge, sondern auch deren Epistemologie und damit letztlich Wissen im Museum konzipiert sind und wirksam werden, ist entscheidend durch die Frage nach Tod und Mortifizierung geprägt. Deshalb sollen neben museumshistorischen und kulturtheoretischen Überlegungen im Folgenden auch literarische Texte als Quelle und Argument fungieren. Die literarische Neugier und ihre Erkenntnismöglichkeiten gelten dabei den nicht explizierten Voraussetzungen und dem imaginären Potential in den Wissenschaften und ihren Institutionen, und sie richten sich bevorzugt auf die ›Nachtseite‹ des Museums, die auf die Rolle des Todes und der Toten für Wissensgenerierung und -transfer im Museum verweist.

Aufschlussreich für den Zusammenhang zwischen Tod und Museum sind zunächst Krzysztof Pomians Überlegungen zur Entstehung kultureller und wissenschaftlicher Bedeutung am Beispiel des Sammelns von Grabbeigaben, Opfergaben und Reliquien. Deren Funktionen bestehen u. a. in einer Tauschbeziehung zwischen Lebenden und Toten, zwischen irdischer und göttlicher Sphäre oder allgemeiner gesagt: zwischen dem Sichtbaren und dem Unsichtbaren. Nach Pomian sind Grabbeigaben funktionshomolog mit anderen Sammlungsgegenständen, »die zeitweilig oder endgültig aus dem Kreislauf ökonomischer Aktivitäten herausgehalten, auf besondere Weise geschützt und ausgestellt werden, damit sie den Blick auf sich ziehen«,[7] wobei es entscheidend ist, dass diese Objekte »zwischen dem Betrachter, der sie sieht, und dem Unsichtbaren, aus dem sie kommen«, vermitteln.[8] Folgt man Pomians Thesen, so tragen auch museale Exponate stets Bedeutungsspuren von Totenkulthandlungen und einer Kommunikation mit den Toten mit sich.

---

7 Krzysztof Pomian: *Der Ursprung des Museums. Vom Sammeln*. Berlin: Wagenbach 1998, S. 20.

8 Ebd., S. 84.

Eine solche Kommunikation mit den Toten über die Museumsobjekte soll hier weniger im Sinne jenes »desire to speak with the dead«[9] verstanden werden, das Stephen Greenblatt auf so emphatische Weise als grundlegendes Movens der Literatur- und Kulturwissenschaften ausgemacht hat. Interessieren soll vielmehr jene kultur- und institutionengeschichtliche Funktion des Museums, die Peter Sloterdijk als »Totenbeschwichtigung«[10] bezeichnet hat: Das Museum wehrt eine unkontrollierte ›Rückkehr‹ der Toten ab, indem es ihnen einen abgegrenzten Ort im Leben zuweist. Insofern sind Museen »Zentren der Vergangenheitsbewältigung in dem prekären Sinn, daß sie unsere Überwältigung durch die Toten, die Vergangenen, Ehemaligen, Abgelebten abwehren«.[11] Auch in diesem Sinne also zeigt sich das Museum als »die charakteristischste Institution der Moderne«,[12] wenn man als ein Charakteristikum der Moderne und ihrer – zwar historiographisch, aber auf Futurisierung ausgerichteten[13] – Wissensordnungen die Beendigung der vormodernen Vorstellung einer Gegenwart der Toten und damit einhergehend ihre institutionalisierte Funktionalisierung als ›kulturelles Erbe‹ begreift.[14]

In diesem Kontext spricht Karl-Josef Pazzini in seinen Überlegungen zum Wiener Sigmund Freud Museum – einem Wissenschaftlermuseum also – nicht von einer Bannung oder Beschwichtigung, sondern von einer »Bildung« der Toten durch das Museum. Dabei meint »Bildung« nicht Wissenserwerb, sondern formuliert Voraussetzungen für die Wissensproduktion und -darstellung im Museum. Zum einen ›bilden‹ die Lebenden die Toten, d. h. sie geben ihnen eine Gestalt. Denn die Toten, so Freuds Formulierung in *Totem und Tabu*, sind »mächtige Herrscher«,[15]

---

9 Stephen Greenblatt: *Shakespearean Negotiations. The Circulation of Social Energy in Renaissance England*, Berkeley: University of California Press 1988, S. 1.

10 Peter Sloterdijk: »Weltmuseum und Weltausstellung. Absolut museal«, in: *Jahresring. Jahrbuch für moderne Kunst* (1990) 37, S 183–202, hier S. 193.

11 Ebd.

12 Boris Groys: »Sammeln, gesammelt werden. Die Rolle des Museums, wenn der Nationalstaat zusammenbricht«, in: *Lettre International* (1996) 33, S. 32–36. Groys bezieht sich hier auf die Fähigkeit der Institution des Museums, nach dem Ende traditioneller Ordnungen in der Moderne wiederum kulturelle, subjektive und nationale Identitäten zu stiften.

13 Wolfgang Pircher bringt das in Bezug auf bürgerliche historische Museen auf den Punkt: Sie lassen »den Besucher zur Gegenwart kommen […], nachdem er die Objekte der Welt und Gattungsgeschichte abgegangen ist, als deren Resultat er sich verstehen darf.« (Wolfgang Pircher: »Ein Raum in der Zeit. Bemerkungen zur Idee des Museums«, in: *Ästhetik & Kommunikation* 18 (1987) 67/68, S. 41–45, hier S. 42.)

14 Vgl. Ulrike Vedder: »Gegenwart und Wiederkehr der Toten: Sterben, Erben, Musealisieren vor und nach der Moderne«, in: *Zeitschrift für Germanistik* 17 (2007) 2, S. 389–397.

15 Sigmund Freud: »Totem und Tabu«, in: ders.: *Studienausgabe*, hg. von Alexander Mitscherlich / Angela Richards / James Strachey, Frankfurt a. M.: Fischer 1982, Bd. 9, S. 287–444, hier S. 342.

und damit die Lebenden nicht in Idolatrie erstarren, werden die Toten in eine Form, eine Gestalt gebracht. Damit, so Pazzini nach Freud, wirken Museen »auch gegen die Kränkung, daß die Toten uns einfach verlassen haben […], indem in ihnen an dem Bild der Toten gearbeitet wird. […] [Die Toten] haben es dann schwerer zu spuken.«[16] Und zum anderen ›bilden‹ die Toten uns, die Lebenden. Dafür eignen sich beispielsweise Wissenschaftlermuseen an deren früheren Wohn- und Arbeitsstätten in besonders offensichtlicher Weise – Pazzini nennt aber neben dem Wiener Sigmund Freud Museum auch naturhistorische und ethnologische Museen[17] –, weil sie die Möglichkeit bieten, »an den kleinen Widerständen des Realen, etwa einer ehemaligen Wohnung, sich zu bilden, indem man die eigenen Erwartungen von den Toten abliest.«[18] Ein solches ›Ablesen von den Toten‹,[19] das im Museum möglich ist, kann in zweifacher Weise begriffen werden: zunächst im Sinne einer ›Lese‹ als eine Sammlung ausgewählter Erinnerungen, Souvenirs, Überbleibsel, Wissensbestände, um dann alles andere getrost loswerden zu können; des Weiteren im Sinne einer ›Lektüre‹, die auf das – auch wissenschaftliche – Erkennen und Erkennbarmachen der Toten und ihrer Gegenwart zielt. Diese Ambivalenz, die die »Bildung« qua Tod im Museum einerseits beherrschbar macht, andererseits befördert und ›belebt‹, stellt ein entscheidendes Signum des Museumsdiskurses in der Moderne dar.[20]

Topos Grab: Das Museum als Friedhof

Als eine »mögliche Abwehr« gegen die Toten, die ihre Macht nicht zuletzt durch »Entzug« gewinnen, dient »die Herstellung von Fülle«,[21] wie sie sich beispielsweise auf Freuds musealisiertem Schreibtisch,[22] aber auch in fast jedem anderen Museum findet. Doch zugleich kann

---

16 Karl-Josef Pazzini: »Die Toten bilden. Über eine Aufgabe des Museums«, in: Gisela Ecker / Martina Stange / Ulrike Vedder (Hg.): *Sammeln – Ausstellen – Wegwerfen*, Königstein / Ts.: Helmer 2001, S. 49–58, hier S. 55.

17 »Museen kaschieren das Schuldgefühl, daß es etwas mit uns zu tun haben könnte, daß jemand nun tot ist. Das spielt in allen ethnologischen und naturhistorischen Museen eine Rolle.« (Ebd.).

18 Ebd., S. 54.

19 Freud spricht vom ›Ablösen‹: »Die Trauer […] soll die Erinnerungen und Erwartungen der Überlebenden von den Toten ablösen.« (Freud: »Totem und Tabu« (Anm. 15), S. 356).

20 Vgl. Ulrike Vedder: »Museum / Ausstellen«, in: Karlheinz Barck et al. (Hg.): *Ästhetische Grundbegriffe. Ein Historisches Wörterbuch in sieben Bänden*, Stuttgart / Weimar: J. B. Metzler 2005, Bd. 7, S. 148–190.

21 Pazzini: »Die Toten bilden« (Anm. 16), S. 51.

22 Vgl. Annegret Pelz: »Aufstellungen. Freuds Schreibtisch«, in: Claudia Benthien / Hartmut Böhme / Inge Stephan (Hg.): *Freud und die Antike*, Göttingen: Wallstein 2011, S. 51–68.

diese Fülle selbst mortifizierende Wirkungen zeitigen und fungiert so als ein Konstituens des Topos vom Museum als Grab oder als Friedhof. Dieser Topos von der mortifizierenden Kraft des Museums durchzieht die Geschichte der Museumskritik von Beginn an. 1815 – gut 25 Jahre nach der Revolution und gut 20 Jahre nach der Gründung des Louvre (1793) – äußert sich Quatremère de Quincy in seinen *Considérations morales sur la destination des ouvrages de l'art* keineswegs lobend zu der unerwarteten Rettung vorrevolutionärer Kunstwerke durch revolutionäre Museumsgründungen und zu der im Zuge dessen einsetzenden kunstwissenschaftlichen Geschichtsschreibung. Vielmehr beklagt er die Musealisierung der Kunst, bleibe doch angesichts der Dekontextualisierung der Kunstwerke im Museum nur leere Materialität ohne Aura übrig. Ja mehr noch, die Kunstwerke würden im Museum sogar ›getötet‹, weil sie nicht länger in ihrem singulären Wert betrachtet würden, sondern nur mehr in ihrer historischen Positionierung innerhalb einer »chronologie moderne«, die die Grundlage der neuen wissenschaftlichen Disziplin der Kunstgeschichte darstellt. Damit aber würden sie gerade nicht zum Geschichtszeugnis und Objekt der (Kunst-) Wissenschaften, sondern zum Grabmal: »c'est tuer l'Art pour en faire l'histoire; ce n'est point en faire l'histoire, mais l'épitaphe.«[23]

Diese Kritik an einer Musealisierung, die letztlich die Zerstörung des zu Bewahrenden betreibe, hat die Geschichte des historisch-wissenschaftlichen Museums und das Nachdenken über seine Dialektik permanent begleitet: Die bewahrten Objekte unterliegen im Museum neuen Wahrnehmungs- und Gebrauchsweisen, die ihre vormalige physische und kulturelle Identität verändern, ja zerstören können, so dass »der Verwandlungsprozeß ins Historische das ›reale Nichtsein‹ des Verwandelten notwendig nach sich zieht«.[24] Mit anderer, gänzlich undialektischer Stoßrichtung argumentiert das *Manifest des Futurismus* (1909) gegen die Befassung mit Vergangenheit überhaupt, die es doch zu zerstören gelte, um Raum für Fortschritt, Zukunft und Bewegung zu gewinnen. Im *Manifest* wird der Topos des Museums als Friedhof genüsslich ausformuliert: mit den übervollen Kunstmuseen als »diesen Friedhöfen vergeblicher Anstrengungen, diesen Kalvarienbergen gekreuzigter Träume, diesen

---

23 Quatremère de Quincy: *Considérations morales sur la destination des ouvrages de l'art*, Paris: Crapelet 1815 (Nachdruck Paris 1989), S. 48.

24 Gottfried Fliedl: »Testamentskultur. Musealisierung und Kompensation«, in: Wolfgang Zacharias (Hg.): *Zeitphänomen Musealisierung. Das Verschwinden der Gegenwart und die Konstruktion der Erinnerung*, Essen: Klartext 1990, S. 166–179, hier S. 173.

Registern gebrochenen Schwungs«,[25] in denen sich eine vergangenheitsbezogene, bewahrende Kultur ihr eigenes Grab schaufelt.

Solche rhetorische Zerstörungswut gegenüber dem Museum geht mit der Positionierung der jeweils eigenen Kunst- und Moderneauffassung einher und findet sich auch in zahlreichen Filmen bereits des frühen Kinos. Das Kino setzt seine Medialität der Bewegung fast von Anfang an auch gegen die Stillstellung und Friedhofsruhe im Museum ein, und zwar in Form einer geradezu wilden Zerstörungslust. So zum Beispiel in Horrorfilmen mit ausgedehnten Feuerszenen, die in Wachsmuseen situiert sind: In Michael Curtiz' *Mystery of the Wax Museum* (1933) vernichtet ein Feuer die, wie lebendig erscheinenden, Wachsfiguren, die zwischen Mortifizierung und Verlebendigung changieren. Aber auch in *screwball comedies* wie in Howard Hawks außerordentlich dynamischem Film *Bringing up Baby / Leoparden küsst man nicht* (1938) wird das Vergnügen am Ruin des Museums inszeniert: Ein nach vierjähriger Arbeit fast fertig gestelltes Saurierskelett bricht in der spektakulären Schlussszene zusammen, bevor sich der unbeholfene Museums-Paläontologe (Cary Grant) dann doch für die Liebe der ungestümen Millionärsnichte Susan (Katherine Hepburn) entscheidet. Diese pointierte Vorführung einer verstaubten, lebensfernen Wissenschaft fungiert hier aber wohl weniger als Kritik an der Institution des Museums und dessen Wissenschaftsansprüchen, sondern eher als lustvolle Selbstinszenierung des Kinos als Bewegungs- und Verlebendigungsmedium. Ungleich schockierender äußert sich die Zerstörungswut gegenüber dem Museum und den es repräsentierenden Wissenschaftlern in Peter Hyams' Film *The Relic* (1997), in dem das Chicagoer Naturkundemuseum während eines Eröffnungsevents von einer Art inkarnierter bösartiger Gottheit heimgesucht wird, die im Zuge einer Ausstellung über ›Aberglauben‹ ins Museum gelangt war. Diese Zerstörung aus dem Inneren des Museums heraus lässt sich als Attacke gegen die Hybris der Wissenschaftler verstehen und macht so auf jene ›Nachtseiten‹ aufmerksam, die einer strikten wissenschaftlichen Ratio unzugänglich bleiben. Und auch Ridley Scotts *Hannibal* (2001) versetzt den Serienkiller Hannibal Lecter nicht zufällig als Museumskurator nach Florenz, um ihn dort bestialisch weitermorden zu lassen. Jenseits des Horror-Genres sei noch Francesco Rosis Film *Cadaveri eccellenti / Die Macht und ihr Preis* (1976) genannt, der in einer Gruft beginnt und im Museum endet, um die Geschichte einer erstarrten todgeweihten Gesellschaft zu erzählen. Sowohl eine revolutionär-

---

25 Filippo Tommaso Marinetti: »Manifest des Futurismus«, in: Charles Harrison / Paul Wood (Hg.): *Kunsttheorie im 20. Jahrhundert. Künstlerschriften, Kunstkritik, Kunstphilosophie, Manifeste, Statements, Interviews*, Ostfildern-Ruit: Hatje 1998, Bd. 1, S. 186.

avantgardistische als auch eine kulturkonservative Ästhetik bemüht demnach ebenso wie die Populärkultur den Topos vom Museum als Friedhof, ein Topos, der häufig den wissenschaftlichen Anspruch der Museumsarbeit in Zweifel zieht oder sogar zur zentralen Zielscheibe seiner Zerstörungslust macht.

Die musealen Prozesse einer De- und Rekontextualisierung ›töten‹ oder begraben also die Kunstwerke, rauben den Exponaten das Leben. Doch können sie auch die todbringende Seite der Objekte selbst ausstellen und erkennbar machen, wie sie beispielsweise Gerhard Roth in seinem Essay »Im Heeresgeschichtlichen Museum« (1990) darstellt. Zu Beginn dieses Textes, erschienen in Roths mehrbändigem Zyklus *Die Archive des Schweigens*, wird die Geschichte der blutverschmierten Uniform Franz Ferdinands wiedergegeben, wie sie vom »Auskunftsoffizier« des Museums berichtet wird. Zugleich stellt diese Uniform den Ausgangspunkt vieler anderer Geschichten dar, die nun der Erzähler als Museumsbesucher selbst präsentiert, beispielsweise die von Franz Ferdinands Jagd- und Tötungsfuror:

> [...] die vollständig erhaltenen Schußlisten weisen auf eine ins Gigantische verzerrte Jagdleidenschaft hin. Während seines einundfünfzigjährigen Lebens schoß er 274.889 Stück Wild aller Art. Seine ›Jahresbestleistung‹ erzielte er 1911 mit 18.799 Stück, die höchsten ›Tagesleistungen‹ bestanden in der Regel aus Hasen, Fasanen und Rebhühnern, sein Tagesrekord, am 17.6.1908, waren 2.763 Lachmöwen.[26]

Eine solche korrekte Archivierung der Schießwut heroisiert den Meisterjäger, wenn auch auf durchaus schockierende Weise, erscheint aber ebenso, so abstrus sie sein mag, als Nachweis wissenschaftlich-historiographischer Akribie, mithin als Ausweis wissenschaftlicher Kompetenz. Zugleich – und in diesem Zugleich liegt die Qualität des vielschichtigen Museumstextes begründet – wird sie hier als Teil der überwältigenden Gewaltgeschichte Österreichs betrachtet, die sich weniger in der musealen Inszenierung als vielmehr im Blick des erzählenden Museumsbesuchers auftürmt. Auf welche Weise das geschieht, lässt sich anhand zweier Szenen beobachten, die für Gerhard Roths erzählerische Erkundungen jener Nachtseite des Museums, die etwas zu sehen gibt, charakteristisch sind. Sie betonen die materiale Seite wissenschaftlicher Erkenntnisverfertigung, die im Museum wahrnehmbar ist und ganz eigene unwissenschaftliche, aber erkenntnisträchtige Effekte zeitigt.

---

26 Gerhard Roth: »Im Heeresgeschichtlichen Museum«, in: ders.: *Eine Reise in das Innere von Wien. Essays*, Frankfurt a. M.: Fischer 1993, S. 181–284, hier S. 182.

So setzt beim Rundgang, als die Besucher gerade Handgranaten hinter Glasscheiben betrachten, im Nebenzimmer ein besonderer Lärm ein, denn dort »beginnen Handwerker plötzlich heftig zu hämmern, die Schläge dröhnen durch den menschenleeren Saal, als ob ein mächtiger Sarg zugenagelt würde. Und solange wir die Exponate betrachten, hält das Hämmern an, ein kaltes Totentrommeln, das so gar nicht zum lieblichen Bild der Kaiserin Maria Theresia paßt.«[27] Eine Téléscopage: Die Zeiten werden im Museum ineinander geschoben, als würden die Toten der längst vergangenen Kriege sich jetzt bemerkbar machen, obwohl diese doch im Heeresgeschichtlichen Museum gerade keinen Platz haben – als würden die Vitrinen als Särge kenntlich. Das kalte Totentrommeln erinnert dabei an das, was angesichts der Überfülle der konservierten Exponate sowie angesichts der in diesem Museum inszenierten Historiographie zumeist in Vergessenheit gerät: die Gegenwart der Toten, ihr Entzug, ihre Macht. Der »mächtige Sarg«, der hier auf so aufdringliche Weise geschlossen wird, scheint mithin das Museum selbst zu sein, das Exponate und Betrachter gleichermaßen einsargt. Beide, Exponate und Betrachter, werden so geradezu zu Untoten, wenn sie von Tod und Stillstand im Museum affiziert sind: »Hält jemand sich gern in Museen auf, so sitzen ihm die Toten schon gefährlich im Genick. Er gehört vielleicht schon mehr zu den Exponaten als zu den Exponenten. Er lebt vielleicht schon im Kernsog der Gräber.«[28] Was Sloterdijk hier pointiert formuliert, wird auf eine sehr zurückgenommene Art von Marlen Haushofer geschildert, deren Protagonistinnen meist wie tot durchs Leben und nicht zufällig regelmäßig ins Museum gehen. In Haushofers Roman *Die Mansarde* (1969) sucht die Ich-Erzählerin jeden Sonntag ebenfalls das Heeresgeschichtliche Museum auf und setzt sich dessen Spannung zwischen Verlebendigung und Mortifizierung aus:

> Ich gehe langsam weiter, wandere durch die vertrauten Säle, betrachte die Figurinen in den alten Soldatenuniformen, die in ihren Glasvitrinen so lebendig aussehen, daß man erschrickt. Freilich, aus der Nähe sehen sie weder lebendig noch tot aus, sie sind Puppen und haben das Anziehende und Unheimliche von Puppen an sich. Ich stehe dort immer sehr lange.[29]

Keine (wissenschaftliche) Distanz besteht also zwischen Betrachter und Museumsobjekt, vielmehr eine wechselseitige Belebung und Erstarrung, die eine Erkenntnis nicht auf der Ebene präzisen Identifizierens und

---

27 Ebd., S. 213.
28 Sloterdijk: »Weltmuseum und Weltausstellung« (Anm. 10).
29 Marlen Haushofer: *Die Mansarde*, Frankfurt a. M.: Fischer 1986, S. 17.

Definierens ermöglicht,[30] sondern in der im Museum herrschenden Spannung zwischen Mortifizierung und Verlebendigung ein anderes Erkennen betreibt. So formuliert Adorno in seinem Aufsatz »Valéry Proust Museum« (1953), der Betrachter erkenne die ›toten‹ Museumsobjekte als »ein Stück des Lebens dessen, der sie betrachtet«.[31] Damit nämlich ist das betrachtende Subjekt zugleich eines, das sich, von den Exponaten dazu provoziert, Erinnerungsprozessen aussetzt, Erinnerungen ›abliest‹. In einer solchen Beziehung zwischen Exponat und Betrachter erscheinen beide verlebendigt, weil beide das Vergehen der Zeit ›erinnern‹ und von diesem Vergehen der Zeit ›erzählen‹. Aber auch die Dinge selbst vergehen ja, obwohl sie im Museum sind, in lichtgeschützten Behältnissen aufbewahrt und Restaurierungen unterzogen werden: Heideggers Formulierung von der »Vergänglichkeit, die auch während des Vorhandenseins im Museum fortgeht«,[32] beschreibt eben auch die Tatsache, dass die vergehende Welt trotz einer wissenschaftlich-konservatorisch abgesicherten Musealisierung der Dinge nicht zu retten ist. In diesem Zusammenhang ist eine zweite Szene aus Gerhard Roths Essay »Im Heeresgeschichtlichen Museum« anzuführen:

> Nun bricht der Abend im Museum herein. Die Säle haben sich geleert. Über eine Glasscheibe vor den Schiffsmodellen läuft ein schwarzer Käfer, hält an, läuft weiter. Wenn es nicht [Admiral] Tegethoff ist, denke ich müde, ist es [Erzherzog] Maximilian [...]. Rasch verschwindet das Insekt in einer Ritze. Und vielleicht beginnt es dort das Zerstörungswerk im Namen der Zeit, gegen das eine Armee von Konservatoren und Restauratoren in allen Museen der Welt ankämpft.[33]

Die Verwandlung des siegreichen Admirals in einen Käfer ist hier also weniger als eine literarische Entmachtungsphantasie zu verstehen; vielmehr wird dem Admiral ein anderer destruktiver Kampf gegen eine andere »Armee« zugewiesen, die sich gegen das »Zerstörungswerk im Namen der Zeit« stemmt, das im Inneren des Museums selbst arbeitet. Diese »Armee von Konservatoren und Restauratoren in allen Museen

---

30 So versucht der Ehemann der Haushoferschen Protagonistin schon seit Jahren vergeblich, auf einem Soldatenbild im Heeresgeschichtlichen Museum seinen Vater dingfest zu machen.

31 Theodor W. Adorno: »Valéry Proust Museum« [1953], in: ders.: *Gesammelte Schriften*, hg. von Klaus Schulz / Rolf Tiedemann, Frankfurt a. M.: Suhrkamp 1997, Bd. 10.1, S. 181–194, hier S. 187.

32 »Was ist ›vergangen‹? Nichts anderes als die Welt, innerhalb deren sie [die Dinge], zu einem Zeugzusammenhang gehörig, als Zuhandenes begegneten und von einem besorgenden, in-der-Welt-seienden Dasein gebraucht wurden. [...] Als weltzugehöriges Zeug kann das jetzt noch Vorhandene trotzdem der ›Vergangenheit‹ angehören.« (Martin Heidegger: *Sein und Zeit*, Tübingen: Max Niemeyer 1972, S. 380.).

33 Roth: »Im Heeresgeschichtlichen Museum« (Anm. 26), S. 272.

der Welt« ist unabdingbar auch für das Erhalten wissenschaftlich zu erforschender Bestände, um gleichbleibende Bedingungen und Überprüfbarkeiten zu gewährleisten. Aber zugleich bekämpft oder verdeckt diese »Armee« ihrerseits eine entscheidende Dimension musealer epistemischer Objekte: die Zeit. Denn das Museum zeichnet sich durch ein spezifisches Verhältnis zur Zeit aus, sowohl zur chronologisch vergehenden als auch zur gespeicherten Zeit. Das lässt sich ganz konkret an den ausgestellten Dingen im Museum ablesen: Sie sind zum einen präsent und damit nah und gegenwärtig; zum anderen aber sind sie fern und fremd, weil sie Spuren einer verlorenen Zeit aufweisen und sich so als »Zeitspeicher«[34] zu erkennen geben. Das Museum konserviert und tradiert also, aber durch die Dekontextualisierung der Objekte transformiert und zerstört es deren Vergangenheit auch. Die Dinge sind gegenwärtig, während die Welt, der sie angehörten, vergangen ist bzw. ebenso vergeht wie die Welt derer, die die Dinge aktuell betrachten.

Aus der Nacht des Museums

Wenn in Kaschnitz' eingangs erwähnter Erzählung der Kustode im Museum die ägyptische Grabkammer betritt, ist es nicht zufällig Nacht. Dass literarische und filmische Visionen von verlebendigten Exponaten, wahnsinnigen Wissenschaftlern oder kriminellen Aktivitäten im Museum die Nacht bevorzugen, mag zunächst ein Tribut an die Konventionen des jeweiligen Genres sein, aber auch Ausdruck der populären Phantasie, die Dinge würden hinter geschlossenen Türen, ohne die Anwesenheit menschlicher Subjekte, ein unkontrollierbares Eigenleben führen.[35] Darüber hinaus aber verweist die Rede von der ›Nacht des Museums‹ auf ein Konstituens der Institution und seiner Wissensordnungen selbst.

Dass eine nächtliche Verlebendigung ausgestellter Dinge sich gegen das Museum richtet und Museumswissenschaftler gar ins Grab bringt, erzählt die Geschichte *Mein toter Körper* von Patrick McGrath (1988) anhand eines Ausstellungsobjekts in einem ethnologischen Museum. Dort erwacht ein »Nagelmann« aus dem Kongo nachts zum Leben und stapft wütend durchs Museum, um sich für jene kolonialen Zerstörungen zu

---

34 Jean-Christophe Ammann: »Das Museum als Zeitspeicher. Ein Versuch, über Kunst öffentlich nachzudenken«, in: Götz-Lothar Darsow (Hg.): *Metamorphosen. Gedächtnismedien im Computerzeitalter*, Stuttgart-Bad Cannstatt: Frommann-Holzboog 2000, S. 123–131.

35 Vgl. Thomas Macho: »Dinge ohne uns«, in: Natascha Adamowsky / Robert Felfe / Marco Formisano / Georg Toepfer / Kirsten Wagner (Hg.): *Affektive Dinge. Objektberührungen in Wissenschaft und Kunst*, Göttingen: Wallstein 2011, S. 184–197.

rächen, die den musealen und wissenschaftlichen Zugriff auf die Objekte prägen: »und bald grollte das ganze Gebäude von der erwachenden Empörung geplünderter Kulturen, gefangener Körper, falschbeschrifteter Fragmente und verkehrter Klassifizierungen.«[36] Diese Empörung richtet sich gegen den Wissenschaftler, der die Bestände katalogisiert und den die Frage umtreibt, »was wohl nachts im Museum geschehe, wenn es geschlossen ist«.[37] Während seines Beobachtungsexperiments kann ihn sein wissenschaftliches Wissen in Bezug auf die afrikanische Geschichte nicht retten; ihn trifft der Rachefluch des Nagelmanns, der, wie der Wissenschaftler scharfsinnig formuliert, »nun genau die Strukturen zu bedrohen [beginnt], die ihn bewahrt hatten«.[38] Und so wird am nächsten Morgen die Leiche des Wissenschaftlers gefunden, eingesargt und beerdigt. Allerdings ist er keineswegs tot, sondern durch den Fluch der Museumsobjekte dazu verdammt, im Innern des Grabes für immer zu leben – in Analogie zur musealisierten Existenz des Nagelmanns. Von dort aus erzählt er selbst seine verzweifelte Geschichte, die mithin neben ihren reißerischen Zügen und einer plakativen Kritik an ethnologischen Sammlungen mit ihrer Spannung zwischen Verlebendigung, Mortifizierung und Untotsein grundsätzliche Aspekte des Museumsdiskurses aufnimmt.

Ein solches nächtliches Eigenleben der Exponate wird in Shawn Levys Film *Night at the Museum* (2006) zum hektischen Chaos übersteigert, in dessen Zentrum hier kein Wissenschaftler, sondern ein Museumswächter steht. Neben den daraus resultierenden Comedy-Effekten frappiert vor allem die Filmidee, dass die Objekte, wenn sie bei Sonnenaufgang noch draußen und nicht im Museum an ihrem Platz sind, zu Staub zerfallen. Solcher Zerfall am Ende der Nacht gehört bekanntlich zum Zubehör des Vampir-Mythos und spielt auf das Unheimliche der Museumsobjekte, auf ihren Status des Untotseins an. Doch der drohende Zerfall außerhalb und die Rettung vor ihm innerhalb des Museums sind zugleich museale bzw. konservatorische Realität, der die Dinge des Nachts zu trotzen versuchen.

Dass das Museum aus der Nacht kommt, lässt sich auch in Analogie zu jener Genese des Wissens behaupten, die im Bild des Auftauchens einer epistemischen Figur aus dem Dunkel, aus der Nacht (des Nicht-Wissens) gefasst wird. Dieses wirkmächtige Bild hat Hegel unter Zuhilfenahme einer Museumsmetapher – der ›Bildergalerie‹ – formuliert. Hegel spricht nämlich vom »nächtlichen Schacht, in welchem eine

36 Patrick McGrath: »Mein toter Körper«, in: Walter Grasskamp (Hg.): *Sonderbare Museumsbesuche. Von Goethe bis Gernhardt*, München: Beck 2006, S. 171–176, hier S. 175.

37 Ebd., S. 173.

38 Ebd., S. 175.

Welt unendlich vieler Bilder und Vorstellungen aufbewahrt ist, ohne daß sie im Bewußtsein wären«,[39] und diese geisterhafte »Galerie von Bildern«[40] gelte es ins »Bewußtsein« und ins Wissen zu heben. Eine Konkretisierung dieses starken Bildes stellen Museumsobjekte dar, die ihrerseits aus dem Dunkel ans Licht kommen, nämlich aus Kammern, Depots, Kellergewölben, Lagerräumen, aus dem vor der Öffentlichkeit verborgenen Untergrund des Museums, wo die Schätze gelagert sind: Dort nimmt entweder der Schrecken seinen Anfang, wenn all die Mumien, Götterstatuen, Saurierknochen zu filmischen oder literarischen Horrorgestalten revitalisiert werden, oder es beginnt das ›Entbergen‹ der Objekte, ihr Wechsel aus der Verborgenheit des Depots ins Licht der Vitrinen und der wissenschaftlichen Erforschung.

Aber auch nach dem ›Entbergen‹ und Erforschen bleibt an den ausgestellten Objekten auf ganz konkrete Weise immer etwas unsichtbar: Rückseiten, Unterseiten, Innenseiten, fehlende Teile, und gerade dadurch werden Bedeutungsgebung und -verlust, die sich im Museum und dank der in ihm agierenden Wissensproduktionen und -ordnungen abspielen, sichtbar: »Daß es woanders weg ist, fehlt, also der Hinweis auf einen anderen Ort und eine andere Zeit, ist die erste Signifikanz, die dem Stückchen Materie zufließt, das da im Museum zu sehen ist.«[41] Weil die Dinge im Museum sind, fehlen sie woanders – und verweisen damit auf andere Orte und andere Zeiten. Und zugleich reflektieren sie auf die sie selbst betreffenden Sinngebungs- und Wahrnehmungsprozesse im Museum und damit – trotz ihrer Einreihung in ein Ausstellungskontinuum und dessen wissenschaftliche Nutzung – auch auf das, was an ihnen fremd, fragmentarisch, unverfügbar bleibt. Auf mehrfache Weise also vermitteln die Museumsobjekte zwischen dem Sichtbaren und dem Unsichtbaren (K. Pomian) und sind so auch auf die Kommunikation mit den Toten beziehbar, der sich das Museum verdankt und die es zugleich praktiziert.

Wenn also die Lebenden, ihre Kultur und ihr wissenschaftliches Wissen in fundamentaler Weise von den Toten herkommen,[42] dann gewinnt damit nicht nur das Wechselspiel von Mortifizierung und

---

[39] Georg Wilhelm Friedrich Hegel: *Enzyklopädie der philosophischen Wissenschaften III* (= Werke Bd. 10, hg. von Eva Moldenhauer / Karl Markus Michel), Frankfurt a. M.: Suhrkamp 1983, S. 260 (§ 453).

[40] Georg Wilhelm Friedrich Hegel: *Phänomenologie des Geistes* (= Werke Bd. 3, hg. von Eva Moldenhauer / Karl Markus Michel), Frankfurt a. M.: Suhrkamp 1986, S. 590.

[41] Karl-Josef Pazzini: »›Das kleine Stück des Realen‹. Das Museum als ›Schema‹ (Kant) und als Medium«, in: Michael Fehr (Hg.): *Open Box. Künstlerische und wissenschaftliche Reflexionen des Museumsbegriffs*, Köln: Wienand 1998, S. 312–322, hier S. 314.

[42] Vgl. Robert Harrison: *Die Herrschaft des Todes*, München / Wien: Hanser 2006.

Verlebendigung noch einmal grundsätzlich an Bedeutung, so wie es an Museumsobjekten wahrnehmbar und in Museumstheorien, -texten und -filmen gestaltet ist. Vielmehr stellt auch das Museum selbst einen privilegierten Ort der Auseinandersetzung mit dem Tod dar: einen Ort, der die Chance bietet, sich den Tod als das zu vergegenwärtigen, was allererst Prozesse der Übertragung und des Nachlebens in Gang setzt. In der Reflexion dessen kann das Museum zu einem Forum werden, das es ermöglicht, den Anspruch auf eine omnipotente Verfügbarmachung des Vergangenen (»eine fortwährende und unbegrenzte Anhäufung der Zeit an einem unerschütterlichen Ort«[43]) aufzugeben, wie Michel Foucault ihn für das Museum beschrieben hat. Zudem erscheint es möglich, die ›Verbannung‹ der Toten zu beenden, die ebenfalls ein Kennzeichen der Moderne wie der Institution des Museums selbst ist. Dann wäre das Museum kein »Erbbegräbnis«, das, so Adornos Museumskritik, die »Neutralisierung der Kultur« betreibe,[44] es wäre kein Ort der »Totenbeschwichtigung«, der den Toten zugestanden wird, damit sie von anderen Orten verbannt bleiben. Stattdessen könnte das Museum als »das nicht zum Untergang verdammte Totenreich« verstanden werden, wie Klaus Heinrich es gesprächsweise einmal entworfen hat: »wenn sie [die Toten] jetzt noch einmal zu sich kämen, noch einmal begönnen; wir sie nicht zu verdrängen brauchten, sondern sie mitnehmen könnten auf unserem Weg; das Neue aus ihnen lernen könnten (wie es auch anders hätte weitergehen können, als es gegangen ist)«[45] – ein wissenschaftlich gesättigter und zugleich literarisch-imaginativ verfahrender Entwurf einer ›Kommunikation mit den Toten‹ im Museum auch am Tage.

---

[43] Nach Foucault manifestiert sich in Museen und Bibliotheken »die Idee, alles zu akkumulieren, die Idee, eine Art Generalarchiv zusammenzutragen, der Wille, an einem Ort alle Zeiten, alle Epochen, alle Formen, alle Geschmäcker einzuschließen, [...] das Projekt, solchermaßen eine fortwährende und unbegrenzte Anhäufung der Zeit an einem unerschütterlichen Ort zu organisieren – all das gehört unserer Modernität an.« (Michel Foucault: »Andere Räume«, in: Karlheinz Barck et al. (Hg.): *Aisthesis. Wahrnehmung heute oder Perspektiven einer andern Ästhetik*, Leipzig: Reclam 1991, S. 34–46, hier S. 43).

[44] Adorno: »Valéry Proust Museum« (Anm. 31), S. 181.

[45] Klaus Heinrich: »Museumsgesellschaft. Ein Interview«, in: Horst Kurnitzky: *Kunst – Gesellschaft – Museum*, Berlin: Medusa 1980, S. 7 f.

Danksagung

Die Publikation geht auf eine Tagung zurück, die im April 2010 in Tübingen stattgefunden hat. Wir danken dem Ludwig-Uhland-Institut für Empirische Kulturwissenschaft an der Universität Tübingen und dem Zentrum für Literatur- und Kulturforschung Berlin dafür, dass sie den Rahmen und die Mittel für die Umsetzung unserer Veranstaltung bereitgestellt haben. Anja Sattelmacher hat uns bei der Durchführung der Tagung tatkräftig zur Seite gestanden. In der Zwischenzeit haben wir weitere Beiträger für die Publikation gewinnen können und wurden schließlich als Mitglieder des Clusters *Bild Wissen Gestaltung* an der Humboldt-Universität zu Berlin in unserer Idee der sich kreuzenden Wissensfelder bestätigt und weiter angespornt.

Für die Realisierung der Publikation waren zahlreiche Korrektur- und Lektüregänge von Nöten, die uns Vincent Dold, Olga Osadtschy, Sabine Zimmermann und Sarah Affenzeller enorm erleichtert haben. Beate Kunst wiederum ermöglichte die Recherche zum Graefe-Museum. Schließlich sei Pamela Quick vom MIT-Verlag genannt, die uns großzügigerweise die Erlaubnis zum Abdruck des Beitrags von Bruno Latour erteilt hat. Ihnen allen sei an dieser Stelle herzlich gedankt!

Die Autorinnen und Autoren

SUSANNE BAUER, Juniorprofessorin für Soziologie mit dem Schwerpunkt Wissenschaftssoziologie an der Goethe-Universität Frankfurt am Main. Nach mehrjähriger Forschungstätigkeit zunächst als Umweltwissenschaftlerin und Epidemiologin sowie einer Promotion in Public Health wandte sie sich der Wissenschafts- und Technikforschung zu. Sie arbeitete u. a. am Medicinsk Museion der Universität Kopenhagen (»Biomedicine on Display«, Ko-Kuratorin der Ausstellung »Split+Splice«), am Institut für Europäische Ethnologie und am Max-Planck-Institut für Wissenschaftsgeschichte. Derzeit lehrt und forscht sie zu folgenden Themen: Laborethnografien, Biomedizin im Kalten Krieg, Wissenstransfer und Differenzproduktion in der Epidemiologie, Wissenschaft als materielle und performative Praxis, Soziologie der Infrastruktur, post-industrielle Ökologien. PUBLIKATIONEN: »Making Predictions – Computing Populations«, in: *Science, Technology & Human Values* 38 (2013), S. 398–420 (mit Christine Holmberg und Christine Bischof); *Contested Categories. Life Sciences in Society*, Farnham: Ashgate 2009 (hg., mit Ayo Wahlberg); »Mining Data, Gathering Variables, and Recombining Information: The Flexible Architecture of Epidemiological Studies«, in: *Studies in History and Philosophy of Biological and Biomedical Sciences* 39 (2008), S. 415–426.

ELKE BIPPUS, Professorin für Kunsttheorie, Kunstgeschichte, Co-Leitung Vertiefung Bildende Kunst im BA Medien & Kunst und Stellvertretende Leiterin des »Institut für Theorie« an der Zürcher Hochschule der Künste. Forschungen zur Kunst der Moderne und Gegenwart, Bild- und Repräsentationstheorien, künstlerische Produktions- und Verfahrensweisen, Kunst als epistemische Praxis, Politik und Ästhetik. PUBLIKATIONEN: »Artistic Experiments as Research«, in: Michael Schwab (Hg.): *Experimental Systems. Future Knowledge in Artistic Research*, Leuven: Leuven University Press 2013, S. 121–134; »(Kunst-)Forschung – Eine neuartige Begegnung von Ethnologie und Kunst«, in: Reinhard Johler et al. (Hg.): *Kultur_Kultur. Denken, Forschen, Darstellen*, Münster u.a.: Waxmann 2013; »Fenster-(Macher) oder Konstruktionen von Sichtbarkeit«, in: Kunstsammlung Nordrhein-Westfalen, Düsseldorf (Hg.): *Fresh Widow. Fensterbilder seit Matisse und Duchamp*, Ostfildern: Hatje Cantz 2012, S. 48–55; »Eine Ästhetisierung von Künstlerischer Forschung«, in: *Texte zur Kunst* Heft 82 (2011), S. 98–107.

MARTINA DLUGAICZYK, Postdoc im ERC Advanced Grant-Projekt artifex, Trier. 2001 Promotion an der Universität Kassel mit einer Dissertation über die politische Ikonographie des Waffenstillstandes von 1609; freie Mitarbeit in Museen (Hildesheim, Kassel, Paderborn) und Printmedien; Lehrtätigkeiten an den Universitäten Aachen, Kassel, Düsseldorf; 2007–2012 wissenschaftliche Assistentin sowie Kuratorin des universitätseigenen Reiff-Museums an der RWTH Aachen, 2009–2012 Postdoc-Stipendiatin der Exzellenzinitiative des Bundes und der Länder. Forschungsschwerpunkte: Politische Ikonographie des 17. Jhs., Sammlungskulturen im 19. Jh., Universitätsmuseen, Original – Kopie – Originalkopie, Produktion von Wissen; Wissen(schaft)skommunikation, Künstlersozialgeschichte – Ausbildung von Architekten. Publikationen: »›Gips im Getriebe‹. Abguss-Sammlungen an Technischen Hochschulen«, in: Charlotte Schreiter (Hg.): *Gipsabgüsse und antike Skulpturen. Präsentation und Kontext*, Berlin: Reimer 2012, S.333–354; »Jacob Jordaens – Konjunkturen seiner Rezeption um 1900«, in: Birgit Ulrike Muench / Zita Ágota Pataki (Hg.): *Jordaens – Genius of Grand Scale – Genie großen Formats*, Stuttgart: ibidem 2012, S. 433–463; »In hortulum P. Mauritij. Der Garten als Spiegel sozialer und politischer Kommunikation, Repräsentation und Ordnung«, in: Stefan Schweizer (Hg.): *Gärten und Parks als Lebens- und Erlebnisraum: Funktions- und nutzungsgeschichtliche Aspekte der Gartenkunst in Früher Neuzeit und Moderne*, Worms: Wernersche Verlagsgesellschaft 2008, S. 51–64; *Mustergültig – Gemäldekopien in neuem Licht. Das Reiff-Museum der RWTH Aachen*, Berlin: Deutscher Kunstverlag 2008 (mit Alexander Markschies); *Der Waffenstillstand (1609–1621) als Medienereignis. Politische Bildpropaganda in den Niederlanden*, Münster / New York: Waxmann 2005.

Martha Fleming, Kuratorin, Museologin, Wissenschaftshistorikerin und Künstlerin. Sie hat mit dem Londoner Science Museum und Natural History Museum sowie im Design Museum und der Royal Society zusammengearbeitet und war künstlerische Leiterin der mit dem Dibner Award ausgezeichneten Ausstellung »Split+Splice« am Medicinsk Museion Kopenhagen. Von 2009–2011 wirkte sie an der Entwicklung eines Centers for Arts and Humanities am Londoner Natural History Museum mit. Sie war Stipendiatin am Max-Planck-Institut für Wissenschaftsgeschichte (Berlin), am Institut für Astronomie (Cambridge) sowie an der Materials Library am University College London. Publikationen: »Split+Splice: an experiment in scholarly methodology and exhibition making«, in: Anne Collins Goodyear / Margaret A. Weitekamp (Hg.): *Analyzing Art and Aesthetics*, Washington: Smithsonian Instituion Scholarly Press 2013; »Thinking Through Objects«, in: Susanne Lehmann Brauns / Christian Sichau / Helmuth Trischler (Hg.): *The Exhibition as a Product and Generator of Scholarship*, Berlin: Max-Plack-Institut für Wissenschaftsgeschichte (Eigenverlag) 2010; »The Huge Invisibles«, in: *Medical Museion Yearbook, 2007*, Copenhagen 2007.

Anke te Heesen, Professorin für Wissenschaftsgeschichte am Institut für Geschichtswissenschaften der Humboldt-Universität zu Berlin. *Forschungsschwerpunkte*: Sammlungsgeschichte der Wissenschaften, Geschichte des Ausstellungs- und Museumswesens, Wechselverhältnis von Kunst und Wissenschaft, Medien der Wissenschaften. Publikationen: *Theorien des Museums*, Hamburg: Junius 2012; *Musée Sentimental 1979. Ein Ausstellungskonzept*, Ostfildern: Hatje Cantz 2011 (Mithg.); *Der Zeitungsausschnitt. Papierobjekt der Moderne*, Frankfurt a. M.: S. Fischer 2006; *Dingwelten Das Museum als Erkenntnisort*, Köln: Böhlau 2005 (Mithg.); *Sammeln als Wissen. Das Sammeln und seine wissenschaftshistorische Bedeutung*, Göttingen: Wallstein 2001 (Mithg.).

BRUNO LATOUR, Professor an der Forschungsuniversität Sciences Po Paris. Forschungen zum Verhältnis von Wissenschaft und Gesellschaft. PUBLIKATIONEN: Zusammen mit Steve Woolgar veröffentlichte er 1979 *Laboratory Life. The Construction of Scientific Facts*. Seitdem zahlreiche Werke zur Geschichte und Soziologie von Wissenschaft und Technik. Darunter *An Inquiry into Modes of Existence* (Cambridge: Harvard University Press 2013); *On the Modern Cult of the Factish Gods* (Durham: Duke University Press 2009); *Making Things Public. Atmospheres of Democracy* (Cambridge / London: MIT Press 2005, hg. mit Peter Weibel); *Pandora's Hope. Essays on the Reality of the Science Studies* (Cambridge: Harvard University Press 1999); *The Pasteurization of France* (Harvard 1988, orig. Paris 1984).

JAN ERIC OLSÉN, Associate Professor am Medicinsk Museion der Universität Kopenhagen sowie assoziiert mit dem Bereich Künste und Kulturwissenschaften der Universität Lund. Als Wissenschaftshistoriker setzte er sich mit verschiedenen Aspekten visueller Kultur der Medizin und visueller Forschungen im 19. Jahrhundert auseinander. Von 2005–2009 arbeitete er am Forschungsprojekt »Biomedicine on Display« und war Ko-Kurator der Ausstellung »Split+Splice«. Derzeit untersucht er das Verhältnis von Blindheit zu taktiler Kultur und Museologie sowie Regimes der Sinneswahrnehmung. PUBLIKATIONEN: »Observing the others, watching over oneself: themes of medical surveillance in post-panoptic society«, in: *Surveillance & Society* 2 (2009), S. 116–127 (mit Susanne Bauer); »Surgical vision and digital culture«, in: Elizabeth Edwards / Kaushik Bhaumik (Hg.): *Visual Sense: A Cultural Reader*, London: Berg 2009, S. 427–432; »The portable clinic: keeping track of the healthy body«, in: *Performance Research* 4 (2009), S. 53–57.

THOMAS SCHNALKE, Professor für Geschichte der Medizin und Medizinische Museologie an der Medizinischen Fakultät Charité der Humboldt-Universität zu Berlin, verbunden mit der Leitung des Berliner Medizinhistorischen Museums. 1987 Promotion zum Dr. med., ab 1988 wissenschaftlicher Assistent am Institut für Geschichte der Medizin der Universität Erlangen-Nürnberg, 1993 Habilitation für Geschichte der Medizin. Forschungsschwerpunkte: Medizinhistorische Museologie, Ansätze einer materialen Medizin- und Wissenschaftsgeschichte, Geschichte medizinischer Lehrmittel (Moulagen) und Präparate. PUBLIKATIONEN: »Magenschluchten und Darmrosetten. Zur Bildwerdung und Wirkmacht pathologischer Präparate«, in: *Bildwelten des Wissens. Kunsthistorisches Jahrbuch für Bildkritik* 9 (2012) 1, S. 18–28, (gem. mit I. Atzl); »Museums: Out of the Cellar«, in: *Nature* 471 (2011), S. 576–577; »Ausstellen, Forschen, Lehren. Das medizinhistorische Museum zwischen universitärer Medizin und Öffentlichkeit«, in: *N.T.M. Zeitschrift für Geschichte der Wissenschaften, Technik und Medizin* 18 (2010), S. 61–67; »Das Ding an sich. Geschichte eines Berliner Gallensteins«, in: Jochen Hennig / Udo Andraschke (Hg.): *Weltwissen. 300 Jahre Wissenschaft in Berlin*, München: Hirmer 2010, S. 58–65.

JOHN TRESCH, Associate Professor of History and Sociology of Science an der University of Pennsylvania. Zu seinen Forschungsschwerpunkten zählen das Verhältnis von Natur- und Geisteswissenschaften zu Literatur, Philosophie, Kunst und Politik. Publikationen: Sein Buch *The Romantic Machine: Utopian Science and Technology after Napoleon* (Chicago: University of Chicago Press 2012) behandelt das Wechselspiel von romantischer Philosophie und Industrialisierung in Paris vor 1848. Er ist Mitherausgeber eines Themenheftes von *Grey Room journal* über Medientechnologie, Wissenschaft und die Sinne (*Audio/Visual* = Grey Room 43 (2011)). Seine gegenwärtigen Forschungen beschäftigen sich mit der Kosmologie Edgar Allan Poes, den Neurowissenschaften der sich ändernden Bewusstseinszustände und der Erfindung der Goldenen Zeitalter in globalen Wissenstraditionen.

Ulrike Vedder, Professorin für »Literatur vom 18. Jahrhundert bis zur Gegenwart / Theorien und Methoden literaturwissenschaftlicher Geschlechterforschung« am Institut für deutsche Literatur der Humboldt-Universität zu Berlin. Forschungsschwerpunkte: Kulturelle Transformationen von Dingen; Generationen- und Genderforschung; Narrationen an der Grenze des Todes. Publikationen: Themenhefte »Literarische Dinge« und »Alter und Literatur« der *Zeitschrift für Germanistik* (hg., 2012); *Das Testament als literarisches Dispositiv. Kulturelle Praktiken des Erbes in der Literatur des 19. Jahrhunderts,* München: Wilhelm Fink 2011; *Passionen. Objekte – Schauplätze – Denkstile,* München: Wilhelm Fink 2010 (hg. mit Anne-Kathrin Reulecke); *Das Konzept der Generation. Eine Wissenschafts- und Kulturgeschichte,* Frankfurt a. M.: Suhrkamp 2008 (mit O. Parnes und St. Willer;); »Museum / Ausstellen«, in: Karlheinz Barck et al. (Hg.): *Historisches Wörterbuch Ästhetischer Grundbegriffe,* Bd. 7, Stuttgart / Weimer: J. B. Metzler 2005; *Sammeln – Ausstellen – Wegwerfen,* Königstein/Ts.: Helmer 2001 (hg. et al.).

Margarete Vöhringer, Leiterin des Forschungsbereichs »Visuelles Wissen« und des Forschungsprojekts »Das Auge im Labor« am Zentrum für Literatur- und Kulturforschung, Berlin. Promotion an der Humboldt-Universität zu Berlin und innerhalb des VW-Projekts »Experimentalisierung des Lebens« am Max-Planck-Institut für Wissenschaftsgeschichte Berlin. Forschungsschwerpunkte: Experimente in Kunst und Wissenschaft, Wahrnehmungsforschung, Russische Avantgarde, Geschichte der Kulturtechniken, Wissenstransfer Russland-Deutschland. Publikationen: *Ultravision. Zum Wissenschaftsverständnis der künstlerischen Avantgarden, 1910–1930,* München: Wilhelm Fink 2010 (hg. mit Sabine Flach); Themenheft »Phantome im Labor: Die Verbreitung der Reflexe in Hirnforschung, Kunst und Technik« der *Berichte zur Wissenschaftsgeschichte* 32 (2009) 1 (hg. mit Yvonne Wübben); *Avantgarde und Psychotechnik. Wissenschaft, Kunst und Technik der Wahrnehmungsexperimente in der frühen Sowjetunion,* Göttingen: Wallstein Verlag 2007.

Christian Vogel, wissenschaftlicher Mitarbeiter am Cluster *Bild Wissen Gestaltung* der Humboldt-Universität zu Berlin. Von 2011 bis 2013 assoziierter Mitarbeiter am Lehrstuhl für Wissenschaftsgeschichte der HU Berlin als Stipendiat des Cusanuswerkes. 2013 Stipendiat am Historisch-Kulturwissenschaftlichen Forschungszentrum der Universität Trier. Arbeit an einer Dissertation über die Rolle von Röntgenausstellungen für die Entwicklung eines radiologischen Bild- und Apparatewissens zwischen 1900 und 1930.